改变世界的科学

THE SCIENCE
THAT CHANGED THE WORLD

数学

物理学

化学

天文学

地学

生物学

医学

农学

王元 主编

改变世界的科学

数学的足迹

学夫子 韩雪涛 田廷彦 • 著

上海科技教育出版社

图书在版编目(CIP)数据

数学的足迹/学夫子等著.—上海:上海科技教育出版社,2015.11(2022.6重印)
(改变世界的科学/王元主编)
ISBN 978-7-5428-6205-1

Ⅰ.①数… Ⅱ.①学… Ⅲ.①数学—青少年读物 Ⅳ.①O1-49

中国版本图书馆CIP数据核字(2015)第067096号

责任编辑 李 凌 傅 勇
装帧设计 杨 静 汪 彦
绘 图 黑牛工作室 吴杨嬗

改变世界的科学
数学的足迹
丛书主编 王 元
本册作者 学夫子 韩雪涛 田廷彦

出版发行 上海科技教育出版社有限公司
(上海市闵行区号景路159弄A座8楼 邮政编码201101)
网 址 www.sste.com www.ewen.co
经 销 各地新华书店
印 刷 天津旭丰源印刷有限公司
开 本 787×1092 1/16
印 张 16
版 次 2015年11月第1版
印 次 2022年6月第3次印刷
书 号 ISBN 978-7-5428-6205-1/N·940
定 价 69.80元

“改变世界的科学”丛书编撰委员会

从20 000年前的古老陶片到20世纪末的神奇碳纳米管，
从5000年前美索不达米亚的早期天文观测到21世纪的星际探索，
从3000年前记录的动植物学知识到2000年人类基因组草图完成，
……

一项项意义深远的科学发现，
就像人类留下的一个个深深的足迹。
当我们串起这些足迹时，
科学发现过程的精彩奇妙，
科学探索征途的蜿蜒壮丽，
将一览无余地呈现在我们面前！

1863年

约公元前18 000年

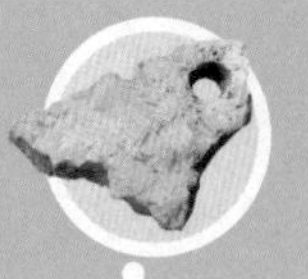

亲爱的朋友们
请准备好你们的好奇心
科学时空之旅
现在就出发！

1026年

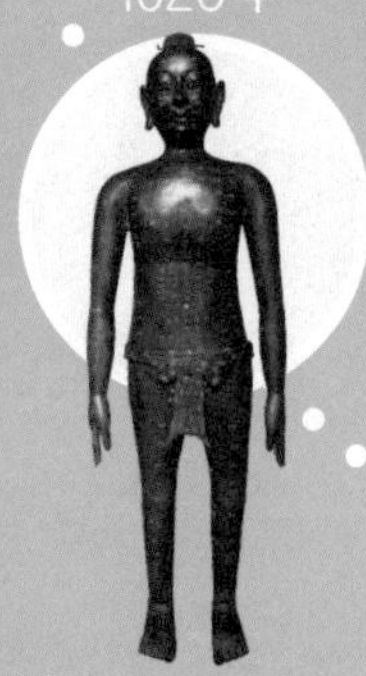

约公元前90年

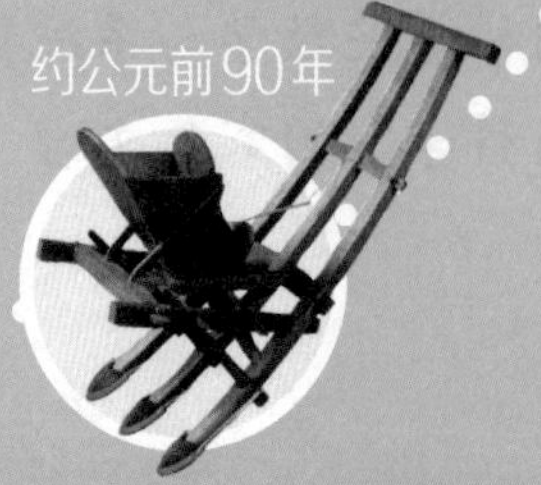

目录

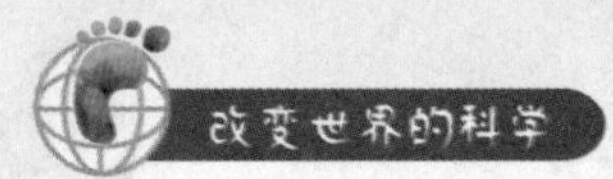

改变世界的科学

约公元前3000年
埃及象形数字形成

讲述数学史，我们必须回到“数学”二字最初的含义——关于数的学问。作为人类活动的一种原始需要，数的概念很早就产生了。有了数，自然就应该有表示数的方法，这就是记数法。我们知道，原始的记数法有划痕记数法和结绳记数法。

随着人类生产能力越来越强大，划痕记数法和结绳记数法已经无法满足需要——东西越来越多，人与人之间的交流也越来越频繁。此外，那些原始记数法还存在不易保存、不易携带等缺点。在这种背景下，约公元前3000年，古埃及诞生了一种新的记数法，它用符号来表示数，这种符号我们称为数字，古埃及用的是一种象形数字。

伴随着数字诞生的是进位制——数太庞大，不可能有10万个数就发明10万个符号来分别表示它们。必须想个办法，用有限个符号来表示它们。由于人有10根手指，以10为一个进阶再方便不过，满十进一的十进制便是来源于此。古埃及的象形数字便是采用十进制，但与现代的十进制又有所不同，没有位值的概念。这种记数法采用不同的符号表示10的前6次幂：一条竖线表示1，窗或骨表示10，套索表示100，莲花表示1000，弯曲的手指表示10 000，一条江鳕鱼表示100 000，而跪着的人则表示1 000 000。

[符号]	[符号]	[符号]	[符号]	[符号]	[符号]	[符号]
1	10	100	1000	10000	100000	10^6

古埃及象形数字Ⓢ

这是数学史上一次伟大的进步——只用几个符号便可表示出上百万的数，此种四两拨千斤的方法深深影响着后世，古希腊字母记数法和至今尚在使用的罗马数字都继承了这一传统。

约公元前2400—前1600年

美索不达米亚数学形成

美索不达米亚的泥版文书Ⓦ

约公元前3500年，苏美尔人因地制宜，开始在泥版上用图画记录账目，后来这些图画逐渐演化为表意符号而成为文字。泥版文书比较容易保存，目前已出土了好几十万块。在苏美尔人最早的记录中，使用的文字符号有2000个左右。到约公元前2900年，符号削减到600多个，并且被进一步简化；大约到公元前2400年已演变为楔形刻痕的组合，这便是著名的楔形文字。楔形文字的笔画成楔状，很像钉头或箭头，故也叫“钉头文字”或“箭头字”。楔形文字中包括楔形数字，美索不达米亚人采用了一套以六十进制为主的楔形数字记数法。

说得详细一些，这是一种六十进制和十进制的混合进制：60以下用十进简单累数制，60及60以上则用六十进位值制记数法。我们难以得知采用这一奇怪的进位制的原因，毕竟六十进制看起来比十进制要复杂得多。

位值制记数法的理念已经延续至今天的记数系统：相同的符号，根据它在数字表示中的相对位置而被赋予不同的含义，这种位值原理是美索不达米亚数学的一项突出成就，虽然在后来进位制之间的博弈中，十进制最终取代其他进制而成为全球通用，但美索不达米亚的六十进制还是被保留下来，用于计量时间、角度等，这与其先进的记数理念不无关系。当然，美索不达米亚的记数系统也有缺陷，比如没有数字“零”便是一大硬伤——它采用空位表示零，这给理解某些数字带来很大困难，很多数字到底代表多少还得靠上下文的意思。

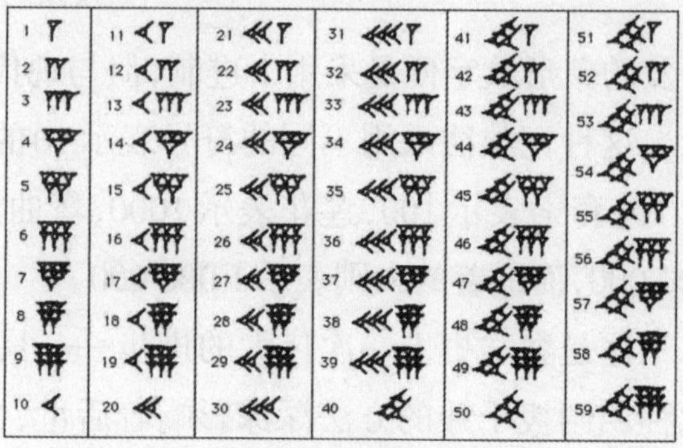

楔形数字Ⓢ

约公元前1850—前1700年
两本埃及数学纸草书写成

纸草也叫纸莎草，丛生于尼罗河三角洲沼泽地中，草茎经过剖、剥、压、晒等工序，可粘成用于书写的“纸”。“纸草书”就是以纸草为纸，经过书写、记录而形成的古代文献。

莱因德Ⓦ

目前存世的古埃及纸草书数量不少，其中有关数学的主要有两本：一本称为莱因德纸草书，由苏格兰考古学家莱因德于1858年在卢克索购得，后藏于伦敦博物馆，另有少量缺失部分于1922年在纽约私人收藏品中被发现，现藏于纽约布鲁克林博物馆；一本称为莫斯科纸草书，由俄国考古学家戈列尼谢夫于1893年购得，现藏于莫斯科博物馆。

莱因德纸草书相传是古埃及抄写员阿赫摩斯在约公元前1700年编撰而成，它记载了自埃及古王国大金字塔时代（约公元前2680—公元前2565年）以来的85个数学问题，是一本实用计算手册式的题目汇编集。书名为《阐明对象中一切黑暗的、秘密的事物的指南》，分为三章，一是算术，二是几何，三是杂题，共有85个问题，涉及方程、数列、面积和体积的计算、分数算法等。占重要地位的是分数算法，作者把所有的分数化成单位分数（即分子为7的分数）。为什么要这样做，现在还不知道。该书还给出了圆面积的近似求法。本书既记录了古埃及人在生产和生活中遇到的实际问题，也含有纯数学的知识问题。

莱因德纸草书Ⓦ

戈列尼谢夫Ⓦ

莫斯科纸草书是古埃及另一部重要的数学文献，其重要性几乎不亚于莱因德纸草书。它与莱因德纸草书一样，也是各种类型的数学问题集，

至今仍不知晓该书究竟出自何人之手。莫斯科纸草书有25个问题，最著名的是求四棱台的体积，很有可能该书作者已经掌握了求这一体积的计算方法，数学史家贝尔称赞这项古埃及人的伟大成就为“最伟大的埃及金字塔”。

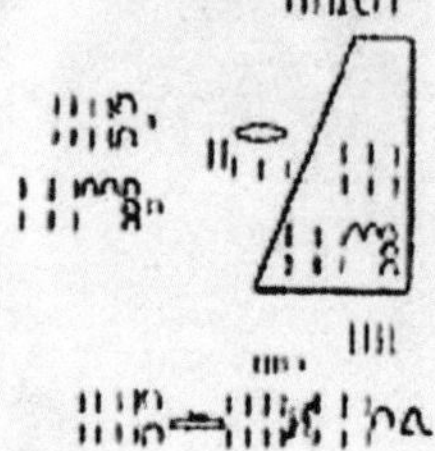

莫斯科纸草书Ⓦ

还有一点值得提及，在古埃及流传下来的文字中，象形文字是最古老的一种，而在莱因德纸草书和莫斯科纸草书中，古埃及象形数字已被简化为僧侣文数字。冗长的重复记号已被摒弃，代之以一些表示1至9及它们与10的乘幂之积的特殊符号，如4不再记成4条竖线，而是用1条横 线表示；7也不再记成7条竖线，而是用个镰刀形符号来表示这也是一个很大的进步。

1	10	100	1000
2	20	200	2000
3	30	300	3000
4	40	400	4000
5	50	500	5000
6	60	600	6000
7	70	700	7000
8	80	800	8000
9	90	900	9000

古埃及僧侣文数字Ⓢ

约公元前14世纪

甲骨文中出现十进位值制记数法

1899年,在中国河南省安阳市殷墟遗址出土的龟板兽骨上,人们发现了殷商时代的甲骨文。甲骨本是古人占卜时所用,当用火灼烧甲骨时,他们认为甲骨反面裂开形成的兆纹可以用来推断吉凶。人们也在甲骨上契刻文字,内容一般是占卜所问之事或所得结果,这种文字就是甲骨文。

20世纪30年代殷墟发掘现场Ⓦ

甲骨文中的数字表明,中国在约公元前14世纪就有了相当完善的十进位值制记数法,这是世界上最早的十进位值制记数法。需要说明的是,古埃及人最早采用十进制,但不是位值制,最早采用位值制的是美索不达米亚人,但他们采用的主要是六十进位值制。中国人的十进位值制拥有了两者的优点,这在数学史上是一项巨大的进步。

同其他一些记数法一样,甲骨文中的记数法也有一个很大的缺陷——没有“零”的概念和符号,但是中国古人很聪明地发明了4个表示数位十、百、千、万的特殊数字,能确切地表示出任何自然数,这就形成了堪称相当成功的十进位值制记数法。

甲骨文数字与现代汉字中的数字出入并不太大,只是“四”写成四横,而“十”是一竖。“万”是蝎子的形状,后来演变成“萬”。甲骨文在记数时常常用“合文”,即将两个字合起来写,如在“百”上加一横成二百,再加一横成三百,等等。但读起来还是两个音,只是写起来紧凑一些。在甲骨文中已发现的最大数是三万。

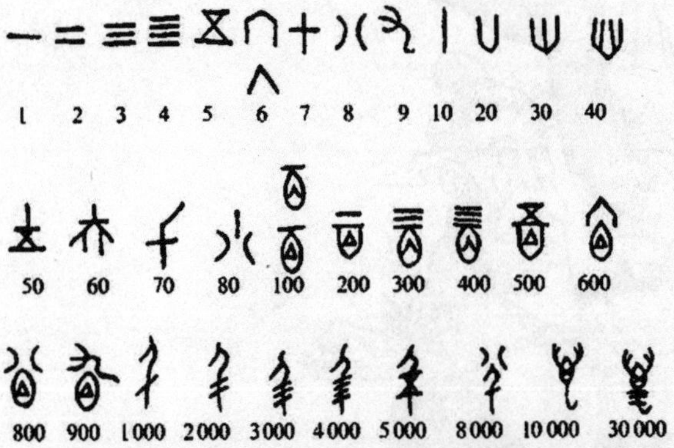

1 2 3 4 5 6 7 8 9 10 20 30 40

50 60 70 80 100 200 300 400 500 600

800 900 1000 2000 3000 4000 5000 8000 10000 30000

甲骨文中出现十进位值制记数法Ⓢ

约公元前11世纪

商高掌握勾三股四径五

据传，中国西周时期的学者商高深谙数学、天文、历法等知识，约公元前100年成书的《周髀算经》记载了他与周公的一段对话，从中可知他已知晓勾股定理的一个特例："勾广三，股修四，径隅五。"这句话可以理解为：一个直角三角形，如果较短直角边（勾）的长是3，较长直角边（股）的长是4，那么斜边（径）的长就是5。不过我们要意识到，尚无任何证据表明那时人们已经发现勾股定理的一般形式并给出了证明，中国人给出其一般形式的证明还得等到三国时期赵爽对《周髀算经》的注释。

商高还知道怎样使用一种形状为直角三角形的测量工具——矩："平矩以正绳，偃矩以望高，覆矩以测深，卧矩以知远，环矩以为圆，合矩以为方。"从中可知，商高已掌握了相似直角三角形对应边成比例这一原理。直角三角形的作用在这里可谓得到了很好的发挥，测量一个物体的长、宽、高都可以根据相似原理来解决。特别要注意"环矩以为圆"这一句，它一直备受海内外数学史家的关注，有学者认为这句话是"直径所对圆周角为直角"的意思，不过对这一点尚存争议。无论如何，商高是人们所知的有史以来第一个成功运用勾股测量技术的人。Ⓢ

约公元前600年

泰勒斯引入命题证明的思想

泰勒斯Ⓦ

泰勒斯是有可靠历史记载的古希腊第一位自然科学家和哲学家，他广闻博识，是希腊最早的哲学学派，即爱奥尼亚学派的创始人，曾因经商、从政、科学活动等方面的成就被誉为“希腊七贤”之一。

泰勒斯是一个谜一样的人物。也许是因为离我们太久远，我们对泰勒斯的生平几乎一无所知，如今对他的了解都是来自于几百年后一些学者的描述。普罗克洛斯把下列5个命题归于泰勒斯：

(1)任何圆周都要被其直径平分；(2)等腰三角形的两底角相等；(3)两直线相交，对顶角相等；(4)有两角一边对应相等的两个三角形全等；(5)直径所对圆周角为直角。

虽然泰勒斯没有留下任何文稿或文献，也没有任何直接的证据表明这些结论确实为泰勒斯所得，但很多历史学家对此深信不疑。据说他曾用木棍的投影和金字塔的投影作比较，从而计算出金字塔的高度，还利用他从美索不达米亚那里学来的天文学知识，成功预测了公元前585年的日食。虽然这些事真伪难辨，也许是真有其事，也许是后人杜撰，我们已无从查考。但我们可以肯定的是，在几何学作为一门独立的、演绎的科学建立起来的过程中，泰勒斯功不可没。“命题证明”是古希腊几何学的基本精神，而泰勒斯就是古希腊几何学的先驱，是他引入“命题证明”的思想，使数学从具体的、实验的阶段开始向抽象的、理论的阶段过渡，这在数学史上是一次飞跃。

泰勒斯利用木棍测量金字塔高度Ⓢ

约公元前540年

毕达哥拉斯学派证明勾股定理，并发现不可公度量

毕达哥拉斯是古希腊著名的数学家、哲学家、天文学家，他生于萨摩斯岛，相传因反对奴隶主民主派的僭主统治，早年就被迫离开家乡，游历四方。毕达哥拉斯创建了一个颇具神秘色彩的，集宗教、政治、数学为一体的团体——毕达哥拉斯学派，结果许多冠以毕达哥拉斯之名的数学定理，实际上是毕达哥拉斯学派那些信徒的成果。

毕达哥拉斯Ⓦ

此时数学的两大领域——算术与几何——有着很明显的界限。毕达哥拉斯学派的研究对算术和几何都有涉及。算术中以其“万物皆数”的思想(实际上已成该学派的教条)为代表，几何中则以“毕达哥拉斯定理”(中国称勾股定理)为代表。

万物皆数的思想大概是源于对数字之美的崇拜。随手就可以找到让人着迷的例子：$365=10^2+11^2+12^2$，$6^2=1^3+2^3+3^3$……在毕达哥拉斯学派看来，宇宙的本质就是数。他们认为，1是所有数的神圣缔造者，2是一个女性数，3是一个男性数，4代表公正，5代表婚姻……如今似乎没有多少人知道这些了，大概是因为这一套理论在现代人看来是如此“荒谬”。毕达哥拉斯学派有一个特点，就是将算术和几何紧密联系起来，并在他们的探索中发现并证明了毕达哥拉斯定理。这一定理的发现让毕达哥拉斯学派欣喜若狂，传说他们宰杀了一百头牛来庆功，所以该定理又得了一个绰号，即“百牛定理”。

毕达哥拉斯学派还发现了产生“勾股数组”的公式：如果$2n+1$，$2n^2+2n$分别是两直角边的长，那么斜边的长就是$2n^2+$

$2n+1$(不过这个公式并不能把所有的勾股数组表示出来)。

希帕索斯Ⓦ

在寻找和研究勾股数组的过程中,这个学派发现了所谓的"不可公度量"——他们把那些能用整数之比表达的比例量称为"可公度量",意即相比两量可用一个公共的度量单位量尽,而把不能这样表达的比例量称为"不可公度量"。对可公度量和不可公度量的研究,实际上导致了无理数的发现。按照毕达哥拉斯学派的信条,万物都可以用数来表示,所谓数,就是自然数与分数,除此以外,他们不承认有任何的数,而不可公度量是与他们的信条相抵触的。根据传闻,该学派的希帕索斯发现,"正方形对角线与其一边之比不能用整数之比表达",这正是一个不可公度量,对毕达哥拉斯学派来说是致命的打击。犯什么错误都行,就是不能动摇信念,哪怕这个信念是错误的,而希帕索斯据说为此还被扔到海里,丢了性命,这导致了数学史上第一次数学危机。即便如此,毕达哥拉斯学派对整数性质的研究依然具有重大的历史价值。

对"数"的认识的加深本应使得算术占据优势,但"不可公度量"却引发了人们对算术的不信任,许多之前建立在"万物皆数"思想上的算术理论(如比例)都面临崩溃,让算术不再可靠。于是人们将希望寄托在几何上,使几何在这场博弈中占据了优势,并在此后一千多年始终支配着希腊数学。

希帕索斯之死Ⓢ

约公元前500年
《绳法经》成书

如果说古希腊数学与哲学密切相关的话，那么古印度数学则受到宗教的很大影响。出于对信仰的崇拜，古印度人设立了很多祭祀用的祭坛。祭坛的建造要求非常严格，它需要遵循一定的规章制度和标准，这就要求有严格意义上的几何学知识。在这个过程中，古印度人总结了其中涉及的各种几何问题及其求解法则，经人整理成《绳法经》，又名《测绳的法规》，它是研究古印度数学的珍贵资料。

《绳法经》中给出的圆周率值是3.088Ⓢ

由于编著者不同，《绳法经》版本五花八门，最早的大概成书于公元前500年，不过内容大同小异。一直伴随着人类前进的圆周率值在印度人这里自然也少不了，《绳法经》中给出的值是3.088，比起古埃及人的3.16要差一些。书中记录了勾股定理，这是真正形式上的定理表述，而不是简单的数据列表；还给出了20个以有理数为边长的直角三角形，化简后，可得到方程$x^2+y^2=z^2$的5组基本解（即勾股数组）：(3，4，5)，(5，12，13)，(7，24，25)，(8，15，17)，(12，35，37)。但这样重要的数学成果并没有给印度数学带来多大影响，甚至没有得到继承，后来的印度数学作品中再也没有相关记载。

和古希腊人一样，古印度人也根据勾股定理，研究了边长为1的正方形的对角线长度，《绳法经》中给出了其长度为1.414 215 686，这是一个相当好的近似值。要知道这曾经给希腊数学带来了第一次数学危机，却没有给印度人带来任何焦虑，他们心安理得地接受了这个近似值。在这一点上，印度人走在了希腊人的前面。

约公元前460年

智人学派提出几何作图三大问题

约公元前465年，古希腊数学家和天文学家伊诺皮迪斯提出了几何作图的尺规限制，那几何作图只能用圆规和直尺两种工具。

古希腊人的数学精神一直有以下特点：

(1) 从尽可能少的原始假设导出尽量多的结论，因此对于作图工具，也要求尽量少。

(2) 强调数学的思维训练作用而忽视其实用价值。作图作为一种思维训练，像体育训练一样，其工具要受到限制。至于这种限制对实际有没有用，不在他们关心的范畴。

(3) 按毕达哥拉斯学派的观点，圆是最完美的图形，直线则是最基本的几何元素。因此圆和直线是最基本的几何对象，有了它们，应该得出所有的几何内容。

古希腊人一直相信用尺规可以作出任何几何图形，并对此深信不疑，约公元前460年，古希腊的智人学派提出了“几何作图三大问题”上屡屡受挫：

(1) 三等分任意角。

(2) 倍立方，即求作一立方体，使其体积是已知立方体的两倍。

(3) 化圆为方，即求作一正方形，使其面积等于一已知圆。

该学派的代表人物安蒂丰、希皮亚斯等尽心研究均未获成果。

无数数学家在这些问题上栽了跟头，但人们一直坚信有关作图方法的存在性，认为只是数学家做得不够好而已。实际上，这些问题看似简单，却是“不可能问题”。直到1882年，德国的林德曼证明了圆周率π的超越性，第3个问题才算得到了圆满的答案。另外两大几何作图问题也在1837年由汪策尔给出了答案——这些作图任务在尺规限制下都是不可能完成的。

不过，数学家两千多年的努力并没有全部白费，在试图寻找几何作图三大问题解决之道的过程中，人们创造出了许许多多新的数学思想，如圆锥曲线、割圆曲线，以及三、四次代数曲线等，其中圆锥曲线直接影响了牛顿物理学的发展。

约公元前450年

芝诺提出关于运动的悖论

古希腊著名的哲学家芝诺，据说是为了维护其老师巴门尼德关于万物为一且永不变化的学说，提出了一系列反对运动的悖论。这些悖论就算是放在今天，也具有相当大的市场。不过，芝诺的著作均没有完整地流传下来，而其悖论被记载于古希腊哲学家亚里士多德的《物理学》中，共有四个：

芝诺Ⓦ

（1）二分法：运动是不可能的。比如你现在想前进1米，那么你首先得跨过0.5米，但这之前，你必须要跨过0.25米，而这又是以你跨过0.125米为前提的，依此类推，意味着你根本就没办法迈出你的脚！

（2）阿喀琉斯追龟说：阿喀琉斯是古希腊神话中的神行太保，他与乌龟赛跑，让乌龟先爬一段距离，他再起跑。但是当他跑到乌龟原先所在的点时，乌龟已经向前爬了一段距离；当他再跑完这段距离时，乌龟又已经向前爬了一段距离。如此分析下去，乌龟总是超前一段距离，因此神行太保永远追不上乌龟。

（3）飞矢不动：一支飞行中的箭，在$t=1$秒的瞬间，它具有固定的位置，在$t=1.01$秒的瞬间，它依然具有固定的位置，也就是说，这支箭在每一个瞬间都有其固定的位置，那么它的运动就成为"静止"的集合，故这支箭其实并没有动。这与中国古语"飞鸟之景，未尝动也"有异曲同工之妙。

（4）运动场问题：运动场上有一排静止的物体A，跑道上有一排物体B从A的终点排到A的中间点，另一排物体C从A的中间点排到A的起点：

巴门尼德Ⓦ

```
AAAAAAAA
        BBBB
CCCC
```

B和C以相同的速度相向运动，C向右运动经过一个A，同时却经过了两个B：

```
AAAAAAAA
     BBBB
  CCCC
```

在同一段时间里，C经过的A是一个，经过与A同样大小的B是两个，而经过一个A和经过一个B的时间应该是一样的，因此一半时间和整个时间相等。

前两个悖论说的是一个意思：假设空间可以无限细分，意味着运动将无法进行。后两个悖论则是另一个意思：即使假设空间不可分，那运动依然是不可能进行的。总之一句话，运动是不可能进行的。

从我们的经验就可以知道，芝诺的观点是错的，但又说不出为什么错了。这便是悖论的迷人之处。芝诺悖论的影响之大，怎么形容都不过分，最为主要的一点是，它让我们第一次开始正视“无穷”这个让人又爱又恨的概念。说爱，是因为“无穷”让我们可以用简单模型逼近复杂模型，比如曲边图形的面积，并且屡试不爽；说恨，是由于“无穷”那超出常规思维的特性让人捉摸不透、苦恼不已。这个问题的最终解决非一朝一夕之事，得要等到近代分析学的建立方能完成。

约公元前430年

安蒂丰提出穷竭法

安蒂丰是古希腊数学家，关于他的生平历来争论不一，至今没有定论，只知道他曾在雅典做学问，是智人学派的代表性人物之一。他的著作有很多，流传下来的有：《四部曲》、《论真理》、《论和谐》等等，当时很多数学家对几何三大作图问题可谓是如痴如狂，希望成为解题第一人，安蒂丰也未能免俗，不由自主地被卷了进来，并独出心裁地提出了所谓“穷竭法”，希望可以借此解决化圆为方问题。

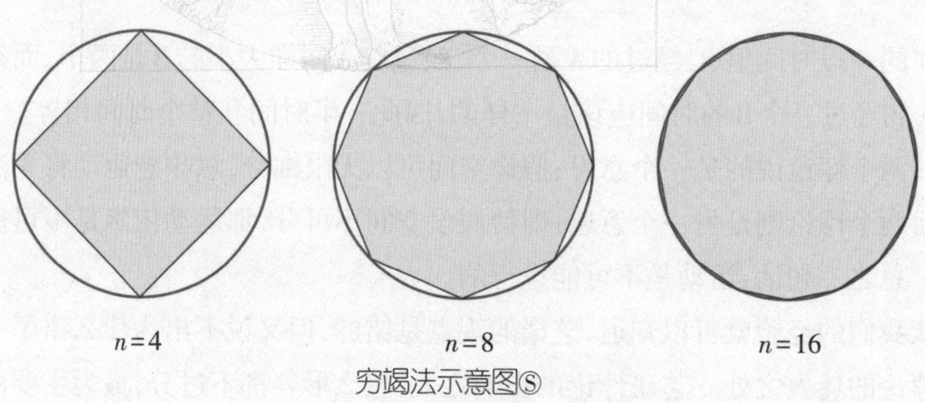

穷竭法示意图Ⓢ

安蒂丰从一个圆内接正方形出发，将边数逐步加倍得到圆内接正八边形、圆内接正十六边形……无限重复这一过程，随着圆面积的逐渐“穷竭”，将得到一个边长极微小的圆内接正多边形。

与很多人的想法不同，安蒂丰坚信照此下去一定可以“耗尽”圆的面积——这样就可以把圆的面积转化成多边形的面积了。由于我们已经能够很容易地将任何多边形的面积转化为等面积的正方形，于是化圆为方问题自然就解决了。然而，不知道是不是由于安蒂丰对自己创造的方法过于自信，或者是对化圆为方的问题求解心切，他没有对他的断言作出任何证明，其断言也基本没人相信。尽管如此，安蒂丰仍然称得上是古希腊数学中穷竭法的创始人，他给出了近代极限论思想的雏形，受到了后来很多数学家的重视。

《论真理》的纸草莎Ⓦ

约公元前387年

柏拉图创办雅典学园

柏拉图是古希腊思想家，被很多历史学家誉为西方世界最伟大的哲学家。他是亚里士多德的老师，也是柏拉图学派的创始人，尽管没有任何数学作品流传于世，但他关于数学的态度却深深影响着后世。

柏拉图Ⓦ

柏拉图师从苏格拉底，但师徒俩风格迥异：苏格拉底以国家为重，整天想的都是如何更好地为国家服务，数学对于他没有太大的吸引力；柏拉图则恰恰相反，他对什么伦理学和政治没多少兴趣，而对数学青睐有加，这与他早期与毕达哥拉斯学派的接触，以及在埃及和意大利南部的游历不无关系。所以，柏拉图的哲学在某种程度上成了数学的哲学。

约公元前387年，柏拉图着手创办了一个讲学和研究知识的场所，这就是雅典学园。雅典学园对数学相当重视，这一点从挂在校门口的牌子便可见一斑：不懂几何学者禁入。由此也看出柏拉图的主要兴趣是在几何学，在他看来，神创造宇宙的过程就是不断几何作图的过程，所以要想了解宇宙、研究哲学，就必须先研究几何学。

雅典学园被誉为欧洲最早的综合性学校，在人类历史上占据着非常重要的位置，其教学思想是强调理性训练，认为通过几何的学习可以培养逻辑思维能力。在教学过程中，柏拉图始终以发展学生的思维能力为最终目的。在他的著作《理想国》中，他多次使用了“反思”(reflection)和“沉思”(contemplation)这两个词，认为关于理性的知识唯有凭借反思和沉思才能真正融会贯通，达到举一反三；而感觉的作用只限于对现象的理解，并不能成为获得理念的工具。因此，教师必须引导学生心思凝聚、学思结合，从一个理念到达另一个理念，并最终归结为理念。教师要善于点悟、启发、诱导学生进入这种境界，使他们在“苦思冥想”后“顿开茅塞”，喜获“理性之乐”。在很长一段时间里，雅典学园都是西方世界的

雅典学园Ⓦ

学术中心，是众多学子心中的圣地。雅典学园独特的魅力使它一直保持着生命力，前后共持续了900多年，直到公元529年才被拜占庭皇帝下令彻底关闭，而它对科学的深远影响则一直延续至今。

柏拉图并不是一个光说不练、高高在上的指挥者，他曾在一些数学领域作出过自己的贡献，比如提出分析的证明方法，并将其提炼成普遍适用的合乎理性的形式；对逻辑方法作了改进，提出必定要有不证自明的公理；引入了术语“分析”和“综合”，并系统阐述了归纳法和反证法，等等。

当然，柏拉图在数学上最主要的贡献，是带领一大批希腊杰出人物创造了希腊数学史的一个黄金时代。古希腊的许多著名学者，或为柏拉图学派成员，或与该学派有密切关系。

约公元前370年
欧多克斯建立比例论

约公元前370年，因为无理数的发现，数学史上发生了第一次数学危机，在这场危机中，一位名叫欧多克斯的人殚精竭虑，创设理论，试图力挽狂澜。那么，欧多克斯是个怎样的人呢？

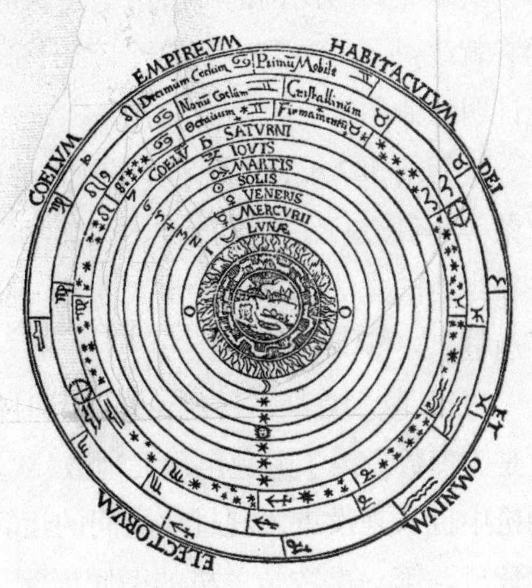

早期的地心说模型Ⓦ

欧多克斯是古希腊的著名学者，公元前408年出生于尼多斯的一个医生家庭。他父亲喜欢在夜间观察星象。年幼时的欧多克斯耳濡目染，对医学和天文学产生了兴趣。公元前368年，欧多克斯来到雅典进行为期2个月的访问，为贫困所迫，他只能住在离雅典主城区约10公里的比雷埃夫斯，但求知的渴望驱使他每天来回步行，到雅典学园听柏拉图等学者的哲学演讲。在埃及的赫利奥波利斯，他潜心研究天文，到附近的天文台去观察天象，并提出了地心说，后经亚里士多德和托勒玫进一步发展而逐渐建立和完善起来。后来，他来到小亚细亚的基齐库斯，收了许多门徒，形成一个学派，人称欧多克斯学派。

欧多克斯博学多才，并写过多部学术著作，可惜都失传了。他的成就，我们只能从生活年代稍晚于他的其他学者的著作中得知。

在数学上，欧多克斯最重要的贡献，就是比例论。这部分工作主要保留在欧几里得《几何原本》的第5卷中。书中对欧多克斯的比例论描述如下：

比是两个同类量之间的一种大小关系。

对于两个量a和b，如果存在一个正整数m，使得$ma>b$，又存在一个正整数n，使得$nb>a$，那么称它们有一个比。

欧多克斯的这个贡献，拯救了陷入不可公度量困境的毕达哥拉斯学派，因为这个定义适用于所有可公度和不可公度的量，换句话说，不可公度量也能有一个比。以正方形的边长和对角线长为例。由于三角形两边之和大于第三边，所以正方形的边长的两倍大于对角线长；又由于直角三角形的斜边大于直角边，所以对角线长大于边长。于是，正方形的边长和对角线长有一个比，即它们有大小关系。

有了比，人们自然要问：这个比有多大？欧多克斯的比例论回避了这个问题。

欧多克斯的比例论可适用于一切量，不管它是可公度的还是不可公度的，这样它就绕过了“不可公度”这个障碍，证明了许多毕达哥拉斯学派只能对可公度量证明的命题。

公元前387年，欧多克斯率领着他的一批门徒，第二次访问雅典学园，与柏拉图等学者进行了广泛的学术交流。欧多克斯最终还是回到故乡尼多斯定居，并在当地的立法机关担任重要职务，但他仍坚持他的学术研究，直到公元前355年逝世。

当然，欧多克斯的比例论是有其时代局限性的。我们知道，不可公度量的比就是无理数。为了避免出现无理数，欧多克斯从来不用数来表达这种比，他的比例论中也从来没有出现过比之间的运算。这样处理，只能暂时地缓解第一次数学危机。第一次数学危机的彻底消除，还要再过2000多年，等到严格的实数理论建立之后。

尼多斯⓪

公元前4世纪 中后期

亚里士多德建立形式逻辑

苏格拉底、柏拉图、亚里士多德，这三个名字在古希腊，就如同老子、孔子、孟子在中国那样，如雷贯耳。相信让很多人能记住亚里士多德的，是他的“越重的物体，其下落速度越快”的理论，虽然该理论是错的，但并不阻碍它流行了千年。这一现象至少从某个角度说明亚里士多德在很长一段时期内的权威性。

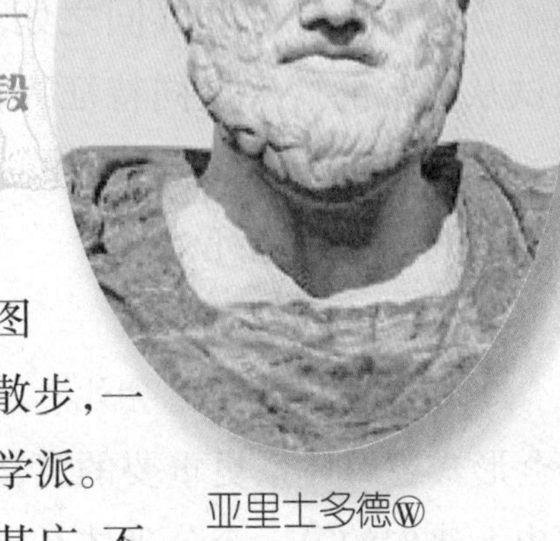
亚里士多德Ⓦ

亚里士多德曾在雅典学园学习，师事柏拉图20余年，后创办吕克昂学园。相传他常常一面散步，一面给门下弟子授课，所以他的学派又被称为逍遥学派。

虽然亚里士多德对数学比较重视，但他涉猎甚广，不仅谈论科学，还研究政治、文艺批评和伦理学，而并非一个纯粹的数学家，所以在数学上也就没有作出什么持久性的贡献。

大致来说，亚里士多德在数学上的贡献主要有以下几点：

(1) 开创逻辑学

这是一项伟大的创举，它给我们的数学提供了逻辑前提。比如亚里士多德

位于梅扎城的亚里士多德学院ⓒ

提出了“二值原理”——也就是说，一个命题要么为真，要么为假，不存在既真又假的情况——至今它仍然是数学证明中的基本逻辑要求之一。有两个论断与“二值原理”非常类似，就是排中律和矛盾律。它们听起来有点陌生，其实我们在中学阶段的逻辑学里就接触过——命题P和非P总有一个为真，这便是排中律；元素A不能既是B又不是B，便是矛盾律。

(2) 建立形式逻辑体系

这是从“内容”和“形式”上的统一来研究思维规律，不同的学科有不同的思考对象，但就其思维方式而言都有些共同之处。形式逻辑就是尝试从思维的这些共同特征入手来研究思维规律。比如至今人们都非常熟悉的三段论式：

① 所有人都会死；

② 亚里士多德是人；

③ 所以亚里士多德会死。

海耶兹画的亚里士多德Ⓦ

形式逻辑体系更重要的意义在于：这是人类历史上建构的第一个公理体系，为数学公理化树立了榜样；而数学公理法的形成对数学的理论化和系统化有着非常重要的意义。

(3)其他工作

亚里士多德也在传统的算术和几何方面作出过自己的贡献，证明过若干数学定理，如“多边形的外角之和等于四直角，在包围给定面积的所有平面图形中，以圆的周长为最小”等；并研究过立方体、球体、圆锥体、圆柱体、螺线等几何图形的性质。他也曾对芝诺悖论给予极大关注，不过他只是尝试从常识的角度去解决，而他对“无穷”概念的讨论则对后世产生了深远的影响。

亚里士多德在授课Ⓦ

约公元前300年
欧几里得写成《几何原本》

欧几里得是古希腊著名的数学家和科学家，早年求学于雅典，熟知柏拉图的学说，他吸收了希腊早期数学的成果，并最终汇编成一部划时代的巨著——《几何原本》。

欧几里得Ⓦ

自《几何原本》成书以后，以各种文字的手抄本流传了1700多年，15世纪起又以各种文字印刷出版了1000多个版本，是流传最广、影响最大的科学书籍之一，欧几里得也因此而被誉为“几何学之父”。《几何原本》的原稿早已失传，现在的各种版本都是根据后人的修订本、注释本、翻译本重新整理出来的，目前最流行的英译本是希思译注的《欧几里得几何原本13卷》。中国最早的汉译本是1607年利玛窦和徐光启合译的前6卷以及1857年伟烈亚力和李善兰合译的后9卷（所据英文本有第14、15卷，系后人托伪，非欧氏原作）。

相比于《几何原本》的几乎家喻户晓，我们对欧几里得本人的生平却所知甚少，甚至连他出生在哪儿都不清楚，不过因为他长期在亚历山大执教，所以常称他为“亚历山大的欧几里得”。按照古希腊数学家帕普斯的描述，欧几里得“为人极其诚实，善待所有对数学多少能有所促进的人”。据说托勒密一世曾跟随欧几里得学习几何，当他问欧几里得学习几何学有没有捷径时，欧几里得的回答是，“陛下，在几何学中，没有专为国王铺设的大道”。

《几何原本》Ⓦ

由于《几何原本》名气太大，不少人以为这是欧几里得唯一的作品。实际上，欧几里得博闻多识，他写过不少专著，涵盖光学、天文、音乐等各个学科，不过多已失传，幸存于世的作品还有《已知数》、《图形的分割》、《现象》、《光学》、《曲面轨迹》、《衍论》、《辨

《几何原本》残片Ⓦ

伪术》和《音乐原本》。这些作品中的任何一部，都给后人的研究带来很多启迪。不过得承认，是《几何原本》让欧几里得真正名垂青史。

光看书名，你可能误以为这就是一本“几何大全”。实际上，它并没有囊括当时所有的几何内容，反而包含不少非几何的内容。欧几里得并没有打算将其写成百科全书，他执著于一件事情——解决初等数学基础的逻辑次序。从一些人人都能看懂、都“显然成立”的公理、公设和定义开始，如砌墙一样，《几何原本》一层又一层地构建起宏伟的数学大厦，并且构建过程严格遵循次序规则，即上面的墙砖只能建立在下面墙砖的基础上。

《几何原本》共13卷，第1卷给出5个公理和5个公设，是全书的基本出发点，并研究平面几何基本知识和直线形；第2卷是披着几何外衣的代数内容（因为在当时还没有发展出完整的代数语言）；第3卷研究圆；第4卷研究圆内接多边形；第5卷是比例论，主要取材于欧多克斯的工作；第6卷将比例论用于平面图形；第7、8、9卷研究数论；第10卷讨论不可公度量；第11、12、13卷主要是立体几何内容。可以说，《几何原本》是用公理法对当时的数学知识所作的系统化、理论化的总结。

《几何原本》历来作为数学严谨的典范，但其本身并非完美无瑕，也有若干缺点。主要是公理系统不完备，也不完全独立，有许多证明不得不借助于直观，有些定义亦有问题。但无论怎么说，《几何原本》堪称数学史上第一座理论丰碑。

欧几里得像Ⓦ

公元前3世纪 中后期

阿基米德取得一系列数学成果

说起阿基米德，你一定记得他，从浴缸跳出来，大喊“发现了，发现了”的故事，以及那句“只要给我一个支点，我就可以撬起地球”的名言吧！阿基米德是古希腊物理学家和数学家，是静力学和流体力学的奠基人。

阿基米德Ⓦ

阿基米德生于西西里岛上的叙拉古，曾在亚历山大学过数学、天文学等知识，以善于发明精巧的机械闻名于世，如投石炮，在击退罗马人对叙拉古的围攻中立下大功。然而，比起那些实际发明，他更醉心于纯科学的研究，据说罹难之际还在研究深奥的数学问题。

阿基米德对数学的伟大贡献在于他既继承和发扬了古希腊数学的抽象研究方法，又使数学的研究与实际应用相联系。他有多部著作流传于世，其中反映了他所取得的一系列重要数学成果，主要有以下几个方面：

(1) 在《抛物线图形求积法》、《论球与圆柱》、《论螺线》、《劈锥曲面和旋转椭圆体》、《圆的度量》等著作中，他确定了计算抛物线弓形、螺线形、圆形的面积以及球体、圆柱体、椭球体、旋转抛物面体等几何体的表面积和体积的方法。

阿基米德撬起了地球(版画)Ⓦ

阿基米德遇难前还在研究数学问题Ⓦ

阿基米德像Ⓒ

阿基米德充分应用了穷竭法的思想,用直边图形无限逼近曲边图形。在涉及极限问题时,阿基米德巧妙地运用归谬法求得答案(若欲证 $a=b$,只须排除 $a>b$ 和 $a<b$)。这一点算是继承和发扬了欧几里得的工作——欧几里得曾在《几何原本》里用穷竭法和归谬法证明了圆的面积与半径平方成正比等结论。这些作品里所涉及的"极微分割"概念,后来成为了微积分的先声。

(2) 在《圆的度量》中,他历史上第一次科学地研究了圆周率。他提出将内接多边形与外切多边形的边数增多,从而使它们的面积逐渐接近圆面积,从而求出圆周率。他求出的圆周率范围为:$\frac{223}{71}<\pi<\frac{22}{7}$。这是用96边的圆内接正多边形和圆外切正多边形计算得来的。

我们知道,先前安蒂丰开创了穷竭法,但所涉及的"无穷"概念使得希腊人感到恐慌。到了阿基米德手里,形势豁然开朗,他证明了"如果把圆的外切多边形的边数增加到足够多,就能使多边形的面积与圆的面积之差小于任何给定的面积"。这番话实际上已经与高等数学里极限概念的严格定义没什么区别了。

(3) 在《数沙者》中,他以当时的希腊字母记数法为基础,提出了一种可以表示很大数的记数法。希腊字母记数法一般只能记到 10^4,经某种扩展可以记到 10^8,但他的记数法远远地突破了这个界限。阿基米德的记数法有点像 10^8 进位值制,原则上它能表示任意大的正整数。但是阿基米德只讨论到 $10^{8\times10^{16}}$ 为止,他认为这样大的数足以对宇宙万物进行计数了。不过不要误会,阿基米德的这一记数法可不是咱们今天所用的科学记数法。

阿基米德著名的圆柱容球Ⓢ

(4) 在《论球与圆柱》中,他提出了著名的阿基米德公理,这是现代实数理论的基本公理之一。用现代的数学语言表述,

现代技术让《方法》显现真容Ⓞ

阿基米德公理是说：对于任何两个正数a和b，如果$a<b$，则必有正整数n，使得$na>b$。

在这本书里，阿基米德导出了圆柱面的面积、球体的表面积等非常重要的结论，所采用的方法已经非常接近微积分的方法，但没有求助极限的概念。

(5)《方法》，阿基米德的这本书直到20世纪初才被发现，其命运颇为坎坷。它最先被人们抄写在羊皮纸上，大概在12世纪末的时候，一名东正教僧侣得到了这部作品，起先是准备将之销毁的，但是所用的羊皮纸在当时是件奢侈品，他舍不得扔掉，于是将上面的文字擦除，写上东正教的祈祷文。幸运的是，原先的文字虽经擦除，但墨水多少渗进了羊皮纸。美国斯坦福大学的科学家采用现代技术手段，用高能X射线将这墨水中的铁原子激发出荧光，才使得阿基米德的这部作品在20世纪初重见天日。

《方法》阐述了一种通常被称为“平衡法”的求积方法：将需要求积的量(面积、体积等)分成许多微小单元(如微小线段、薄片等)，再用另一组其总和比较容易计算的微小单元来进行比较，而这种比较是借助于力学上的杠杆原理来实现的。这种平衡法，其实是近代数学的不可分量原理乃至积分法的思想起源之一。

邮票上的阿基米德Ⓦ

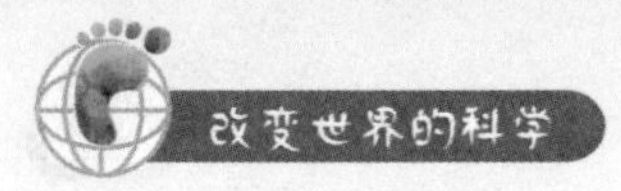

约公元前225年

阿波罗尼乌斯写成《圆锥曲线论》

阿波罗尼乌斯是古希腊数学史上亚历山大前期(约公元前300—前146年)的一位杰出人物。阿波罗尼乌斯的贡献主要在几何学和天文学,他最为重要的数学成果是于约公元前225年推出的一部传世之作《圆锥曲线论》,在前人工作的基础上创立了相当完美的圆锥曲线理论。

《圆锥曲线论》全书共8卷,含487个命题。前4卷是基础部分,后4卷为拓广的内容,其中第8卷已失传。阿波罗尼乌斯在这本书中提出了椭圆、抛物线、双曲线这些后来得到公认的名称,并用统一的方式(即用一个平面截割一对圆锥面)引出了这三种圆锥曲线。

在书里,阿波罗尼乌斯对圆锥曲线的性质进行了非常广泛的研究,内容涉及圆锥曲线的直径、共轭直径、切线、中心,双曲线的渐近线,椭圆和双曲线的焦点,以及处在各种不同位置的圆锥曲线的交点数等。此外,坐标系的思想在这本书中已见端倪。《圆锥曲线论》代表了古希腊几何学的最高水平,此后,古希腊几何学无实质性的大进展,直到17世纪出现解析几何与射影几何后,圆锥曲线的理论研究才有了新的突破,而这两大几何学分支的基本原理,都可以在阿波罗尼乌斯的工作中找到思想的萌芽。

1710年《圆锥曲线论》拉丁文译本的扉页Ⓟ

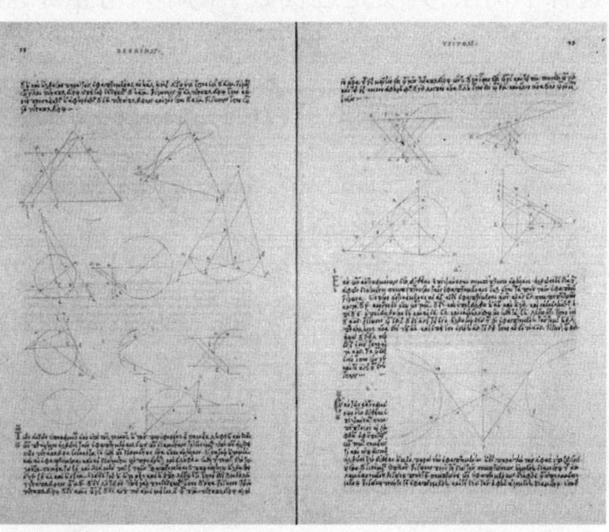
1536年《圆锥曲线论》希腊文手抄本中的一页Ⓞ

约公元前170年

《算数书》成书

1983年，在中国湖北省江陵县张家山出土了一批西汉时期高后至文帝初年（公元前187—约前170年）的古代竹简，其中数学竹简约200支（180余支较完整，10余支已残破，但编痕犹存）。有一支背面有“算数书”三字，学术界因此将其定名为《算数书》。

当《算数书》重见天日时，200余支竹简次序混乱，工作人员花了17年的时间才整理好，并于2000年在《文物》杂志上发表简体字全文。但《算数书》并没有说明它出自何人之手，看来这是对前人成果的一次总结。

《算数书》与约公元100年成书的《九章算术》有许多相同之处，体例也是“问题集”形式，大多数题都由问、答、术三部分组成，而且有些概念、术语也与《九章算术》的一样。如“粟求米”：“粟求米，因而三之五而一之。今有粟一升七分三，当为米几何？曰：为米七分升六。术曰：母相乘为法，以三乘十为实。”

数而得 从一步不盈步者以广命分乚复之令相乘也

步

分步之三求 田四分步之二其从一步 六分步之

=如法一步乚节以广从相乘凡凡令分母相乘为法分子相乘为实 如法一

汉简《算数书》的一部分Ⓟ

《算数书》全书总共7000多字，有60多个小标题，如“相乘”、“分乘”、“增减分”、“约分”、“合分”、“经分”、“金价”、“舂粟”、“息钱”、“贾盐”、“程禾”、“方田”、“少广”等，但未分章或卷。其内容涉及整数和分数的运算、几何级数、利息计算、税率计算、几何计算、兑换、产量、用盈不足术求平方根近似值等。

整理前的岳麓秦简Ⓦ

《算数书》特别让人感兴趣的一个方面就是它与《九章算术》的关系，由于其内容与《九章算术》有一些相似，不少人怀疑《算数书》是《九章算术》的母本，至少也是张仓校正《九章算术》的母本之一，当然这些都只是猜测，尚无定论。在《算数书》出土之前，《九章算术》被认为是现存最古老的中国数学著作。《算数书》的发现，将现存最早中国古代数学著作的年代推前了约300年。

2007年12月，湖南大学岳麓书院在香港古董市场购得一批秦简，其中与数学有关的部分，被考古学家命名为《数》。据初步推断，其成书年代最晚为公元前212年。若此推断成立，那么现存最早中国古代数学著作的年代还可前推数十年。另外，2006年11月，湖北省孝感市云梦县睡虎地一汉代墓葬出土竹简2000余支，其中包括一部完整的数学著作《算术》216支。据报道，其成书年代最晚为公元前141年，虽晚于《算数书》，但它无疑也是中国古代数学的珍贵文献。关于这两部书的可靠成书年代和内容价值，史学家们正在研究之中。

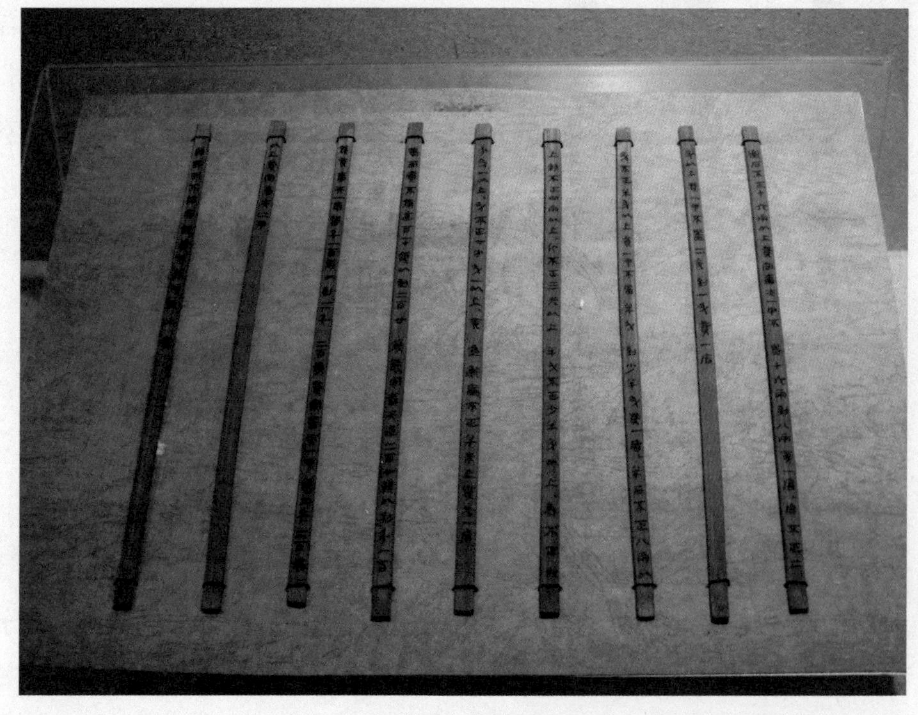
睡虎地秦简Ⓞ

约公元前100年

《周髀算经》成书

中国西汉王朝前期，统治者实行了一系列“与民休息”的政策，使人民安居乐业，生产得到发展。农业生产的发展需要更精确的历法，从而需要水平更高的天文学，进而需要更丰富的数学知识。《周髀算经》正是在这种背景下出现的。

《周髀算经》是一部天文历算著作，一般认为成书于约公元前100年，作者不详。该书原名《周髀》，唐代初期规定它为“算经十书”之一，为国子监的教材之一，所以改名《周髀算经》。

《周髀算经》主要是用数学方法阐明当时的“盖天说”（即认为“天象盖笠，地法覆盘”的宇宙学说）和“四分历法”（即以 $365\frac{1}{4}$ 日为一个回归年而编制的历法），因而包含了相应的数学内容。

《周髀算经》全书分为上、下两卷，有关数学的论述载在卷上之一和之二，其余部分是天文和历法。其数学内容主要有三方面：

（1）指出了勾股定理的一个特例，即众所周知的“勾三股四弦必五”。

（2）阐明了勾股测量术，即用勾股定理和相似直角三角形的边长关系测量远处物体的距离和高度的技术，体现于“平矩以正绳，偃矩以望高，覆矩以测深，卧矩以知远，环矩以为圆，合矩以为方”。

（3）进行了相当繁复的分数计算。

对于勾股定理，书中记曰：“数之法，出于圆方。圆出于方，方出于矩，矩出于九九八十一，故折矩，以为勾广三，股修四，径隅五。”可以看出，原书并没有对勾股定理进行证明，而仅仅是给出一个特例，其证明还得等到几百年之后，由三国时期吴国人赵爽在《周髀注》一书的“勾股圆方图注”中用出入相补原理给出。

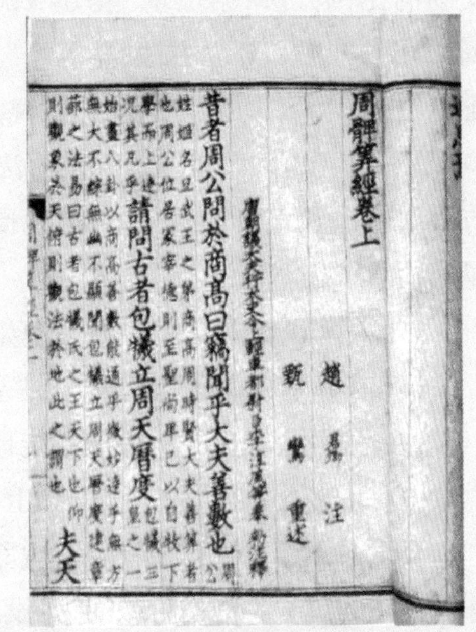
周髀算經卷上

甄　鸞　重述

昔者周公問於商高曰竊聞乎大夫善數也

請問古者包犧立周天曆度

夫天

赵爽注《周髀算经》Ⓟ

约公元100年
《九章算术》成书

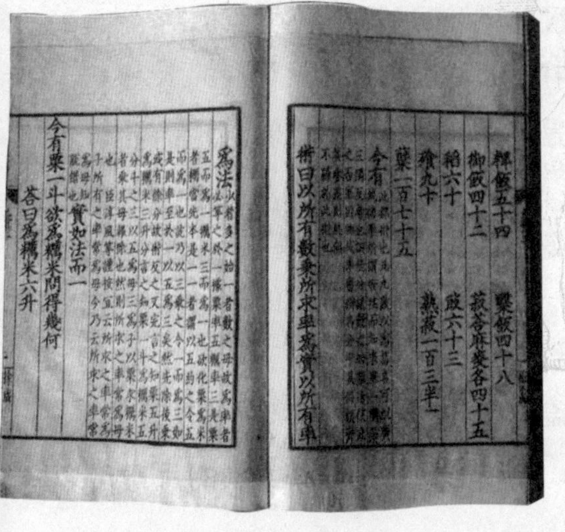
粺飯五十四　糳飯四十八
御飯四十二　菽荅麻麥各四十五
稻六十　豉六十三
飧九十　熟菽一百三半
糵一百七十五
今有
術曰以所有數乘所求率為實以所有率
為法
實如法而一
今有粟一斗欲為糲米問得幾何
荅曰為糲米六升

《九章算术》第二章“粟米”Ⓟ

中国数学史上有一部堪与欧几里得《几何原本》相媲美的著作，这就是历来被尊为算经之首的《九章算术》。《九章算术》是中国古代最重要的数学著作。它成书时间大约是在公元100年，至于作者是谁，如今已无法查证。现代学者认为它是上承先秦数学发展的源流，到汉代又经过许多学者的删补才最后成书的。它的成书，标志着中国古代数学独特体系的形成，这种体系的特点是：以数学应用为框架结构；以算法为主要内容；以数学模型为广泛采用的方法。

《九章算术》采用“实用问题集”的表述形式，全书共收入246个数学问题（大多是与当时社会生活有关的实用性问题），共九章，各章涉及的主要内容如下：第一章“方田”（38问），分数四则算法和各种面积公式；第二章“粟米”（46问），粮食交易的比例方法；第三章“衰分”（20问），比例分配的算法；第四章“少广”（24问），开平方法和开立方法；第五章“商功”（28问），各种体积公式和工作量的分配算法；第六章“均输”（28问），赋税的平均负担的计算法及各种算术难题；第七章“盈不足”（20问），盈亏类问题解法及其应用；第八章“方程”（18问），多元一次方程组解法和正负术的介绍；第九章“勾股”（24问），直角三角形解法和一些测量问题的解法。

《九章算术》之所以如此备受尊崇，绝非浪得虚名，且看它的这些成果：

(1) 在算术方面，《九章算术》主要涉及分数运算、比例问题和“盈不足术”。

《九章算术》在世界上最早系统地叙述了分数运算。在其第二章、第三章、第六章中有许多比例问题，这在世界上也是比较早的。

至于盈不足术，则是解所谓“盈亏类问题”的一种算法。采用现代数学符号，一种典型的盈亏类问题可叙述为：设有若干人合伙买一件价格确定的东西，如果每人出钱a_1，则总钱数比定价多出b_1，如果每人出钱a_2，则总钱数比定价少b_2；问

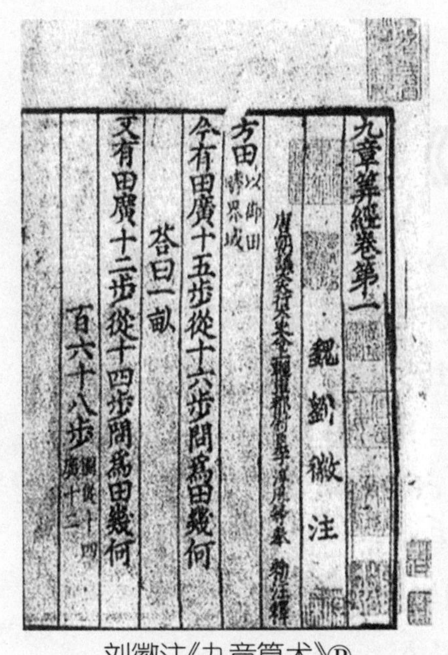

九章筭經卷第一
魏 劉 徽 注
唐朝議大夫行太史令上輕車都尉臣李淳風等奉 勑注釋
方田 以御田疇界域
今有田廣十五步從十六步問爲田幾何
荅曰一畝
又有田廣十二步從十四步問爲田幾何
荅曰 百六十八步

刘徽注《九章算术》Ⓟ

每人应出多少钱，有多少人，该东西定价多少。《九章算术》直接给出了此类问题的算法。

(2) 在几何方面，主要是面积和体积的计算。

(3) 在代数方面，主要有线性方程组的解法、开平方、开立方、一般二次方程的解法等。“方程”一章还在世界上首次引入了负数及其加减运算的法则。《九章算术》中对线性方程组的解法，是利用算筹排布方程的系数并进行变换来求解的，这与现代数学中的线性代数思想非常类似。

《九章算术》对中国古代数学产生了巨大的影响，唐、宋两代都由政府明令规定为教科书。中国古代的数学家也大多从《九章算术》开始学习和研究数学。《九章算术》之后的许多中国古代数学著作，不仅在思想体系上受其影响，而且有许多就是《九章算术》的注释或研究。其中魏晋时期刘徽的注是最著名的。南宋杨辉、明代吴敬以及近代许多数学家的著作也与《九章算术》有关。

《九章算术》以应用为目的，书中的数学知识被用于解决各种实际问题，形成一个与古希腊数学完全不同的数学体系，它在隋唐时就已传入朝鲜、日本，现在更被译成日、俄、德、法等多种文字。可以说，《九章算术》是中国为世界数学发展作出的一项杰出贡献。

Ⓢ

约公元100年
门纳劳斯写成《球面学》

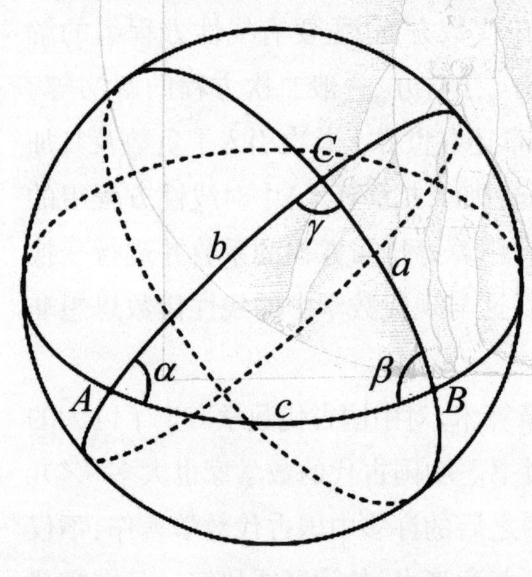

球面三角Ⓢ

古人尊崇"地心说"，认为所有天文现象都是在以地球为中心的球面(天幕)上发生的，这使得球面三角学比平面三角学发展得更快。约公元100年，古希腊数学家和天文学家门纳劳斯写成了一部很有影响力的著作《球面学》，成为当之无愧的球面三角学奠基人。

门纳劳斯公元75年后在亚历山大和罗马等地工作过，公元98年在罗马建立天文台。他学识渊博，写了很多著作，涉及天文学、力学、几何学和三角学，但唯一流传下来的就是《球面学》。

《球面学》一书分3卷，内容包括球面三角学及其在天文学上的应用。在第1卷中，他给出了球面三角形的定义，即"球面上由大圆的圆弧所包围的部分"，又限定"这些圆弧都小于半圆"。这是世界上第一次对球面三角形所作的明确表述。他还给出了球面三角形的全等定理，以及球面三角形内角之和大于180°的结论。这一卷是为研究球面三角学奠定基础。他采用球面上大圆的圆弧而不是平行圆的圆弧，这是球面三角学发展的一个转折点。

第2卷是球面几何学在天文学上的应用，数学意义不是特别大。

第3卷才正式对球面三角学展开论述，其第一个命题就是球面上的"门纳劳斯定理"：设X，Y，Z分别是球面三角形ABC三条边BC，CA，AB或其延长线上的点，则此三点共大圆的充要条件是：$\frac{\sin XB}{\sin XC}\cdot\frac{\sin YC}{\sin YB}\cdot\frac{\sin ZA}{\sin ZB}=1$。当然，这是采用现代的数学语言描述的，古时还没有"sin"这样的符号，但门纳劳斯已经采用了类似"正弦"的概念。

约公元250年
丢番图写成《算术》

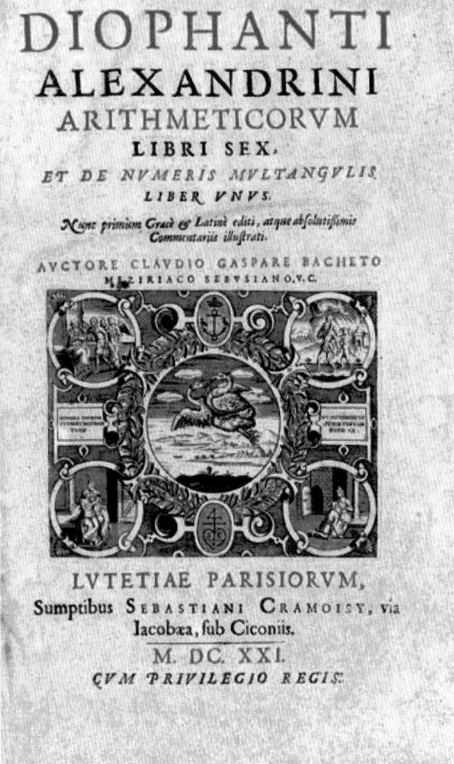
DIOPHANTI
ALEXANDRINI
ARITHMETICORVM
LIBRI SEX,
ET DE NVMERIS MVLTANGVLIS
LIBER VNVS.
Nunc primùm Græcè & Latinè editi, atque absolutissimis
Commentariis illustrati.
AVCTORE CLAVDIO GASPARE BACHETO
MEZIRIACO SEBVSIANO, V.C.
LVTETIAE PARISIORVM,
Sumptibus SEBASTIANI CRAMOISY, via
Iacobæa, sub Ciconiis.
M. DC. XXI.
CVM PRIVILEGIO REGIS.

丢番图《算术》一个拉丁文版本的扉页Ⓟ

丢番图是古希腊数学史上亚历山大后期(公元前146—公元641年)的数学家,他给我们留下的数学遗产,主要就是《算术》一书(成书于约公元250年)。该书原有13卷,留存下来的有6卷。《算术》可以说是最早的一部代数论著,它在历史上的影响之大可以与欧几里得的《几何原本》一较高下,因此丢番图也被誉为"代数学之父"。

《算术》是一本问题集,收录了300多个问题,其中有不少是求解方程,特别是求解不定方程的问题。所谓"不定方程",就是未知数个数多于方程个数的代数方程(组)。这类问题在丢番图以前已有人接触过,但丢番图是第一位对不定方程作了广泛深入研究的数学家,以至于我们今天通常把求整系数不定方程整数解的问题称为"丢番图问题",而将不定方程称为"丢番图方程"。丢番图在解题过程中运用了许多高超的解题技巧,可以说在古希腊数学中独树一帜,大大领先于当时其他不用几何模式的代数学家。

然而,《算术》中存在的问题也是显而易见的,主要表现在以下两个方面:

(1) 不承认负数。在丢番图的作品中,尽量避免负数的存在。这一点可以理解,毕竟到了16世纪,仍然有数学家不承认负数。

(2) 所有内容都是一些特定问题的解答,没有发展出任何一般解法。正如后人所评价的那样:"对于现代人来说,学习了丢番图的100个方程以后,仍难以解出第101个方程……丢番图留给人的困惑多于喜悦。"

尽管如此,《算术》一书仍堪称数学史上的划时代杰作。后来当法国数学家费马对丢番图在《算术》里的一个问题进行研究时,提出了著名的"费马大定理"。

约公元263年

刘徽注《九章算术》

刘徽Ⓟ

《九章算术》的出现标志着中国古代数学体系的形成。它经历了张苍(约公元前200年)、耿寿昌(约公元前50年)等人的修订,约成书于东汉初年。《九章算术》能流芳千古,中国魏晋时期数学家刘徽绝对功不可没,他于公元263年所做的锦上添花般的注解,一直为世人传颂。

刘徽对《九章算术》中的方法和算法作了全面的论述,指出并纠正了原书中的错误,在数学方法和数学理论上作出了杰出贡献。因而,刘徽的注文绝非仅仅是对原书的简单诠释,在某种意义上,可被视为创新性成果,并以此在中国数学史上开辟了一个全新的时代。我们来看看刘徽所作的主要贡献:

(1) 运用极限思想,创立了“割圆术”,以证明圆面积公式,并求出圆周率的近似分数,提出了计算圆周率的方法。

在很长一段时期内,对圆周率的计算成了数学界的马拉松赛,各路英才纷纷提出自己计算出的近似值。这一点上,中国长期走在世界的前列,至少在计算机问世前是如此。借助割圆术,刘徽计算出被后人称为“徽率”的圆周率近似值3.1416。

(2) 用无限分割的方法解决了锥体体积的计算问题,提出并证明了“刘徽原理”:将一个“壍堵”(即用一平面沿长方体相对两棱切割而得到的楔形立体)分解为一个“阳马”(即直角四棱锥)与一个“鳖臑”(即四个面均为直角三角形的四面体),则阳马与鳖臑的体积之比

纪念刘徽的邮票Ⓨ

纪念刘徽割圆术的邮票Ⓞ

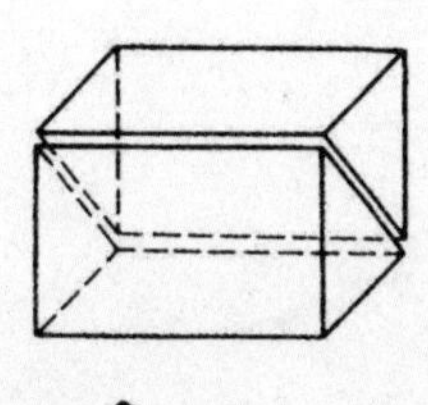

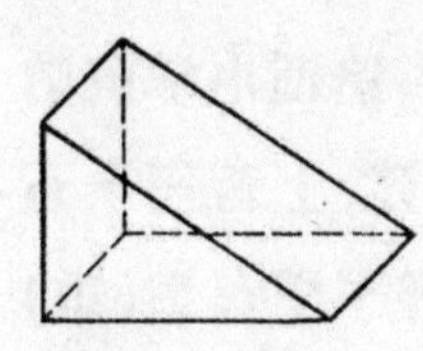

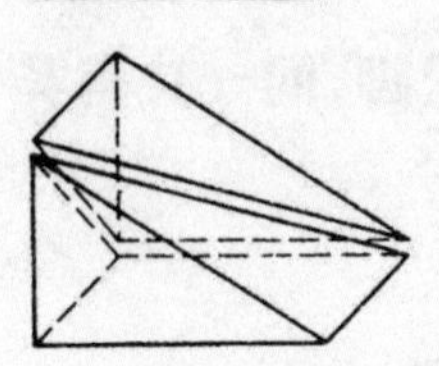

将一个"堑堵"分解为一个"阳马"与一个"鳖臑"Ⓟ

恒为2∶1。以此为基础,解决了许多多面体的体积问题。

这一结果,其重要性不仅仅在于2∶1这个结果,更在于刘徽在证明过程中所使用的"无穷递降法"。虽然这种方法在今天看来有些缺乏逻辑依据,但它无疑是正确的。刘徽的那种大胆探索的意识也值得后人赞赏和学习。

(3) 在开方不尽的问题中,他提出求"微数"的思想,这种方法与后来求无理根近似值的方法一致,它不仅是圆周率精确计算的必要条件,而且促进了十进小数的产生。

(4) 指出解决球体积问题的方向。关于球体积,《九章算术》给出一个错误的公式,刘徽指出产生错误的原因在于把球与其外切圆柱的体积之比看成了 $\frac{\pi}{4}$。他进一步设计了一个"牟合方盖"(即球的两个相等的外切圆柱体正交时的公共部分),指出球与牟合方盖的体积比才是 $\frac{\pi}{4}$。虽然他未能求出牟合方盖的体积,但指出了解决球体积问题的方向。

(5) 提出了许多公认正确的判断作为证明的前提,大多数推理和证明都合乎逻辑,十分严谨,还采用了图形类比的方法,从而把《九章算术》及刘徽自己的解法和公式建立在必然性的基础之上,对后世数学的发展产生了重要影响。

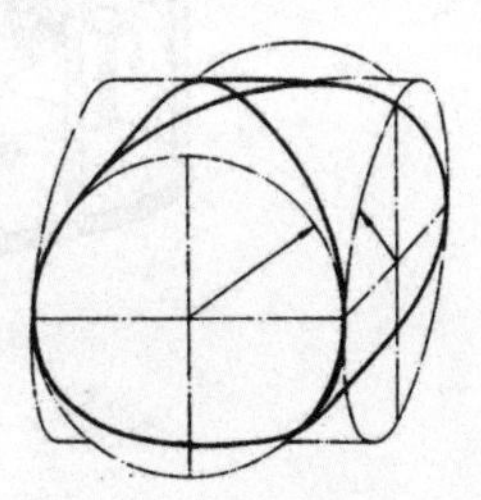

牟合方盖Ⓟ

(6) 发展了天文观测中的重差术,即利用相似直角三角形对应边成比例的原理测量不可达距离的方法。刘徽自撰"重差",作为《九章算术注》的第10卷,后单独印行,即《海岛算经》,为"算经十书"之一。刘徽在其中总结了重差法,提出了重表法、连索法、累矩法这三种基本测量方法,为地图学、航海学的发展奠定了数学基础。

由以上可以看到,在中国数学史上,刘徽堪称以"推理论证"来证明数学命题的第一人,这一思想一直是欧洲数学发展的主流,它可以避免经验数学不可避免的各种失误,推动数学朝着更加健康的方向发展。

约公元300年

《孙子算经》成书

你可能没有听说过《孙子算经》，但你一定听说过“鸡兔同笼”，这道小学奥数中常见题目的原型就出自《孙子算经》的一道算题：“今有雉兔同笼，上有三十五头，下有九十四足。问雉兔各几何？”用现代汉语表达就是：现在笼子里有鸡（雉）和兔子。从上面数一共有三十五个头，从下面数一共有九十四只脚，问一共有多少只鸡，多少只兔子？

鸡兔同笼Ⓢ

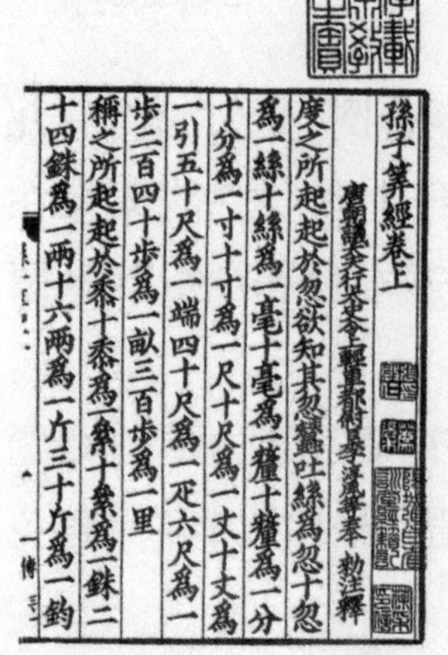

孫子算經卷上
唐朝議大夫行太史令上輕車都尉臣李淳風等奉 敕注釋
度之所起起於忽欲知其忽蠶吐絲爲忽十忽
爲一絲十絲爲一毫十毫爲一氂十氂爲一分
十分爲一寸十寸爲一尺十尺爲一丈十丈爲
一引五十尺爲一端四十尺爲一疋六尺爲一
步二百四十步爲一畝三百步爲一里
稱之所起起於黍十黍爲一絫十絫爲一銖二
十四銖爲一兩十六兩爲一斤三十斤爲一鈞

《孙子算经》上卷Ⓟ

《孙子算经》成书于约公元300年，在唐代被列为“算经十书”之一，我们不知道其作者为何方神圣，不过书中有“今有佛书”几个字，说明该书成于佛教传入中国以后，可见其作者与《孙子兵法》的作者绝非同一个人。

全书分为3卷，上卷叙述了筹算记数法和筹算乘除法则；中卷举例说明筹算分数算法，开平方和面积、体积计算；下卷是各种应用问题。

上卷的筹算是《孙子算经》留给我们的重要遗产之一，它第一次给出了筹算的布算规则：“凡算之法，

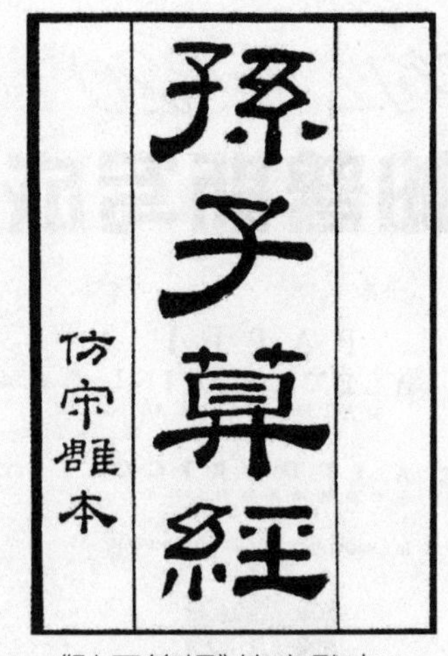

《孙子算经》仿宋雕本Ⓟ

先识其位，一从十横，百立千僵，千十相望，万百相当”，并说明用空位代表零。也就是在这本书里，我们知道了古代中国的十进制表示等内容。书中还详细介绍了利用筹算进行乘除的方法。

中卷主要是关于分数的应用题，其内容基本上都是在《九章算术》的记述范围内。

《孙子算经》中最著名的是下卷的“物不知数”问题：“今有物不知其数，三三数之剩二，五五数之剩三，七七数之剩二。问物几何？”这个问题其实就相当于解现代数学中的同余式组：$N\equiv 2\ (\mathrm{mod}\ 3)\equiv 3\ (\mathrm{mod}\ 5)\equiv 2\ (\mathrm{mod}\ 7)$，其中$N\equiv 2\ (\mathrm{mod}\ 3)$表示$N$除以3余2，也就是$N$可以表示成$3k+2$（$k$为整数）的形式，其余类似。《孙子算经》给出的答数是最小正数解$N=23$。“物不知数”问题的解答指明了解题方法，列成现代的算式就是：

$$N=70\times 2+21\times 3+15\times 2-2\times 105。$$

不仅如此，《孙子算经》还将此法一般化，对任意余数R_1，R_2，R_3，只要将上述算式中的2，3，2换成R_1，R_2，R_3，并调整105的系数就行了（实际上$70\times 2+21\times 3+15\times 2$也是符合条件的解，因为它减去105（即$3\times 5\times 7$）的整数倍依然满足条件，所以减掉$2\times 105$就得到了最小的解）。这是现今关于一次同余式组一般解的剩余定理的特殊形式。

“物不知数”问题又称“孙子问题”，是中国数学史上最有创造性的成就之一，它在民间流传很广，还衍生出了“秦王暗点兵”、“鬼谷算”、“剪管术”、“韩信点兵”等各种有趣的名称。特别重要的是，它引导宋代的秦九韶发明了求解一次同余式组的一般算法——大衍求一术。现在往往把这种算法的原理称为“中国剩余定理”，或径称“孙子定理”。

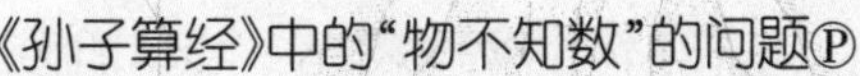

《孙子算经》中的“物不知数”的问题Ⓟ

约公元320年

帕普斯写成《数学汇编》

PAPPI
ALEXANDRINI
MATHEMATICAE
Collectiones.
A FEDERICO
COMMANDINO
VRBINATÆ
In Latinum Conuersæ, & Commentarijs
Illustratæ.

VENETIIS,
Apud Franciscum de Franciscis Senensem.
M. D. LXXXIX.

《数学汇编》封面Ⓟ

古希腊数学的研究体系、方法及诸多理论成果对于后世数学发展有着极为重要的意义与影响。但当历史的车轮行进到公元4世纪的时候,古希腊数学终于盛极而衰,行将告别历史舞台了。现在,就让我们来看一看古希腊数学史上最后一位伟大的几何学家吧。他,就是帕普斯。

自从数百年前阿波罗尼乌斯去世以来,除了门纳劳斯,就再也很难找到希腊古典几何的热心支持者了,就算是丢番图这样杰出的数学家,其作品风格也完全违背古希腊传统,以至于长期处在古希腊数学的主流之外。帕普斯生于亚历山大,生平不详。受到古希腊数学精神的感染,他致力于收集古希腊各名家的资料,并于公元320年左右推出了一部名为《数学汇编》的作品。说这部作品相当重要,只要给出一个理由就足够了——没有它,很多古希腊数学著作将无迹可寻,大量古希腊数学成果将永远埋没于历史的尘埃之中。

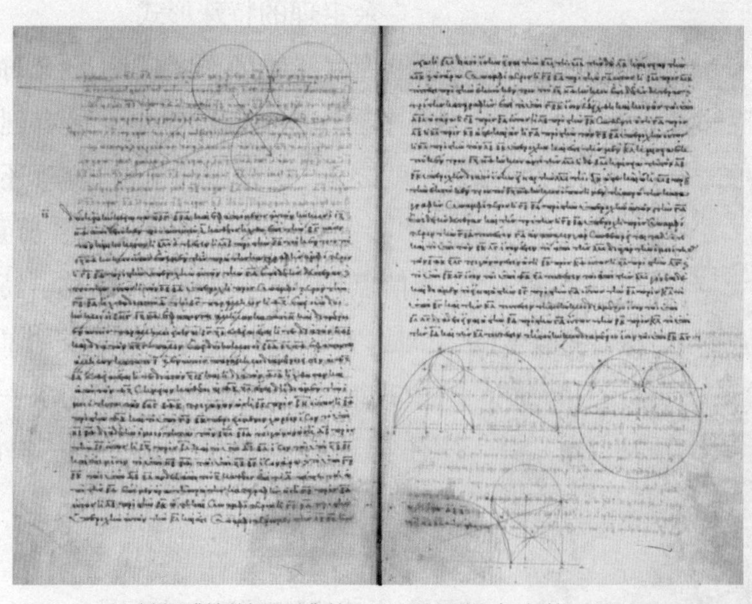

帕普斯《数学汇编》的一个早期版本中的一页Ⓟ

《数学汇编》共8卷，其中第1卷以及第2卷的一部分已遗失。残留的第2卷从命题14开始，阐释了阿波罗尼乌斯发明的一种记录和运算大数的方法。推测第1卷大概也是讲算术的。

第3卷讨论了比例中项理论，介绍了关于三角形的一些不等式，研究了一给定球体中五种正多面体的内接问题。第4卷的内容中有关于化圆为方问题和三等分角问题的讨论。

这部作品的一大特色就是，它总结了古希腊的数学成果，对当时重要的数学著作作了一番介绍和分析，并附有一些历史材料和原始资料，还加入了帕普斯本人的研究成果。例如，帕普斯把古希腊数学家芝诺的《论等周》做一番加工后编入第5卷，而且补充了两个新命题：周长相等的所有弓形中以半圆的面积为最大；球的体积比表面积与其相等的任何圆锥、圆柱或正多面体都大。

在第7卷中，他讨论了平面图形绕平面内一条不与此图形相交的轴旋转而形成的立体的体积问题，并证明了这个体积等于图形面积乘以图形重心绕轴一圈所形成的圆周长。（这个结论到17世纪被瑞士数学家古尔丁独立地重新证得，故称“古尔丁定理”。）他还提出了对合、非调和比等概念，为1000多年后射影几何学的形成和发展埋下了“种子”。

此外，第6卷是关于天文学的，第8卷是关于力学的。

值得一提的是，在一项被称为“帕普斯问题”的研究中，帕普斯若往前多走一步，是完全可以在笛卡儿之前发展出解析几何的方法的，但帕普斯终究只是一个几何学家，缺少代数的“细胞”，就如丢番图本质上只是一个代数学家一样，他们最终都未能跨出关键的一步。世界需要一位同时关注代数和几何的数学家，不过这是很久以后的事了。

约公元5世纪 下半叶

祖冲之计算出圆周率的高精度值

祖冲之，中国南北朝时期南朝的数学家、天文学家，据说他还精通音律，擅长棋艺。祖冲之在数学上的贡献，最为人称道者，是关于圆周率的计算。

祖冲之Ⓨ

据《隋书·律历志》记载，他算出圆周率在3.141 592 6与3.141 592 7之间，这在当时世界上居于领先地位。这一纪录一直保持到一千多年后的15世纪，才由阿拉伯数学家卡西打破。

他还得出圆周率的两个近似分数——约率$\frac{22}{7}$和密率$\frac{355}{113}$。其中约率$\frac{22}{7}$，比祖冲之早上几百年的阿基米德得到过，但密率$\frac{355}{113}$，直到1586年，才由荷兰人安东尼松重新发现。密率是分母小于16 604的分数中最接近π值的分数，这是一项历史性成就。

《隋书·律历志》没有记载祖冲之是用了什么方法得到这些结果的，学术界对此有不同看法，有人认为祖冲之是运用了《九章算术注》里刘徽的“割圆术”，也有人认为他利用了调日法(一种寻找精确分数的数学方法)。为了纪念祖冲之的工作，现在人们把密率称为“祖率”。他的主要数学著作《缀术》，唐代被列入“算经十书”，是国子监算学馆的必读书，曾传至朝鲜、日本，可惜已经失传。据推测，《缀术》很可能是他的数学专题论文，附缀于《九章算术》之后，圆周率及其计算应是《缀术》的组成部分。为了纪念祖冲之，人们将月球背面的一座环形山命名为“祖冲之环形山”，并将第1888号小行星命名为“祖冲之小行星”。

祖冲之像Ⓞ

约公元5世纪 下半叶

祖冲之和祖暅给出祖暅原理

祖冲之因其不凡的数学才华名垂青史。正所谓虎父无犬子，他的儿子祖暅子承父业，接过了祖冲之科学事业的衣钵，虽没有父亲名气大，但也成就斐然。

祖暅从小就热爱科学，对数学尤为感兴趣。史书记载，他做学问很专注，“当其诣微之时，雷霆不能入”。他常常一边走路一边思考，有一次由于太入神，竟一头撞上了对面过来的一位朝廷大员，即使这样他还浑然不觉，幸好此人知道他是个书呆子，也就没和他计较。

祖暅博学多才，很早就开始当父亲的助手，他的主要数学成就是与父亲共同解决了球体积的计算问题，并提出中国古代数学中体积理论的一个重要原理——祖暅原理。

关于球体积，首先是《九章算术》给出了一个错误的公式，然后刘徽指出了其中的错误，但并没有给出球的体积公式，只是给出了解决此问题的方向：球与其外切牟合方盖的体积之比为π∶4。这里的牟合方盖，指的是两个圆柱垂直相交时的公共部分。按照这条提示，祖冲之父子要做的第一件事就是求出牟合方盖的体积，为此，他们明确提出了“幂势既同，则积不容异”（两立体在等高处的截面面积有一定的关系，则这两个立体的体积也一定有相同的关系）的原理，后称之“祖暅原理”。这是初等几何中解决体积问题的重要原理之一。在西方，直到17世纪，这个原理才为意大利数学家卡瓦列里所发现，称为“卡瓦列里原理”。

祖冲之父子共同探究学问Ⓢ

公元499年

《阿耶波多文集》成书

阿耶波多是现今所知有史料可查的最早的古印度数学家和天文学家，他于公元499年所著之《阿耶波多文集》，总结了印度至公元5世纪末在天文学和数学上的知识，反映了他在数学上的成就。此书曾长期失传，于1864年被印度学者发现一手抄本。

阿耶波多Ⓦ

《阿耶波多文集》采用了诗歌形式，这样做，很大程度上是为了口头传诵，这也是当时的常见手法。《阿耶波多文集》共有诗121行，分为引论、数学、时间计量和行星模型、天球等4篇。其中数学方面的主要内容为：给出求平方根和求算术级数和的方法；给出二次方程和一次方程的解法，并研究用一种所谓"库塔卡"方法求二元一次不定方程的通解（库塔卡，kuttaka之音译，义"弄碎"，因为这种方法是逐步将方程分解为系数越来越小的方程，其本质是用辗转相除法求方程系数的最大公因数）；指出 $\pi=(104\times8+62\,000)\div20\,000=3.1416$。书中还列有一张正弦表，其特点是计算半弦的长，而不是全弦的长。这是一张真正的正弦函数表，在三角学发展史上具有重要的意义。《阿耶波多文集》在天文学方面的主要内容为：谈历法，论述天球和地球，提出用地球自转来解释天球周日运动的思想，并论及日食。

阿耶波多是印度科学史上有着重要影响的人物，也是印度人民的骄傲，为了纪念他，印度的第一颗人造卫星便是以他的名字命名的。

"阿耶波多"人造卫星纪念邮票Ⓦ

公元628年 婆罗摩笈多写成《婆罗摩历算书》

婆罗摩笈多是印度天文学家和数学家，名字后“笈多”两字表示他在吠舍阶级(种姓制度的第三阶级，即自由平民阶层)中的身份。他长期在乌贾因工作，这里是当时印度天文学、数学的活动中心之一，中国唐代高僧玄奘法师西行求法时曾到过此地。

婆罗摩笈多Ⓦ

婆罗摩笈多的工作主要建立在前人的基础上，但也有很多自己的创造，他的代表作是公元628年用梵文写成的天文著作《婆罗摩历算书》，以诗歌形式呈现。《婆罗摩历算书》全书24章，其中第12章、第18章专论数学，反映了一批当时来说相当先进的数学成果：关于圆内接四边形的两个定理，一是其面积为$\sqrt{(s-a)(s-b)(s-c)(s-d)}$(其中$a, b, c, d$为边长，$s$为半周长)，另一是其对角线长为$\sqrt{\frac{bc+ad}{ab+cd}(ac+bd)}$和$\sqrt{\frac{ab+cd}{bc+ad}(ac+bd)}$；给出了一个求圆内接四边形的有理数边长的方法，即如果(a, b, c)和(α, β, γ)是两个勾股数组，那么$(a\gamma, c\beta, b\gamma, c\alpha)$和$(a\gamma, b\gamma, c\alpha, c\beta)$都可以是某个圆内接四边形的顺序边长；在印度较早地使用了负数，提出了负数的四则运算法则，并且把零当做一个普通的数来使用；研究了二次不定方程$y^2=ax^2+1$(其中a是非平方正整数，这类方程后来被称为佩尔方程)，并得出了一些结果，后人称之为婆罗摩笈多结论；求出了一次不定方程$ax+by=c$(其中a, b, c是整数)的整数解。

《婆罗摩历算书》于公元8世纪传入阿拉伯世界，对阿拉伯的天文学和数学产生了一定的影响。

公元656年

李淳风等为“算经十书”作注

李淳风，中国唐代天文学家、数学家。据传他相貌俊逸，性情豪爽，博览群书，通晓天文星象，曾任太史令(即掌管天文历法的长官)。李淳风在天文学上成果颇丰，对浑仪的发展历史作了深入研究，著有《法象志》一书，但早已失传。他在数学上的主要成就是，奉唐高宗之命与他人合作并作为主要负责人，对“算经十书”进行了编撰注释工作。

李淳风像Ⓨ

“算经十书”，即中国汉代以后陆续出现的10部数学著作:《周髀算经》、《九章算术》、《孙子算经》、《五曹算经》、《夏侯阳算经》、《张丘建算经》、《海岛算经》、《五经算术》、《缀术》和《缉古算经》。唐朝政府在国子监设立算学馆，以李淳风等注释的这10部算经作为教本，用以进行数学教育和考试。后来《缀术》在唐末至宋初年间失传，于是宋代刊刻的“算经十书”中便以东汉徐岳撰、南北朝时期北周甄鸾注(一说由甄鸾自撰自注)的《数术记遗》来替补。

在“算经十书”中，除了前已述及的《周髀算经》、《九章算术》、《孙子算经》和《海岛算经》外，其余几部著作也各有千秋。例如《张丘建算经》(成书于公元5世纪中叶，作者不可考)中有著名的“百鸡问题”:“今有鸡翁一，值钱五;鸡母一，值钱三;鸡雏三，值钱一。凡百钱买鸡百只，问鸡翁母雏各几何?”这是一个解不定方程组的问题，对其解法的讨论延续了好几百年。该书中还给出了等差数列的求和公式，以及最小公倍数的求法。

《缉古算经》(成书于公元7世纪初，唐代王孝通著)中有三次方程的解法，特别是用几何方法列三次方程，颇具特色。

《五曹算经》(公元566年颁行，北周甄鸾著)是一部为地方行政人员所写的应用算术书，全书分为田曹(丈量土地)、兵曹(军队给养)、集曹(谷物互换)、仓曹(征收、运输)、金曹(货物买卖)等五个部分，分别针对负责相应管理工作的五类

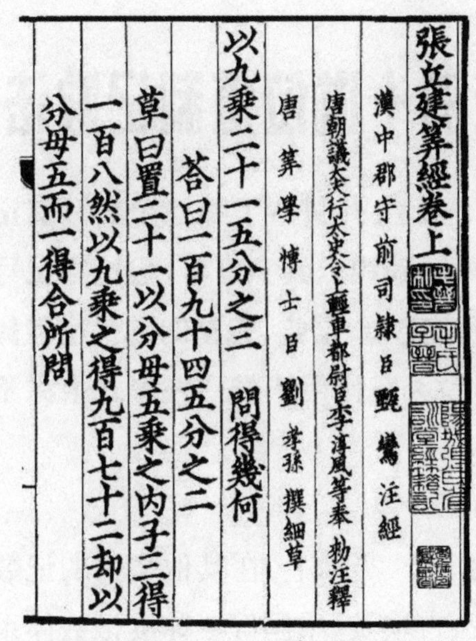
張丘建算經卷上
漢中郡守前司隸臣甄鸞注經
唐朝議大夫行太史令上輕車都尉臣李淳風等奉勑注釋
唐算學博士臣劉孝孫撰細草
以九乘二十一五分之三 問得幾何
荅曰一百九十四五分之二
草曰置二十一以分母五乘之內子三得
一百八然以九乘之得九百七十二却以
分母五而一得合所問

李淳风等注《张丘建算经》Ⓟ

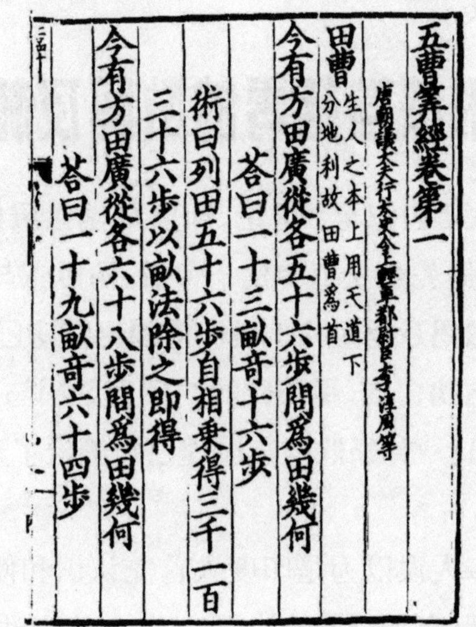
五曹算經卷第一
唐朝議大夫行太史令上輕車都尉臣李淳風等
田曹 生人之本上用天道下分地利故田曹爲首
今有方田廣從各五十六步問爲田幾何
荅曰一十三畝奇十六步
術曰列田五十六步自相乘得三千一百
三十六步以畝法除之即得
今有方田廣從各六十八步問爲田幾何
荅曰一十九畝奇六十四步

李淳风注《五曹算经》Ⓟ

官员，故称“五曹”。所讲问题的解法都浅显易懂，计算都尽可能避免分数。

《五经算术》(亦为北周甄鸾所著)主要是应用数学知识或计算技巧，对中国古代经典《易经》、《诗经》、《尚书》、《周礼》、《礼仪》、《礼记》、《论语》、《左传》中与数有关的地方详加注释，虽就数学内容而言，价值有限，但对保护中国古代数学遗产，却有不小的贡献。

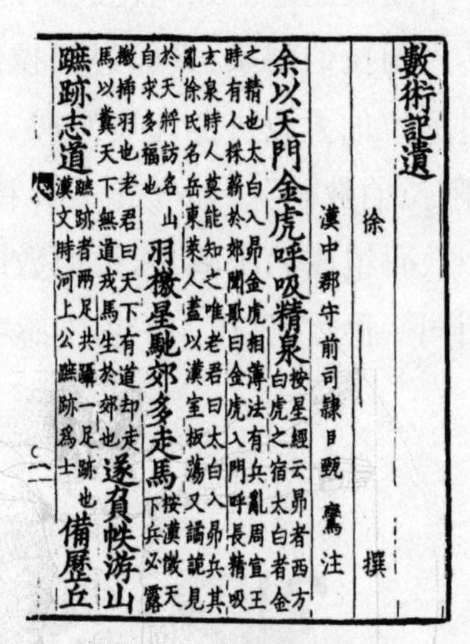
數術記遺
徐 撰
漢中郡守前司隸臣甄鸞注
余以天門金虎呼吸精泉按星經云昴者西方白虎之宿太白者金之精也太白入昴金虎相薄法有兵亂周宣王時有人採薪於郊聞歌曰金虎入門呼長精吸玄泉時人莫能知之唯老君曰太白入昴兵其亂除氏名岳東萊人蓋以漢室板蕩又譎詭見於天將訪名山自求多福也
羽檄星馳郊多走馬按漢儀天下兵必露檄插羽也老君曰天下有道却走馬以糞天下無道戎馬生於郊也
遂負帙游山躡跡者兩足共躡一足跡也漢文時河上公躡跡爲士
躡跡志道
備歷立

《数术记遗》的主要成就是给出了中国古代的大数记法，另外叙述了筹算法、心算法等13种算法。

“算经十书”中所用的数学名词，如分子、分母、开平方、开立方、正、负、方程，一直沿用到今天，有的已有近2000年的历史了。

对于李淳风等人注释“算经十书”的贡献，后人给予了很高的评价，英国学者李约瑟称誉李淳风为“整个中国历史上最伟大的数学著作注释家”。

甄鸾注《数术记遗》Ⓟ

约公元700年

印度形成包括零的数码及相应的十进位值制记数法

公元1世纪至8世纪，印度数学发展很快。印度人引入了零这个数及其记号，他们最先意识到零是一个数，可以参与运算。到约公元700年，包括零记号在内的数码及相应的十进位值制记数法已在印度定型，至此，完整的现代记数体系算是大功告成，尽管此时的印度数码与我们今天所使用的数码在形式上大不相同，但这一体系的内在原理已经确定了下来。

很多人误以为是印度人首先认识和使用了零。实际上，在其他文明的记数法中，早已有了对零的认识，比如美索不达米亚、古埃及、中国等。印度记数体系实际上包含着三个重要组成部分：①十进制；②位值制；③10个数码。我们得知道，这三大要素没有一个是起源于印度的：十进制早在古希腊等文明中就存在；位值制在美索不达米亚就已采用；至于数码，早在古埃及和玛雅文明中就已经有了。但是，将这三个原则联系起来的却是印度人。印度人还有了分数的表示方法：他们把分子、分母上下放置，但中间没有横线。后来阿拉伯人加了一道横线，成了今天分数的一般表示方法。

印度人创造了如此先进的记数方法，但长期以来一直不被世人所知，直到后来传入阿拉伯国家，又通过阿拉伯人传到欧洲，其中0的传播更晚些。欧洲人把经过阿拉伯人改进的印度数码，当成了阿拉伯人的发明，所以给它起了个名字，叫“阿拉伯数码”。如今几乎所有国家的人都在使用由0、1、2、3、4、5、6、7、8、9这十个数码组成的所谓“阿拉伯数码”，想一想世界上有那么多种文字，在记数时却使用同一种数码，让人不得不感叹这是一个奇迹。

约公元820年
花拉子米写成《代数学》和《算法》

公元630年初，在阿拉伯半岛上，一个以伊斯兰教为核心的穆斯林帝国开始形成。此后，它的疆域不断扩大，成了一个地跨亚、欧、非三洲的大帝国，在中世纪的历史上产生了非常重要的影响。

不过这个穆斯林帝国在它的第一个世纪完全没有什么科学成就，因为他们的宗教热情显然盖过对文化的热情。然而到了公元750年左右，这些征服者们突然表现出对这些文明的极大热情，在他们身上，我们仿佛又看到了罗马帝国征服希腊时的情景。特别是在阿拔斯王朝(公元750–1258)统治时期，统治者马蒙(公元813–833在位)在巴格达建立起了"智慧宫"，这是一座可以同亚历山大的缪斯学院相媲美的机构，众多学术名流被召集到巴格达，花拉子米便是其中一位，这个名字，后来在西欧成为和欧几里得一样家喻户晓的名字。

花拉子米的研究涵盖数学、天文学、地理、历史等众多领域，在数学方面，花拉子米有两本著作传世。

一本是《代数学》，它的阿拉伯文书名直译应为《还原与对消计算概要》，写成于大约公元820年。书名中的阿拉伯语al-jabr意思是还原移项，到14世纪演变为拉丁语algebra，也就是今天英文的algebra(代数学)。正是因为这部作品，花拉子米有时被冠以"代数学

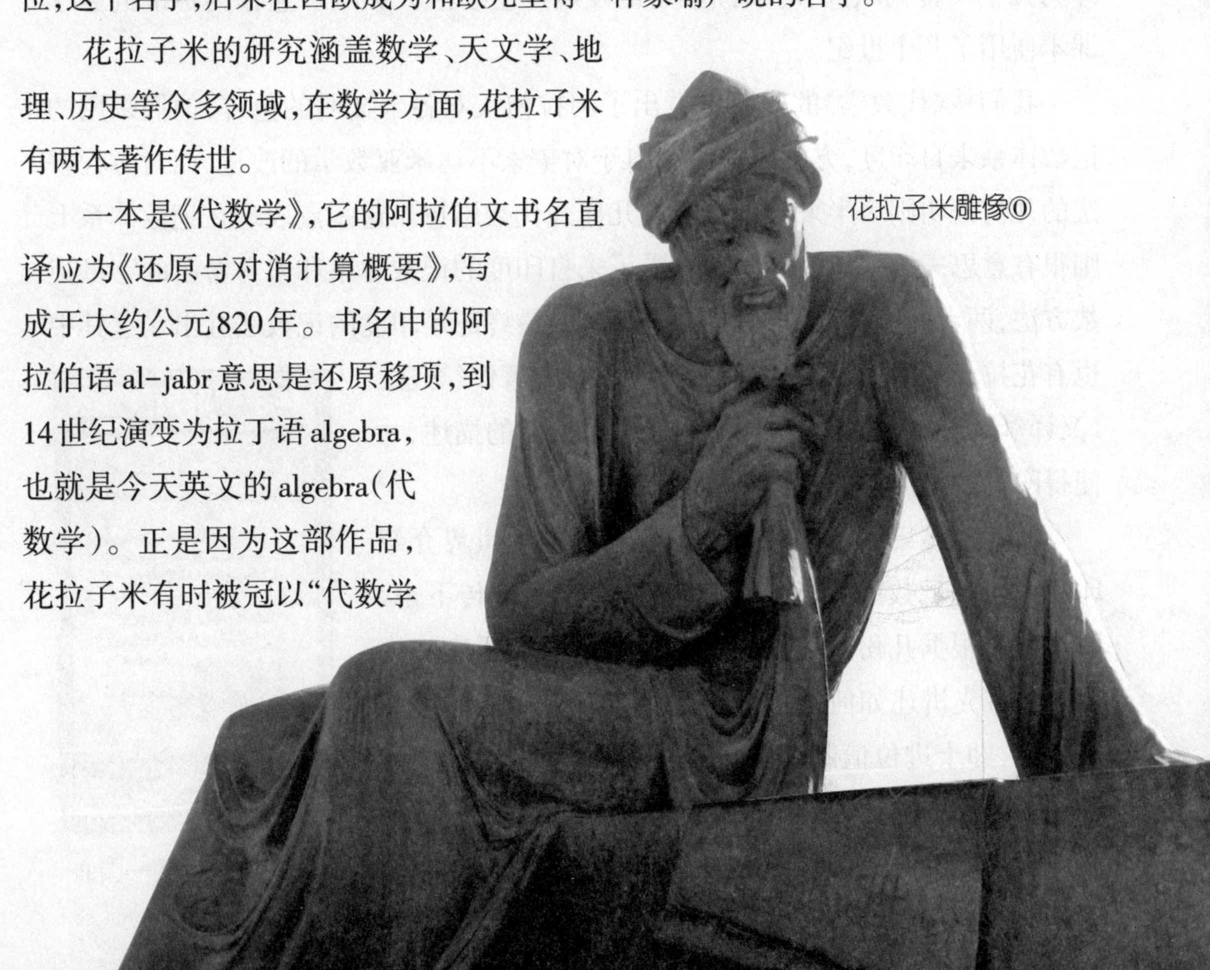
花拉子米雕像©

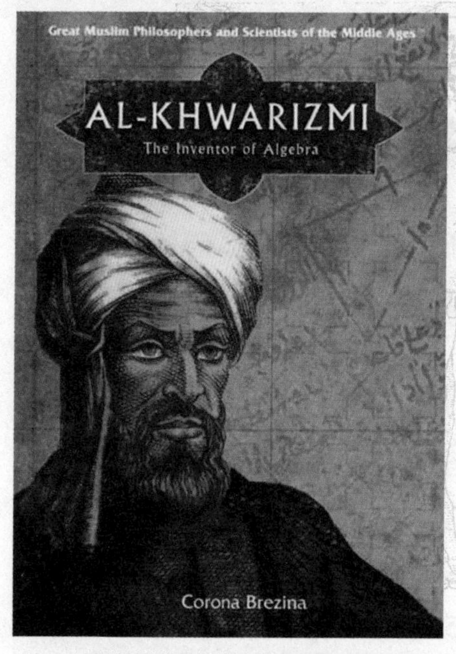

图书封面上的花拉子米Ⓞ

之父”的称号——是的，我们曾经将这一称号给予丢番图，但从某些意义上来说，把这个头衔归到花拉子米名下更为合适。

诚然，花拉子米的作品是丢番图《算术》一书的倒退。比如从内容上来说，它比丢番图的《算术》更加简单，并且没有采用任何缩写符号，所有内容都用文字来描述。然而花拉子米关注的重点内容，不是解题技巧，而是解一次、二次方程的一般原理。花拉子米把解方程求未知数称为求“根”，这种说法一直流传至今。他在书中用文字叙述的解法，相当于给出了一元二次方程的求根公式。他还采用类似于现在解方程时的移项与合并同类项这两种变形，给出了现在称为根的判别式的几何证明。《代数学》在12世纪被译为拉丁文传到欧洲，对欧洲数学的发展产生了巨大影响。它作为标准的数学课本使用了几个世纪。

我们从《代数学》的内容中看出了阿拉伯人对各个文明的包容，他们采用的记数体系来自印度，方程的解法来自于对美索不达米亚数学的改进，而对方程解法的几何证明则多半来自古希腊的几何式代数思想。这一点表现在记数体系上则很有意思——阿拉伯人同时接受了来自印度的记数体系和来自希腊的字母记数方法，两者一度在阿拉伯帝国一争高低，最终还是印度的记数法胜出。这其中也有花拉子米的功劳，因为他的另一本数学著作《算法》（又译《印度的计算术》）对印度数码做了详尽的描述，才使得印度数码被阿拉伯人所认识。

كتاب الخوارزمي

《代数学》中的一页Ⓟ

《算法》是第一部用阿拉伯语言在阿拉伯世界介绍印度数码和记数法的著作，但它的真本没有流传下来，数学史家根据几份不完整的拉丁文手稿复原了它的内容。它首先讲述如何用包括零记号在内的10个印度数码记数，即十进位值制记数法；然后介绍如何用这些印度数码进行各种算术运算，每种运算的法则都用例子解释得清清楚楚，并给出验算的法则。《算法》问世后，印度

印度数码Ⓢ

数码和十进位值制记数法开始在阿拉伯国家普及。后来印度数码从阿拉伯传入欧洲，被欧洲人称为“阿拉伯数码”。如今在数学史研究领域，人们把这种数码称为“印度—阿拉伯数码”，以明确其发源地和传播途径。

《算法》一书的拉丁文译名为Algoritmi de numero indorum，意思是“花拉子米的印度计算法”，其中Algoritmi是花拉子米的拉丁文译名，现在的数学术语“算法”(algorithm)正是来自这个词。

纪念花拉子米的邮票Ⓞ

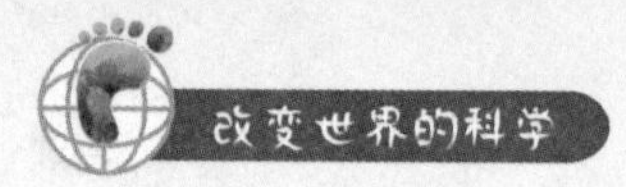

约1050年

贾宪写成《黄帝九章算术细草》

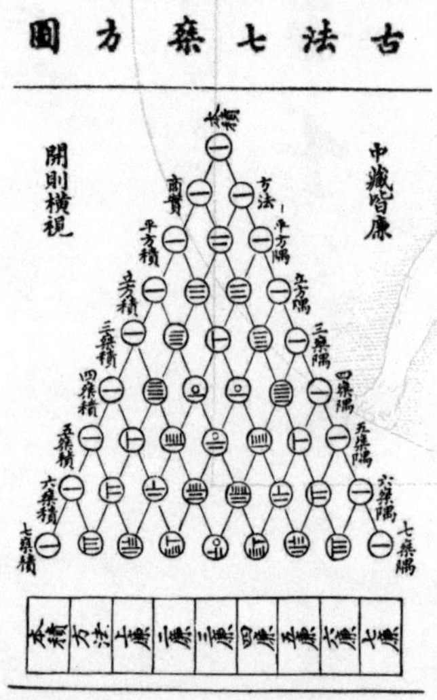

贾宪三角（杨辉三角）Ⓟ

我国的北宋时期有一位数学家，名叫贾宪，他于约1050年写成了一部叫做《黄帝九章算术细草》的著作，共九卷，不过很可惜，这本著作已经失传了。万幸的是，书中有一部分内容被南宋数学家杨辉记录在了他1261年写的《详解九章算法》里，流传了下来。

杨辉的《详解九章算法》详细解释了《九章算术》246道题目中的80题。除了根据《九章算术》把书分成九卷外，他又增加了三卷，一卷是“图”，一卷讲乘除，一卷是“纂类”，共十二卷。但目前存世的《详解九章算法》中，多数卷残缺不全。从剩下的残本中看，该书对《九章算术》的详解主要在三个方面：一是解题，包括解释术语、题目评论、文字校勘等内容；二是选取与《九章算术》的题目类似的问题进行类比；三是对这80道题目进一步注释。

杨辉在“纂类”中记录了贾宪的“增乘开平方法”和“增乘开立方法”；在对《九章算术》所作的“详解”中，记录了贾宪的“开方作法本源图”、“增乘方求廉法”和用增乘开方法开四次方的例子。

开方作法本源图，就是我们熟悉的“贾宪三角”或“杨辉三角”，一张二项式系数表，即$(a+b)^n$展开式中各项系数以n为行序，每行按a的升幂序排列而成的一张三角形表，这在西方叫做“帕斯卡三角”，但贾宪三角比帕斯卡三角早提出600多年。这是贾宪的第一项成就。

贾宪的第二项成就，就是利用“贾宪三角”发明了开平方和开立方的方法，原理上甚至可以利用“贾宪三角”开任意次方，所以贾宪称此图为“开方作法本源图”。他的计算步骤与现代的基本相同，现代方法唯一的高明之处就是采用了更加简洁的数字符号。

贾宪的成就在当时具有世界领先水平，而且对宋元数学产生了全面的重大影响，这一时代也是中国数学史上的黄金时代。

1150年 婆什迦罗第二写成《莉拉沃蒂》和《算法本源》

在婆罗摩笈多之后的几百年里，印度出现了许多数学家，不过具有代表性的不多，我们只介绍婆什迦罗第二。婆什迦罗第二这个名字中的“第二”，是为了与7世纪的一位也叫婆什迦罗的印度数学家相区分。婆什迦罗第二是中世纪印度最重要的数学家、天文学家，实际上也是最后一位重要的数学家。他在大约公元1150年写成了两本代表古印度数学最高水平的著作《莉拉沃蒂》和《算法本源》。

婆什迦罗第二Ⓦ

莉拉沃蒂在印度语里是美丽的意思，《莉拉沃蒂》一书的书名据说取自婆什迦罗第二的女儿的名字(一说取自他妻子的名字)。关于这个书名，还有一个美丽动人的传说。传说婆什迦罗第二也是一名占星家，他一次为女儿预占出嫁的吉日，把一个底部有孔的杯子放入水中，从孔中慢慢渗入水的杯子沉没之时，就是他女儿的吉日来临之际。女儿带着好奇观看这只待沉的杯子，不想颈项上一颗珍珠落入杯中，正好堵塞了漏水的小孔，杯子也停止了继续下沉，这似乎注定莉拉沃蒂永不能出嫁。婆什迦罗为了安慰女儿，把他所写的算书以她名字命名，以使她的名字随同这本书流芳百世。

Ⓢ

这本书在印度作为教科书使用了好几个世纪，至今仍在一些梵语学校使用。不过这本书对错参半，近似与精确不分，粗糙与细致同在。

比如在书中，作者认为圆周率的值为3927/1250，但没有任何迹象说明他知道这其实是个近似值，他认为自

1965年版的《莉拉沃蒂》Ⓟ

己给出的值是精确值。婆什迦罗第二还严厉批评了他的前辈婆罗摩笈多所使用的一般四边形的面积公式，但也没有注意到，这个公式对于圆内接四边形是可以适用的。

即使如此，《莉拉沃蒂》一书仍然流传甚广，有多种注译本，大多分为13章。我国2008年据日译本转译的中译本分为8章：第1章是规约（关于诸单位），介绍印度当时的度量衡单位及换算标准；第2章是数位之确定，介绍采用印度数码的十进位值制记数法；第3章是基本运算，介绍正整数、分数和零的加、减、乘、除、平方、开平方、立方、开立方等八种运算；第4章是各种算法，有逆算法、任意数算法、不等算法、平方算法、乘数算法以及以三率法（即比例算法）为基础的各种算法；第5章是实用算法，有关于混合计算、数列、平面图形、立体图形、堆垛问

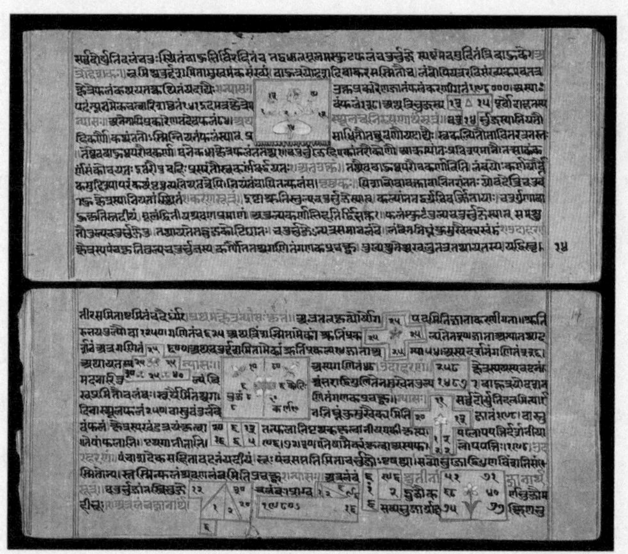

莉拉沃蒂残本Ⓞ

题、锯割木材问题、堆积物体积、勾股测量问题的实用算法；第6章是"库塔卡"方法，即求解二元一次不定方程的一种方法；第7章是数字连锁，即排列组合问题；第8章是结语，强调了这本书的有效性和重要性。与古印度的许多数学著作一样，这本书中有很多数学问题是用诗歌形式给出的。

婆什迦罗第二对不定方程具有特别的兴趣。他把婆罗摩笈多关于佩尔方程的特殊解法改造成了一种通用解法。这一成果充分体现出他在解不定方程上的高超水平。另外，在《莉拉沃蒂》一书中还给出了大量不定方程的实例。

另一本书《算法本源》则主要探讨了代数问题。共8章，内容涉及正负数法则、线性方程组和低次整系数方程的求解等，还给出了勾股定理的两个漂亮证明。尤其值得注意的是，婆什迦罗第二在这本书中引入了朴素而粗糙的无穷大概念："一个数除以零便成为一个分母是符号0的分数。例如3除以0得3/0。这个分母为符号0的分数，称为无穷大量。在这个以符号0作为分母的量中，可以加入或取出任意量而无任何变化发生……"

婆什迦罗第二比较系统地讨论了负数，把负数叫做"负债"或"损失"。他正确地叙述了负数的运算法则："正数、负数的平方，常为正数；正数的平方根有两个，一正一负；负数没有平方根，因为它不是一个平方数。"他还和其他印度数学家一起，广泛使用无理数，在运算中把它们当有理数作同样处理。应该说，这一直是印度数学的传统。

自婆什迦罗第二以后，直到19世纪末，印度再也没有出现能与之比肩的数学家。

1202年 斐波那契写成《计算之书》

斐波那契⓪

中世纪的欧洲长期都没有出现文化昌盛的迹象，数学也是在艰难中前行。不过阿拉伯人对数学的热情显然影响到了他们，当一大批古希腊作品被翻译成阿拉伯文后，一大批学者就开始疯狂地想方设法把它们弄到手，并将之翻译成拉丁文。包括印度数学在内的诸多文化开始在欧洲流传。我们这里提到的斐波那契便是这些学者中重要的一位，以他名字命名的斐波那契数列更是天下流传。

斐波那契在算术、代数和几何等方面有很多贡献。他生于意大利的比萨，但早年是在北非接受的教育，因为他父亲是比萨共和国驻布吉亚（今阿尔及利亚东北部港口城市贝贾亚）的商务代表。后来他游历了一些阿拉伯国家，认识到了印度—阿拉伯数码及相应十进位值制记数法的优越性。

约1200年，斐波那契回到比萨，潜心著作。1202年，他写成了《计算之书》（又译《算盘书》）。这是一个容易误导人的书名，实际上书中的主要内容并非计算，而是一本全面论述代数问题以及解决方法的作品。在书中，斐波那契大力推广印度—阿拉伯数码，这也是斐波那契对欧洲数学所作的一大贡献。虽然在一段时间里，人们一时不愿意改变老习惯，但通过对印度—阿拉伯数码的不断接触，加上斐波那契和其他数学家的工作，印度—阿拉伯数码终于在欧洲得到推广。

而斐波那契另一个响当当的成就，当然就是如雷贯耳的斐波那契数列。在《计算之书》中，这个数列是以一道难题的形式出现的：假定一对成年兔子总是每个月生一对小兔子，而小兔子总是在出生后两个月就成年，问从一对小兔子开始，一年下来一共能有多少对兔子。这个问题产生了著名的斐波那契数列：1，1，2，3，5，8，13，21，…。其规律是从第3项起每一项都是前两项之和。这个数列从它诞生一直到现在就吸引着人们的注意力，人们从中发现了许多漂亮又重要的

性质，比如说可以证明，该数列前后两项之比会逐渐趋近于黄金分割比。利用这个数列，还绘制出了相应的斐波那契螺线，并且用它创作出了许多美丽的图案。甚至还有一本名叫《斐波那契数列》的杂志，专门研究有关该数列的新发现和应用。

斐波拉契的工作，可以算是在黑暗的中世纪欧洲能看到的一线曙光了，也可以把它当做欧洲文艺复兴的征兆，在真正的文艺复兴到来之前，我们再次回到亚洲，也只有这里方能发现一些数学的辉煌。

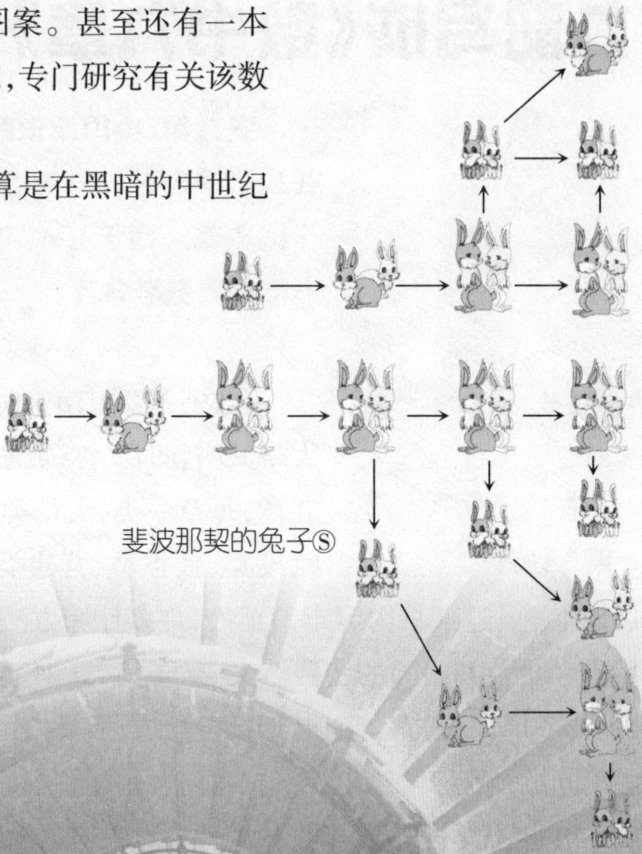

斐波那契的兔子Ⓢ

用斐波那契螺线设计的图案Ⓨ

1247年 秦九韶写成《数书九章》

秦九韶像©

秦九韶，中国南宋时代的官员，也是他那个时代的数学奇才。与李冶、杨辉、朱世杰并称宋元数学四大家。他于1247年写成的《数书九章》，这是一部世界数学名著。

《数书九章》，南宋时称为《数学大略》，或《数术大略》，明朝时又称《数学九章》。全书十八卷，分为九章，每章一类：大衍类、天时类、田域类、测望类、赋役类、钱谷类、营建类、军旅类、市物类。每类9题，共计81题。这部书内容丰富至极，许多计算方法和经验常数直到现在仍有很高的参考价值和很强的实践意义，被誉为“算中宝典”。其著述方式，大多由“问曰”、“答曰”、“术曰”、“草曰”四部分组成，极具中国特色。“问曰”，是从实际生活中提出问题；“答曰”，给出答案；“术曰”，阐述解题原理与步骤；“草曰”，给出详细的解题过程。《数书九章》不仅代表着当时中国数学的先进水平，也标志着中世纪世界数学的最高水平。

大衍术乃秦九韶的得意之作，特放在《数书九章》之首。他总结了历算家计算上元积年（即从历法起算时刻“上元”到编历年份所积累的年数）的方法，在《孙子算经》中“物不知数”问题的基础上，提出求解一次同余式组的一般性算法，即大衍求一术，有关的定理被称为“中国剩余定理”。

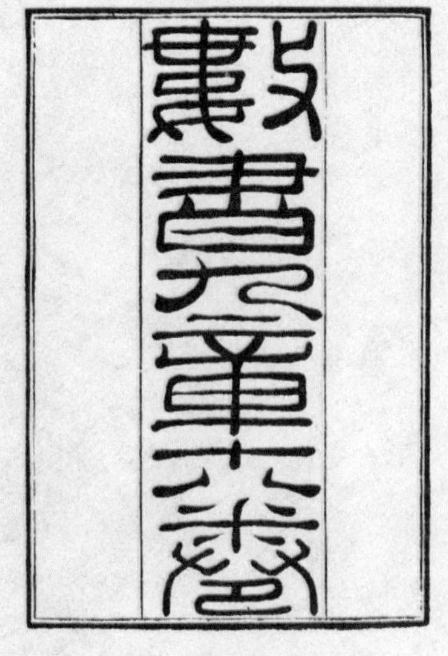

《数书九章》宜稼堂丛书本Ⓟ

《数书九章》的后八类是按应用分类，秦九韶在其中创拟了正负开方术，即一种以贾宪的增乘开方法为主导求高次方程正根的数值解法。正负开方术也是中世纪世界数学的最高成就，比起英国数学家霍纳于1819年提出的同样解法，正负开方术要早572年。

约1250年

图西写成《论完全四边形》

中世纪阿拉伯数学家图西，同时也是天文学家和哲学家。他出生于波斯的图斯(今伊朗呼罗珊省境内)，是一位知识渊博的学者。当时波斯的统治者是旭烈兀(成吉思汗的孙子)，他算得上是个好君主，比较重视学术研究，图西向他建议在马拉盖(今伊朗东阿塞拜疆省主要城市)建造天文台，旭烈兀即刻应允并给以最大的支持。这座天文台于1259年开始建造，1272年开始运行，此后图西长期在那里进行天文观测和学术研究。

图西Ⓞ

图西著述甚丰，有150多部。在数学方面，他翻译注释了欧几里得的《几何原本》、《现象》(又译《观测天文学》)、《光学》，阿基米德的《圆的度量》、《论球与圆柱》等。

当然，图西也有自己的作品。他最重要的数学著作是《论完全四边形》(约1250年)，这是一部系统的三角学著作。《论完全四边形》最重要的意义在于，它使得三角学不再仅仅是天文学的应用工具，不再是天文学的附属，而开始成为一门独立的数学分支学科。这便是数学发展的一个特点——即使发源于现实，最后也可以脱离现实。

此外，图西在《令人满意的论著》一书中，还先于欧洲探讨了欧几里得第五公设即平行公理。

旭烈兀与他的妻子脱古思可敦Ⓦ

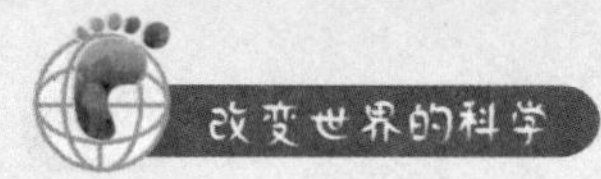

1303年
朱世杰写成《四元玉鉴》

经过贾宪、秦九韶等人的发展，中国数学已经在解方程这一问题上表现得游刃有余，秦九韶的《数书九章》中甚至已经出现了高达14次的方程的解法，当然，求的都是近似解，中国数学家们对精确解没什么兴趣。不过与解方程对应的还有一个问题没有解决，那就是列方程。以前要列出一个方程，往往需要非常复杂的推导和高超的数学技巧。这在我们今天看来似乎不可思议，但在当时，列方程确实是亟待解决的问题。

《四元玉鉴》卷首之一页Ⓟ

金代数学家李冶为此提出了用算筹式符号列出一元高次方程的方法——天元术，其形式就相当于我们今天的“设某某为x，列出等式”。而元代数学家朱世杰则把天元术从一元方程推广到二元、三元甚至四元的高次联立方程组，这就是四元术。四元术除设未知数天元(x)外，还设地元(y)、人元(z)及物元(u)，用算筹式符号列出四元高次联立方程组，然后消元求解。四元术记载于朱世杰的传世名作《四元玉鉴》，该书成书于1303年。

朱世杰有“中世纪最伟大的数学家”之称，他毕生从事数学教育，“小数”这个名称也是他最早提出的。

《四元玉鉴》全书一共有3卷，24门，288问。书中所有问题都与求解方程或方程组有关。其中四元的问题有7问，三元的问题13问，二元的问题36问，一元的问题232问。

朱世杰写的数学问题，往往是一首诗，例如，在《四元玉鉴》中就有这么一首诗:我有一壶酒,携着游春走。遇店添一倍,逢友饮一斗。店友经三处,没了壶中酒。借问此壶中,当原多少酒?

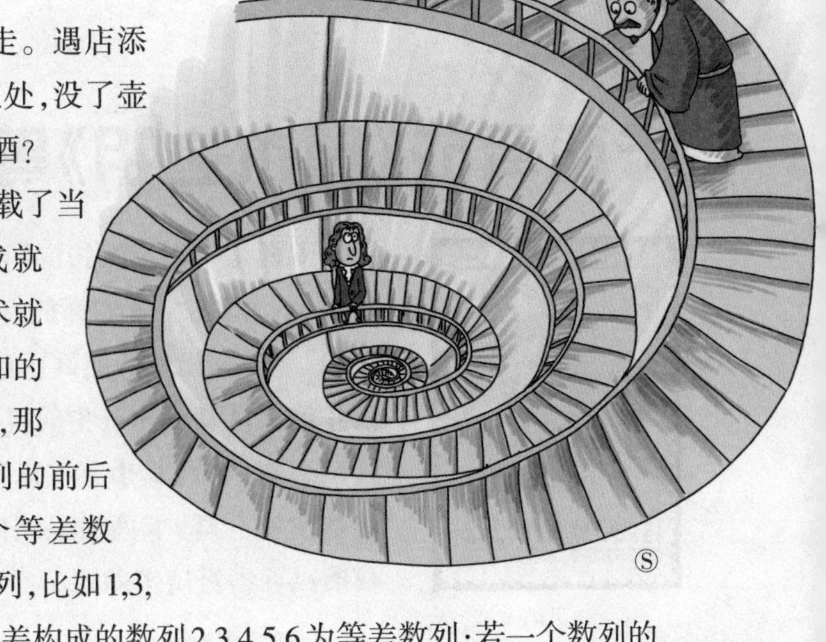

除了四元术外,书中还记载了当时世界上最为领先的数学成就“垛积术”与“招差术”。垛积术就是求高阶等差数列之前n项和的方法。我们知道的等差数列,那叫一阶等差数列;若一个数列的前后两项之差形成的数列是一个等差数列,那该数列就叫二阶等差数列,比如1,3,6,10,15,21,由他们前后两项之差构成的数列2,3,4,5,6为等差数列;若一个数列的前后两项之差构成一个二阶等差数列,那么就称原数列为三阶等差数列,以此类推。对此,朱世杰得出了一系列所谓“三角垛”公式,即求p阶等差数列之前n项之和的一般公式。

不过,这些公式都是针对非常特殊的数列进行求和的,对于其他一般的数列则无能为力。为此,朱世杰利用“招差术”完美地解决了这一问题,这比牛顿等人的类似工作要早上300多年。

所谓招差术,其实就是高次内插法。《四元玉鉴》中给出了通过函数的若干差分值求出函数本身的一个公式,即四次招差公式。书的中卷《如像招数》第五问给出世界上最早的四次内插公式。

除《四元玉鉴》外,朱世杰还于1299年写了一部《算学启蒙》,这是一本通俗的数学名著,实际上可以看做《四元玉鉴》的导引。

《四元玉鉴》是一部成就辉煌的数学名著,是宋元数学的集大成者。但是,随着朱世杰的去世,中国数学的黄金时代就此结束,明清两代再也没有产生可以媲美《四元玉鉴》的作品了。

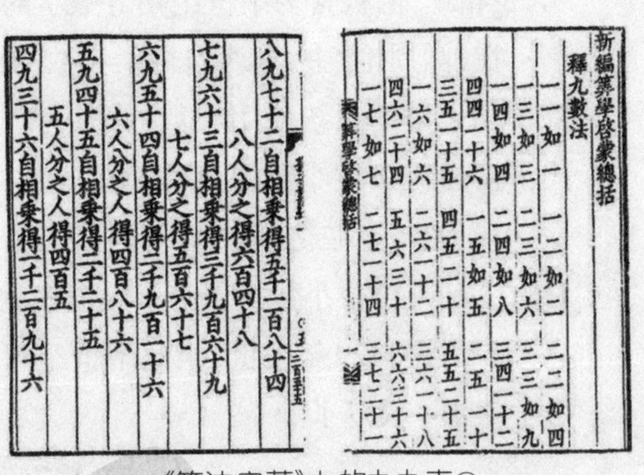

新編筭學啓蒙總括

釋九數法

一一如一 一二如二 二二如四
一三如三 二三如六 三三如九
一四如四 二四如八 三四一十二
四四一十六 一五如五 二五一十
三五一十五 四五二十 五五二十五
一六如六 二六一十二 三六一十八
四六二十四 五六三十 六六三十六
一七如七 二七一十四 三七二十一

新編筭學啓蒙總括 一

八九七十二自相乘得五千一百八十四
八人分之得六百四十八
七九六十三自相乘得三千九百六十九
七人分之得五百六十七
六九五十四自相乘得二千九百一十六
六人分之人得四百八十六
五九四十五自相乘得二千二十五
五人分之人得四百五
四九三十六自相乘得一千二百九十六

《算法启蒙》上的九九表Ⓟ

约1427年

卡西写成《算术之钥》等

卡西ⓞ

卡西是中世纪阿拉伯的最后一位著名的数学家和天文学家。他出生于波斯的卡尚(现伊朗中部伊斯法罕省境内)。卡西出生的时候正逢帖木儿帝国统治波斯地区,连年的战乱和帖木儿生前推行的铁血政策使得这个国家经济衰退,卡西从小就生活在贫困之中。与中世纪的其他科学家一样,卡西也是将他的科学成就献给君主或者权贵以获得经济资助的。

当时,帖木儿的孙子乌鲁伯格(也是一位天文学家)掌管着帖木儿帝国前首都撒马尔罕(今乌兹别克斯坦共和国境内),他就在那儿建造了一座天文台,并邀请各方学者前来工作。卡西也在被邀请之列,而且是其中的佼佼者。在撒马尔罕,卡西协助乌鲁伯格编制了著名的《乌鲁伯格星表》,并大约在1427年完成了自己一生中最有价值的数学著作:《算术之钥》、《圆周论》和《弦与正弦之书》。

《算术之钥》共5卷38章,论述了各种算术运算,还有开高次方、解方程、盈不足术(在书中被称为"契丹算法")等内容。书中有一张二项式展开系数表,与11世纪中国贾宪用过的"开方作法本源图"在形式和方法上都基本一致。书中给出的开n次方根的近似计算公式是当时的世界领先成果。这本书内容丰富,逻辑严谨,被誉为中世纪初等数学的代表作。

在《圆周论》中,卡西引进了小数的概念,成为除中国之外的系统使用小数的第一人;他还算出了精确到16位小数的圆周率值。

在《弦与正弦之书》中,卡西给出了间隔为1°的精确到10位小数的正弦函数值表。

卡西在1429年去世,至此中世纪阿拉伯的数学就告一段落了。

1464年 雷格蒙塔努斯写成《论各种三角形》

将德国的雷格蒙塔努斯作为中世纪和新时代之间的过渡人物是非常恰当的。一个原因当然是时间上的，雷格蒙塔努斯的作品是黑暗的欧洲中世纪行将过去时出现的一丝光亮——轰轰烈烈的文艺复兴运动即将来临；另一个原因即其个人特点，雷格蒙塔努斯兴趣广泛，爱好古典学，并致力于那些古典作品的翻译，但同时又没有瞧不起中世纪的经院哲学和阿拉伯的学术。

雷格蒙塔努斯Ⓦ

他早年就学于莱比锡大学，1452年到维也纳学习天文学和数学，并协助老师翻译、校对古希腊天文学家、数学家托勒玫的著作。1462年以后到罗马等地收集和研究希腊数学手稿。1471年定居纽伦堡。他有一项雄心勃勃的计划，希望将托勒玫、阿波罗尼乌斯、阿基米德等古希腊数学家的著作翻译成拉丁

1900年的莱比锡大学主楼Ⓦ

文，加以注释并出版，这些工作无疑会对欧洲数学的发展起到重要的推动作用。当然，雷格蒙塔努斯的工作可不是纯粹的翻译，他的《托勒玫〈天文学大成〉摘要》一书，由于特别强调了原书那些被忽略的数学部分而备受瞩目。可惜他40岁出头就英年早逝，使得这些工作不得不停止下来，如果他有幸多活些时日，数学的发展无疑会加速。

不过真正使得雷格蒙塔努斯名垂千古的作品，乃是他对三角学的贡献——《论各种三角形》。这本书一共5卷，而且模仿欧几里得《几何原本》的框架结构。从内容上来看，作者似乎是熟悉阿拉伯数学家图西的《论完全四边形》的。对比《论完全四边形》的内容，便会发现《论各种三角形》在内容上与之是有些类似的。

在第1卷中，雷格蒙塔努斯首先给出了下列概念的基本定义：量、比、相等、圆、弧、弦以及正弦函数。然后给出了他所假设的一系列公理，接下来就是关于解三角形的56个定理。

第2卷是对三角学的严格阐述，包括一般三角形的正弦定理(并用来解三角形)和已知两边一夹角求三角形面积的公式。紧接着就是关于解平面三角形的一些难题，都是根据给定的条件求三角形的边、角和面积。

第3、4、5卷则是关于球面三角形的讨论。

在这部作品里，对公式定理的说明，雷格蒙塔努斯仍然采用文字表述的方式，也尽量避免小数的出现——这使得他不得不采用更大的圆半径，以此来做出三角函数表。对三角形的深入研究也让他开始考虑几何作图问题。另外，在《论各种三角形》中，没有提及正切函数，这个函数出现在他的另一部作品《方位表》中。

《论各种三角形》是欧洲第一本独立于天文学的三角学著作，是欧洲三角学的渊源。

1482年
《几何原本》拉丁文译本出版

作为数学史上最为重要的作品之一，《几何原本》一直受人关注，包括阿拉伯人，他们很早就将它翻译成了阿拉伯文。不过，欧几里得的《几何原本》手稿早已失传，此后1000多年中流传的是经修订、注释、翻译的各种文字的手抄本。这些文字主要是希腊文、阿拉伯文和拉丁文。

1482年出版的《几何原本》拉丁文版Ⓟ

在中世纪，《几何原本》的各种希腊文手抄本都以古希腊学者泰昂的修订本为蓝本。阿拉伯文本的手抄本则有三种，也都是以泰昂的修订本为蓝本翻译过来的，它们的译者分别为阿拉伯学者哈贾杰、伊舍克和纳西尔丁·图西。其中伊舍克本后来由阿拉伯数学家塔比·伊本·库拉作了进一步修订，一般称为伊舍克-塔比本。

现存最早的拉丁文本是1120年左右由英国学者阿德拉德从阿拉伯文(据说是哈贾杰本)译过来的。过了30多年，意大利翻译家杰拉德又根据伊舍克-塔比本译了一个拉丁文本。100多年后，意大利学者坎帕努斯于1255年至1259年间第三度翻译《几何原本》，新译参考了多种阿拉伯资料以及阿德拉德的最早拉丁文译本，此后成为权威定本。终于在1482年，坎帕努斯本以印刷本的形式在威尼斯出版。这是历史上首次将《几何原本》印刷出版，这无疑为《几何原本》在欧洲的推广传播起到了不可估量的作用。

这些版本都有一个特点，那就是都是从阿拉伯文转译过来的，这意味着其中的行文风格和特点已经不是《几何原本》的原汁原味了，于是在此后不久，威尼斯的翻译家赞贝蒂将《几何原本》从泰昂的希腊文本直接译成拉丁文，于1505年在威尼斯出版。

1545年
卡尔丹《大术》出版

美索不达米亚人在公元前2000年前后掌握了二次方程的求解技巧，阿拉伯的花拉子米在公元820年给出了二次方程的一般解法，接下来就应该探讨三次方程以及更高次方程的解法了。1494年，一位名叫帕乔利的意大利数学家宣称，解三次方程"就像化圆为方一样，以目前的科学水平是不可能的"。不过谁知短短10年以后，博洛尼亚大学的一位叫费罗的意大利数学家就发现了缺项三次方程(无二次项)的解法。

缺项三次方程的一般形式是$x^3+px=q$（p和q都是正数）。

费罗找到的求根公式是：$x=u-v=\sqrt[3]{\sqrt{\frac{q^2}{4}+\frac{p^3}{27}}+\frac{q}{2}}-\sqrt[3]{\sqrt{\frac{q^2}{4}+\frac{p^3}{27}}-\frac{q}{2}}$

那个时候的数学家们，要通过相互挑战来显示自己的水平，进而获得某些利益，运气好的话，还能得到某位富人的资助。知道怎样解出别人不能解的问题，会大大增加赢得这种比赛的机会。因此费罗将这个公式秘而不宣。事实上，费罗差一点把这个公式带进了坟墓。

博洛尼亚大学⓪

塔尔塔利亚Ⓦ

弥留之际，费罗将他的秘笈传给了自己的得意门生——菲奥尔。可惜的是，费罗所托非人，菲奥尔是一位心高气傲又没多大本事之人，他自以为手握师傅传下来的独门绝技便可以挑战天下高手，但很快就栽在了高人的手里。

有道是："强中自有强中手，能人背后有能人。"这时候，另一个重要人物登场了，他就是塔尔塔利亚。

塔尔塔利亚，真名尼科洛·丰塔纳。他12岁那年，下巴和上颚在战乱中受到了严重的创伤，结果在嘴部留下了一道丑陋的疤痕，而且导致他说话结巴。"塔尔塔利亚"就是"口吃者"的意思，他的真名倒没有几个人知道了。塔尔塔利亚天生聪慧，是一位神奇的天才。不过因为他的经历和外貌上的缺陷，他的性格多少有些孤僻。

1503年，布雷西亚的一位数学家达科伊写信给塔尔塔利亚，提出了两个问题，一个涉及解 $x^3+3x^2=5$，另一个涉及解 $x^3+6x^2+8x=10\,000$。塔尔塔利亚回信说，他已经掌握了 $x^3+px^2=q$ 型方程的一般解法，所以解第一个方程不在话下，不过他不会解第二个方程。达科伊收到回信后，就把这个情况传了出去，不久就传到了博洛尼亚。菲奥尔听说后认为塔尔塔利亚是在吹牛，他认为名利双收的时机到了，就向塔尔塔利亚发出了挑战。

塔尔塔利亚收到挑战后很重视，因为菲奥尔很可能从费罗那里继承了 $x^3+px=q$ 型方程的求根公式。于是他连夜苦思，终于在1534年2月14日独立发现了 $x^3+px=q$ 型方程的求根公式。第二天，他再接再厉又发现了 $x^3=px+q$ 型和 $x^3+q=px$ 型方程的求根公式。

2月22日，菲奥尔如约来到了威尼斯。在公证人的家里，双方各提出了30个问题。菲奥尔提出的问题都是 $x^3+px=q$ 型的方程，塔尔塔利亚提出的问题五花八门。结果塔尔塔利亚不到两个小时就把菲奥尔的问题全部解决了，而菲奥尔对塔尔塔利亚的问题束手无策。

不过事情没完，这下该轮到塔尔塔利亚走

卡尔丹Ⓦ

背运了，因为出现了一位学过医、读过文学、看过星星的奇才——卡尔丹。卡尔丹听说塔尔塔利亚掌握了某些三次方程的解法，非常兴奋，想方设法要搞到他的解法。

他先是让出版商出面，后来又亲自写信，不过塔尔塔利亚都不为所动。卡尔丹不得不使出了下三烂的一招，他在1539年3月19日写了一封信给塔尔塔利亚，谎称自己把他发现某些类型三次方程的解法这件事汇报给了米兰的瓦斯托侯爵，侯爵很感兴趣，想请塔尔塔利亚来米兰见一面。塔尔塔利亚终于动心了，他匆匆赶到米兰。卡尔丹谎称侯爵因急事外出，请他等上两三天，并热情地款待了他。

HIERONYMI CAR
DANI, PRÆSTANTISSIMI MATHE
MATICI, PHILOSOPHI, AC MEDICI,
ARTIS MAGNÆ,
SIVE DE REGVLIS ALGEBRAICIS,
Lib. unus. Qui & totius operis de Arithmetica, quod
OPVS PERFECTVM
inscripsit, est in ordine Decimus.

HAbes in hoc libro, studiose Lector, Regulas Algebraicas (Itali, de la Cossa uocant) nouis adinuentionibus, ac demonstrationibus ab Authore ita locupletatas, ut pro pauculis antea uulgò tritis, iam septuaginta euaserint. Neq; solum, ubi unus numerus alteri, aut duo uni, uerum etiam, ubi duo duobus, aut tres uni æquales fuerint, nodum explicant. Hunc aūt librum ideo seorsim edere placuit, ut hoc abstrusissimo, & planè inexhausto totius Arithmeticæ thesauro in lucem eruto, & quasi in theatro quodam omnibus ad spectandum exposito, Lectores incitarētur, ut reliquos Operis Perfecti libros, qui per Tomos edentur, tanto auidius amplectantur, ac minore fastidio perdiscant.

1945年版的《大术》Ⓟ

在一次交谈中，卡尔丹以上帝的名义发誓，他永远不会将秘密泄露出去。经不起软磨硬泡，塔尔塔利亚终于在米兰的一个教堂里将自己的解法给了卡尔丹，并得到了一个“永远保密”的承诺。然而卡尔丹和他的学生费拉里不多久就分别发现了一般三次方程的解法，以及四次方程的解法。这两者的解法都必须要以塔尔塔利亚的解法为基础，这使得他们不能发表自己的结果。不过当他们在发现了当年费罗的手稿以后，事情出现了转机——完全可以认为自己是受到了费罗思想的启发嘛！于是在1543年，卡尔丹出版了他的名著《大术》，其中公布了三次方程的一般解法。

虽然卡尔丹在书中承认费罗和塔尔塔利亚都是三次方程解法的独立发现者，但还是惹得塔尔塔利亚暴跳如雷。他对卡尔丹百般指责，恶语相加，卡尔丹自知理亏，不予回复。他的学生费拉里却按捺不住，奋起反击。

这两个人之间的故事还有续集，但不打算在这里介绍了。

《大术》的价值在于，它给出了缺项三次方程的解法和一般三次方程转化为缺项三次方程的方法。此外，书中还有许多卡尔丹的独特创造。例如，他最早认真地讨论了虚数，给出虚数的表示符号和运算法则，虽然他自己也怀疑这种运算的合法性。特别是，其中记录了卡尔丹的学生兼助手费拉里所发现的四次方程一般解法。

1572年 邦贝利《代数学》前三卷出版

在介绍邦贝利的工作之前，让我们先来看看卡尔丹公布的三次方程解法给我们带来了什么副产品。

举个例子，当我们利用卡尔丹给出的求根公式对方程$x^3=15x+4$进行求解时，得到的结果是$x=\sqrt[3]{2+\sqrt{-121}}-\sqrt[3]{-2+\sqrt{-121}}$，这个出现了根号下为负数的式子，在当时被认为应该归为无解！但另一方面，稍加观察又会发现$x=4$是该方程的根，然后利用长除法等工具可以求出另外的两个根为：$x=-2\pm\sqrt{3}$，这三个根又都是正宗的实数！事情到了这种地步，是该说卡尔丹的公式错了还是怎么着？这个可笑又可气的现象让许多数学家迷惑不已，卡尔丹本人曾因此有过对虚数的简单阐述，但他否认这种的合法性，正如他自己所说，在做这种事情时，“要置有关的折磨于不顾”。三次方程似乎在逼人们承认虚数的合法性，有趣的是，卡尔丹在他的作品里还一直在避免负数的出现。

罗马大学原图书馆©

这时候，有一位数学家站了出来，他就是邦贝利。邦贝利出生于意大利博洛尼亚，没有受过大学教育，曾跟随私人学习工程建筑技术。1555年，邦贝利参加的基亚纳河谷沼泽地工程

L'ALGEBRA
OPERA
Di RAFAEL BOMBELLI da Bologna
Diuisa in tre Libri.
Con la quale ciascuno da se potrà venire in perfetta cognitione della teorica dell'Arimetica.
Con vna Tauola copiosa delle materie, che in essa si contengono.
Posta hora in luce à beneficio delli Studiosi di detta professione.
IN BOLOGNA,
Per Giouanni Rossi. MDLXXIX.
Con licenza de' Superiori

《代数学》Ⓟ

停工，他在停工期间开始写一本，代数书，他希望把这本书写得内容全面，阐释清晰，因为他认为除了卡尔丹，数学家们并没有把问题说清楚，但卡尔丹的著作对于一般人来说很难理解。可能是没什么经验，这本书直到1560年工程复工都没有完成。后来他有机会去罗马大学看到了古希腊数学家丢番图的《算术》手抄本，颇受启发。回来后便对自己这本《代数学》作了修订。看来这学习面广真的就是不一样，他立刻才思泉涌，下笔如有神助。终于在1572年，《代数学》前三卷在博洛尼亚出版，1579年重版。但他本人于1572年逝世，这本书的其余部分被搁置。直到1923年，这本书后两卷的未完成手稿才被重新找到，并于1929年出版。

《代数学》全书共5卷。第1卷包括基本概念及基本运算。第2卷引入代数幂及其符号，并讨论了一至四次方程的解法。第3卷是第2卷中方法的应用，一共给出了272道练习题，其中143道取自丢番图的《算术》。第4卷和第5卷是该书的几何部分，其中第4卷是将几何方法应用于代数，第5卷则致力于用代数方法解几何问题。

邦贝利最为人称道，也是使他名垂千古的，就是对本文一开始提到的方程的处理，三次方程的这种情况被叫做“不可约情况”。在《代数学》一书中，邦贝利对三次方程的不可约情况进行了与今天几乎相同的处理。用卡尔丹公式解三次方程遇到不可约情况时，不但要对负数开平方，而且要对复数开立方。邦贝利成功地解决了这个问题，并证明在这种情况下方程必有三个实根。

此外，在这本书中，邦贝利给出了计算复数的公式，并给出了表明其应用的实例。他指出三等分角问题可以化为解不可约三次方程，从而为证明这一尺规作图问题的不可能性打下了基础。他采用了一些较先进的符号，这是他对代数学的突出贡献。他还在历史上首次采用连分数来逼近平方根。

《代数学》是16世纪数学的最杰出成就之一，邦贝利被称为文艺复兴时代意大利的最后一位代数学家。

1591年 韦达《分析方法入门》出版

我们大概是因为著名的"韦达定理"而知晓韦达这个人的,但这只是他工作的很小一方面。他在三角、代数等领域都作出过卓越的贡献。实际上我们不知道,韦达是不允许方程的根和系数为负数的,把这一点与邦贝利已经承认虚数的事实对比,你就会知道要改变一个人的固有观念是多么困难。韦达认为"几何中的负数代表了一种倒退,加入正数代表前进",这句话其实倒说出了负数的意义所在,只是韦达对它的排斥心理太强。就因为这一点,韦达在"根与系数的关系"这个问题上的认识还不够全面。

韦达生于法国旺代省丰特奈勒孔特,早年在普瓦捷大学学习法律,1560年获得学士学位后执律师业。一年后,他在老家开始了自己的律师生涯。从一开始,他就积极处理了几桩大案,包括为国王弗朗索瓦一世的遗孀处理在普瓦图的租金问题,并为苏格兰女王玛丽照料财产。后来他在政府部门和宫廷中担任法律方面的高级职务。曾为亨利三世和亨利四世效力。1590年,法国第八次宗教战争期间,他帮助亨利四世破解了西班牙国王腓力二世(敌方"天主教神圣同盟"的支持者)所用的密码。韦达破译出的内容显示,这个同盟的首脑马耶讷公爵企图取代亨利四世做国王。亨利四世将这些内容公布于众,帮

韦达的出生地Ⓞ

助平息了法国的宗教战争。西班牙国王不相信有人能破解他的密码,还在教皇面前指责韦达使用恶魔的法术。

亨利四世Ⓦ

数学其实只是韦达的业余爱好而已。即便如此,他仍完成了多部重要的代数学和三角学著作。

韦达最重要的代数学著作是出版于1591年的《分析方法入门》,这是世界上最早的符号代数专著。韦达用"分析"这个词来概括当时代数的内容和方法,认为代数是一种由已知结果求条件的逻辑分析技巧,并自信古希腊的数学家已经应用了这种分析方法。他就是根据帕普斯的《数学汇编》第7卷和丢番图的《算术》,将这种方法重新组织,写成了这本《分析方法入门》。在这本书中,韦达有了比前辈们值得称道的进步:不满足于丢番图对每一问题都用特殊解法的思想,试图创立一般的符号代数。他觉得丢番图虽然有缩写,但缩写得还不够,于是用一套符号来代替,仅仅是在这一点上所表现出来的天才,就足以让他名垂千古——他第一次向我们展示了"未知数"和"参数"之间的不同。以往的数学作品中,所有的方程都是有着特定系数的方程,一直无法用一个式子来表示同一类方程(比如所有的一元二次方程),只要这一点无法突破,代数就不可能有真正的进步,韦达为此引入了一个很妙的想法:他引入字母来表示量,用辅音字母B,C,D等表示已知量(参数),用元音字母A(后来用过N)等表示未知量。

韦达Ⓦ

韦达规定了代数与算术的分界,这种革新被认为是数学史上的重要进步,它为代数学的进一步发展开辟了道路。

1592年 程大位《算法统宗》出版

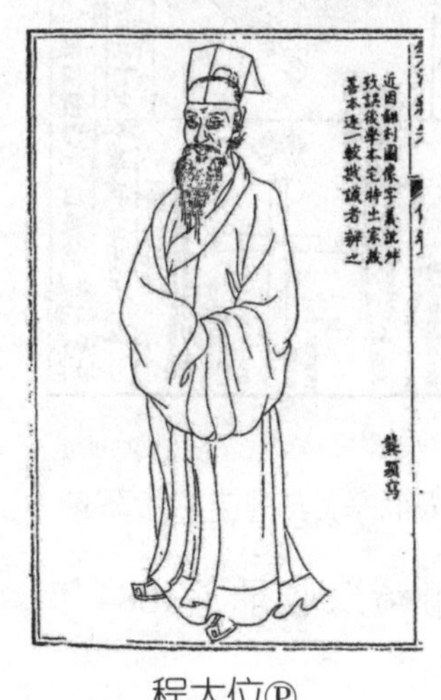

程大位Ⓟ

时间转眼已经到了中国的明朝，虽说这一时期中国数学再也没有宋元时期的辉煌，但也有可圈可点之处。就在韦达发表其《分析方法入门》的第二年，也就是1592年，中国数学家程大位在经过20多年的钻研后，终于在年近花甲之时，于安徽屯溪刊刻出版了作品《直指算法统宗》(一般简称《算法统宗》)17卷。

程大位，人称“珠算鼻祖”，出身于安徽休宁县率口(今属黄山市屯溪区)的一个商人家庭，从小就聪明好学，读书甚广，对数学和书法都有兴趣。他一生没有做过官，20岁起开始随父经商，历游吴楚，博访闻人达士，遇有“耆通数学者，辄造访问难，孜孜不倦”。

大约40岁时，他返家潜心钻研古籍，用了20年时间完成了《直指算法统宗》，1592年在安徽屯溪刊刻。后程大位又取此书切要部分，另成《算法纂要》4卷，于1598年印行。

《算法统宗》以《九章算术》的体例为宗，全书共17卷，列算题595个，题目大部分取自传本数学书，但解题时必需的计算都在算盘上进行，与筹算有所不同。这是史上第一本有关珠算的系统化作品，虽然珠算早在东汉时期就已存在。利用珠算解题，这便是《算法统宗》最大的特点。

程大位故居的算盘漏窗Ⓞ

此书第1卷和第2卷介绍基本算法和珠算常识，其中珠算加法及归除口诀与现今相

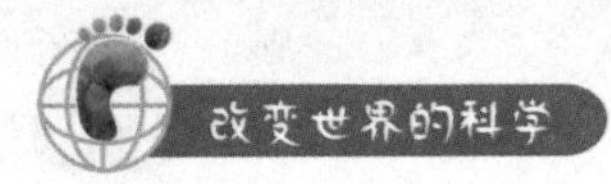

同。

第3卷至第12卷是应用问题解法汇编，各卷以《九章算术》篇名为标题，只是“粟米”改为“粟布”，“盈不足”改称“盈朒”。第3卷“方田”中介绍了程大位本人发明的“丈量步车”。这是世界上最早的卷尺，由木制的外套、十字架，竹制的篾尺，铁制的转心、钻脚和环等部件组成。篾尺收放均从外套的匾眼中进出，钻脚便于准确插入田地测量点，环便于提携。丈量、读数、携带都很方便，因此，程大位也享有“卷尺之父”的称号。第6卷中第一次提出了开平方、开立方的珠算方法。

《算法统宗》中的丈量步车Ⓦ

第13卷至第16卷为“难题”汇编。第17卷为“杂法”，是一些不能归入前几卷的算法。最后附有“算经源流”，收录了1084年(北宋元丰七年)以来刊刻的51种数学书目，很有价值。

第13卷到第16卷的“难题“汇编，都是用诗歌的形式表达算题，例如有一道有趣的题目“以碗知僧”：巍巍古寺在山中，不知寺内几多僧。三百六十四只碗，恰合用尽不差争。三人共食一碗饭，四人共尝一碗羹。请问先生能算者，都来寺内几多僧？

你能说说这古寺中到底有多少个僧人吗？

《算法统宗》是明代数学的代表作，它对中国古代计算技术从筹算向珠算的转变起了决定性的作用。

《算法统宗》一出版即受到欢迎，明末已多次重印，入清以后又出现多种翻刻本及改编本，民间尚有各种抄本流传，成为中国古代流传最广的一部数学书。此书明末曾传入朝鲜和日本，对日本数学的发展亦有较大影响。

Ⓢ

1607年 徐光启与利玛窦合作翻译的《几何原本》前6卷出版

《几何原本》的引入中国，首先要归功于两个人，明朝大学士徐光启和意大利天主教传教士利玛窦。

上海徐家汇光启公园内的徐光启和利玛窦像⓪

利玛窦早年就学于耶稣会主办的罗马学院。1578年开始来东方传教，先在印度，于1582年来中国澳门，次年至广东肇庆，后又在韶州、南昌、南京等地传教，1596年任耶稣会中国教区负责人，1598年首次到北京。在传教的同时，利玛窦努力学习中国的传统文化，并传播西方的科学技术。而出生于松江府上海县徐家汇(今属上海市)的徐光启，于1604年(万历三十二年)中进士，同年被选为翰林院庶吉士，后在翰林院、礼部任职，1633年官至文渊阁大学士。两人于1600年在南京结识，随即合作研究西方自然科学。

从1606年起，两人开始着手翻译《几何原本》，采用的底本是利玛窦在罗马学院的老师、德国数学家克拉维乌斯于1574年编辑出版的拉丁文本，共15卷，即《几何原本》原13卷加上后人托伪的第14、15卷。一般认为第14卷出自公元前2世纪古希腊数学家许普西克勒斯之手，而第15卷，按英国数学史家希思的说法，乃东罗马帝国建筑师兼数学家伊西多尔的一名学生所撰。这两卷都是关于正多面体的。

克拉维乌斯编辑的拉丁文版《几何原本》Ⓟ

徐光启和利玛窦只翻译了这15卷的前6卷，即原书中全部平面几何部分，自成体系，于1607年在北京出版。徐光启准备一鼓作气将全书翻译完，但利玛窦不同意，说是先看看效果，如果读者觉得有用，再继续翻译。可惜利玛窦于1610年去世，留下校订的手稿。徐光启据此将前6卷旧稿再次加以修改，于1611年重新刊刻传世。他对未能完成全部翻译而颇感遗憾，在《题〈几何原本〉再校本》中叹道："续成大业，未知何日，未知何人，书以俟焉。"约250年后的1857年，这一任务由清代数学家李善兰和英国基督教传教士伟烈亚力合作完成。

徐光启和利玛窦翻译的《几何原本

徐光启和利玛窦合译的《几何原本》前6卷，第一次将欧几里得几何学及其严密的公理化体系和逻辑推理方法引入中国，而且译文文字简练，意思准确，全部数学译名都是首创，其中大部分至今沿用，如点、线、面、平面、曲线、曲面、直角、钝角、锐角、垂线、平行线、对角线、三角形、四边形、多边形、圆、圆心、相似、外切等。中国近代学者梁启超在他的《中国近三百年学术史》中称赞《几何原本》"字字精金美玉，是千古不朽之作"。

徐光启认为，学习此书能使人"心思缜密"，他在《几何原本杂议》中说："人具上资而意理疏莽，即上资无用；人具中材而心思缜密，即中材有用；能通几何之学，缜密甚矣，故率天下之人而归于实用者，是或其所由之道也。"但实际情况是"习者盖寡"，于是他寄希望于未来："窃意百年之后，必人人习之。"事实上，过了300年，到清末废科举兴学堂的时候，几何学才成为学校必修科目，才做到了"人人习之"。

徐光启墓©

1614年

纳皮尔《奇妙的对数规则的说明》出版

如果要用一句话来形容对数的发明目的以及特点，那就是“化乘除为加减”，或者“积化和差”。最初，人们利用了公式 $xy=\frac{1}{4}\left((x+y)^2-(x-y)^2\right)$，我们只需要一张“平方表”和一张“四分表”（姑且就这么称呼吧！）即可完成积化和差，但我们不可能把所有数的平方都列出来，所以这种方法是有很大局限的。后来人们采用了三角函数的积化和差公式，同样只需要一张正弦表和一张余弦表即可。但这些方法都未能给天文学计算带来实质性的方便，直到纳皮尔发明了对数。

纳皮尔Ⓦ

纳皮尔出身于苏格兰爱丁堡附近梅奇斯顿的一个贵族家庭。1560年他13岁时就进圣安德卢斯大学学习，1566年开始留学欧洲大陆，1571年回国。他的数学知识应该是在留学期间获得的。从1594年开始，他开始寻找一种球面三角的计算方法，由于注意到了“等比数列的指数按等差数列形式排列”这一规律，他有了对数思想的萌芽。顺便说一下，这里使用“指数”一词是不恰当的，因为实际上，指数的发明是在对数之后。终于在1614年，纳皮尔出版了杰作——《奇妙的对数规则的说明》，书中详细介绍了他的对数思想。对数的发明使整个欧洲沸腾了，法国大数学家拉普拉斯曾说过：“对数，可以缩短时间，在实效上等于把天文学家的寿命延长了许多倍。”

MIRIFICI
Logarithmorum
Canonis descriptio,
Ejusque usus, in utraque
Trigonometria; ut etiam in
omni Logistica Mathematica,
Amplissimi, Facillimi, &
expeditissimi explicatio.
Authore ac Inventore,
IOANNE NEPERO,
Barone Merchistonii,
&c. Scoto.
EDINBURGI,
Ex officina ANDREÆ HART
Bibliopolæ, CIↃ. DC. XIV.

《奇妙的对数规则的说明》Ⓦ

纳皮尔所处的年代，哥白尼的“日心说”刚刚开始流行，天文学成了当时最炙手可热的学科。但是由于当时数学手段的局限性，

天文学家不得不花费大量精力去计算那些“天文数字”。纳皮尔也是一位天文爱好者，为了简化计算，他潜心研究大数的计算方法，终于发明了对数。

不过纳皮尔所发明的对数与我们今天的对数是有一定区别的。那么纳皮尔发明的对数到底是怎么一回事呢？我们用一个简单的例子来解释一下他的思想：

0,1,2,3,4, 5, 6, 7, 8, 9, 10, 11, 12, 13,…

1,2,4,8,16,32,64,128,256,512,1024,2048,4096,8192,…

这两行数的关系我们一看就明白了，第一行是2的指数，第二行是2的对应幂。如果我们要计算第二行中两个数的乘积，可以通过第一行对应数的加法来实现。

比如计算32×128，可以先查第一行中对应的数。32对应5，128对应7，再把这两个数加起来，5+7=12。第一行中的12对应第二行中的4096，所以32×128=4096。

纪念纳皮尔的石雕铭牌⓪

当然，纳皮尔的对数思想要比这复杂。在《奇妙的对数规则的说明》一书中，他用这种对数思想算出了一张球面三角正弦对数表，角度从0°到90°，间隔为1′。纳皮尔的对数涉及自然对数，在实际计算上有些不方便，后来，诸多数学家参与到改进对数以及编写对数表的任务中来。英国数学家布里格斯提出了以10为底的对数，即现在所称的常用对数。1642年，布里格斯出版《对数算术》，书中给出了从1到20 000和从90 000到100 000的常用对数表，精确到14位小数。

1617年，纳皮尔去世。1646年，波兰传教士穆尼阁将对数传入中国，立即便在历法计算上得到应用。

1635年 卡瓦列里提出不可分量原理

纳皮尔的对数受到了大科学家开普勒、伽利略等人的热忱欢迎，原因倒不在于对数有多少理论价值，而是因为对数给他们的天文学及其他方面的计算带来极大的方便。不过这些重实用的数学家还得面对一些理论上的困难——比如历时千年的“无穷”，这个令人爱恨交加的家伙一直纠缠着数学家们。这里，让我们来看看伽利略的弟子——卡瓦列里在这方面的工作。

卡瓦列里Ⓞ

卡瓦列里，意大利数学家。生于米兰，少年时加入天主教耶稣会，1616年入比萨修道院，在那里潜心学习几何学，研究古希腊数学名著，并结识了伽利略。后辗转数家修道院，或讲授神学，或任院长。1629年经伽利略推荐任博洛尼亚大学数学教授。

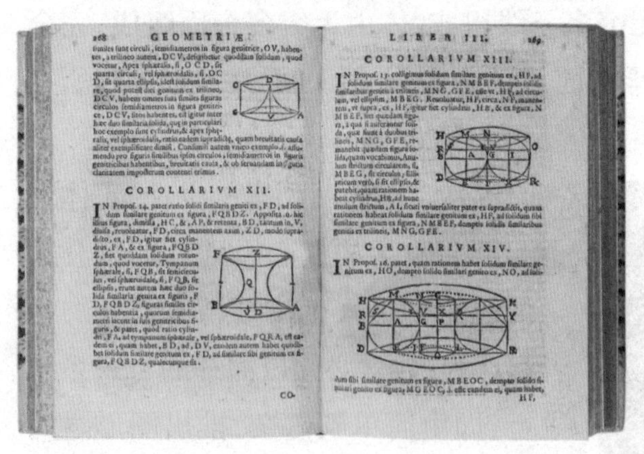

GEOMETRIÆ

COROLLARIVM XII.

LIBER III.

COROLLARIVM XIII.

COROLLARIVM XIV.

《用新方法促进的连续不可分量的几何学》Ⓟ

卡瓦列里的主要数学成就是建立了不可分量原理，代表作就是他1629年撰写、1635年发表的《用新方法促进的连续不可分量的几何学》。这本书基于这样一个认识：线是由无穷多个点组成；面是由无穷多条平行线段组成；立体是由无穷多个平行平面组成。他分别把这些组成元素叫做线、面、体的“不可分量”。在这一认识下，卡瓦列里建立起了一条著名的“卡瓦列里原理”：

“两同高的立体，如果在等高处的截面积恒相等，则体积相等；如果截面积成定比，则体积之比等于截面积之比。”

我们用一张下面的一幅图予以形象化的说明。

这是两堆硬币，它们具有相同的体积，原因就在于等高处都具有相等的截面

两堆等高硬币体积相等Ⓞ

积。

我们知道，中国南朝的数学家祖暅早在公元5世纪就发现了该原理，比卡瓦列里早1000多年。因此，我们称这一原理为“祖暅原理”。

依靠这一原理，卡瓦列里用几何方法求得若干曲线图形的面积，证明了旋转体表面积及体积的公式。

当时也有数学家对卡瓦列里的不可分量提出批评。例如数学家古尔丁就认为，卡瓦列里的理论基础——面由无穷多条线组成，体由无穷多个面组成，完全是无稽之谈。“任何几何学家都不会承认面的存在，更不用说‘面是该形体中所有线的组合’。”

古尔丁Ⓦ

古尔丁对卡瓦列里的批评，正体现了耶稣会数学的核心原则。耶稣会数学传统的创始人克拉维乌斯及其继承者都认为，数学必须以演绎的方式系统进行，即由简单到复杂，推出图形之间的普遍关系。

自从阿基米德给出圆的面积公式以来，除了与圆相关的曲边图形外，从未有人给出过其他曲边图形的面积。卡瓦列里迈出了具有突破性的一步。我们从卡瓦列里的作品中看到了解析几何与微积分的思想，但卡瓦列里没有写出过任何有关的作品。

1637年
笛卡儿正式创立解析几何学

古希腊的数学家们其实就已经在寻求几何与代数的融合了：最初是为了避免代数带来的逻辑困难，用几何的方式来表述代数；后来在阿波罗尼乌斯的《圆锥曲线论》一书中，出现了坐标系的雏形。14世纪的法国数学家奥雷姆引入了“形态幅度”的思想，坐标系和（函数）图像的概念呼之欲出。直到17世纪的法国，先是费马发现了曲线可由方程描述，可通过研究方程来研究曲线，后是笛卡儿讨论了怎样把几何问题化为代数问题，并通过实例，建立了他的坐标，解释了他的方法，解析几何学这才正式开始创立。

笛卡儿Ⓦ

笛卡儿是法国哲学家、数学家。出身于法国中西部图赖纳省拉艾的一个贵族家庭。母亲在他1岁多时患肺结核去世，他也受到感染，变得体弱多病。母亲去世后，父亲移居他乡并再婚，把笛卡儿留给他外祖母带领。自此父子很少见面，但是父亲一直提供金钱方面的帮助，使他能够受到良好的教育，追求自己的兴趣而不用担心经济来源问题。

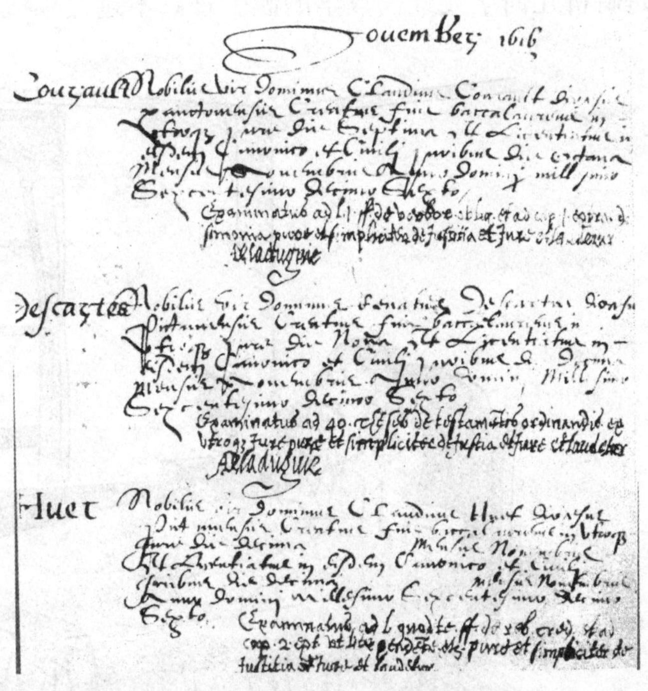

笛卡儿1616年的毕业登记表Ⓦ

8岁的时候，笛卡儿进入一所耶稣会学院，院长沙莱神父很快喜欢上了这个小男孩，注意到他身体比较弱，特别允许他早晨可以在房间里多休息，直到他想到教室读书。这养成了他喜欢安静，善于思考的习惯。笛卡儿几乎一生都保持了这个习惯，直到他人生的最后一段时光，才不得不改变。笛卡儿曾说，长年累月地在寂静的早晨冥思苦想，是产生哲学和数学思想的源泉。

1616年，笛卡儿遵从父亲的愿望进入普瓦捷大学攻读法律。取得学位后却对职业选择不定，又决心游历欧洲各地。1618年，笛卡儿加入了荷兰拿骚的莫里斯的军队。但是荷兰和西班牙之间签订了停战协定，没仗可打，笛卡儿便利用这段空闲时间学习数学。

在笛卡儿当兵期间，据说还发生过一个故事。1618年11月10日，荷兰步雷达的大街上，一群人正围看一张告示，告示上是一道用佛兰芒语提出的数学问题。笛卡儿请一位旁观者为他翻译成法语，那位翻译者就是比克曼，荷兰的一位哲学家和科学家。两人相识后十分投机，比克曼在数学和物理学方面有很高造诣，他鼓励笛卡儿去研究一种处理大自然的数学方法。4个月后，笛卡儿写信给比克曼："你是将我从冷漠中唤醒的人……"并且告诉他，自己在数学上有了4个重大发现。

1619年11月10日，在靠近多瑙河的一个小村庄的军营里，笛卡儿做了3个梦。他后来对人说，那些梦向他揭示了打开大自然宝库的钥匙。现在人们一般认为，其中第2个梦就是梦见用代数坐标来表示几何。这一天也被有些人看作是解析几何学或近代数学的诞生日。不过这项成果公布于世，是18年后的事情

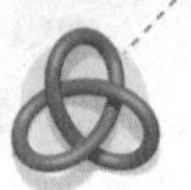

了。(还有一种说法，某天早晨笛卡儿躺在床上，看见天花板的墙角上有一只蜘蛛在爬，立即领悟到了可以用蜘蛛分别到两堵墙壁的距离来表示蜘蛛的运动轨迹。)

1628年，笛卡儿定居荷兰，潜心研究哲学、数学、天文学、物理学、化学和生理学。1637年，他写成三篇论文《折光学》、《气象学》和《几何学》，并将它们合成一本书，加上一篇序言，以《科学中正确运用理性和追求真理的方法论》为名出版。其中《几何学》是笛卡儿一生发表的唯一的数学论文，但正是这篇论文，(与费马一起)开辟了解析几何学这片新天地，为后人留下了弥足珍贵的思想遗产。

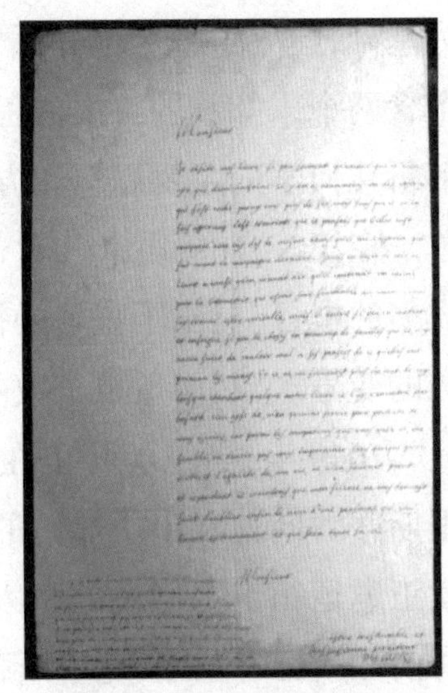

笛卡儿的书信手稿Ⓞ

《几何学》共分3编。第1编讨论怎样将几何问题化为代数问题，提出几何问题的统一作图法。为此，笛卡儿将线段与数量联系起来，引入单位线段和线段的加、减、乘、除、开方等概念，然后“用最自然的方法表出这些线段间的关系，直到能找出两种方式表达同一个量，这将构成一个方程”。最后根据方程的解所表示的线段间关系作图。

在第2编中，笛卡儿以帕普斯问题为例解释了他的方法。他以帕普斯问题

笛卡儿给瑞典女王上课Ⓦ

为基础，建立了一个坐标系，在这个坐标系下，经过推导，帕普斯问题就化成了一个含两个未知数的二次方程，而正是这个方程，描述了所求的轨迹。这里包含了解析几何学的主要思想和方法。

在第3编中，笛卡儿讨论了代数方程理论。他指出方程可能有同它次数一样多的根；还提出了著名的笛卡儿符号法则：多项式方程的正根个数不超过其系数的变号次数，而负根个数不超过其同号系数连续出现的次数。

1649年，当笛卡儿正在荷兰的埃蒙德过着愉快的隐居生活时，瑞典女王克里斯蒂娜向他发出了热情的邀请。17世纪的欧洲王室热衷于炫示智力的荣耀，女王邀请笛卡儿做她的私人教师。在几次不怎么坚定的拒绝后，笛卡儿还是动身前往斯德哥尔摩，克里斯蒂娜女王甚至派了一艘军舰来接他。

这个只有19岁的女王求知欲超强，而且精力旺盛，每天只睡5个小时。她固执地认为每天凌晨5点是她头脑清醒地接受教育的最好时刻，这可把笛卡儿累惨了，他不得不每天清晨不到5点，就穿过寒冷多风的广场，赶到冰冷的图书馆给女王上课。没过几个月，笛卡儿就撑不住了，瑞典的严冬夺去了笛卡儿的健康，1650年2月11日，他在斯德哥尔摩去世，遗体运回法国，但脑袋除外。

1809年，瑞典化学家贝采里乌斯得到了笛卡儿的头颅，把它奉还给法国。要知道，正是这颗头颅，造就了许多传世的名作。

巴黎圣日耳曼德佩区的笛卡儿墓⓪

1637年 费马大定理问世

如果要给笛卡儿找一个旗鼓相当的对手的话，那就非法国数学家费马莫属了，他是笛卡儿在数学上最大(也是差不多唯一)的竞争对手，因为几乎与笛卡儿同时，甚至更早，费马也产生了解析几何学的思想，并掌握了非常接近于用微分求函数极值的方法。

费马出生地(现费马博物馆)Ⓦ

费马其实是个业余数学家，他的本职是律师，但是他在数学上的成就一点都不比职业数学家差。费马出生在现属塔恩-加龙省的博蒙—德洛马涅，他的父亲是个富有的皮革商人，而他出生的房子现在成了费马博物馆。他早年在图卢兹大学学习法律，1620年代后半期搬到波尔多生活，在那里开始正式的数学研究。此后他又陆续认识了梅森、笛卡儿等数学家，并有不少书信交流，费马的不少数学成果都在这些书信中诞生。

不过使得费马名气大增的，是他在数论上的成就。大约在1637年，费马在研究丢番图的《算术》时，在第2卷第8命题"将一个平方数分为两个平方数"旁边的空白处写道："相反，要将一个立方数分为两个立方数，一个四次幂分为两个四次幂，一般地，将一个高于二次的幂分为两个同次的幂，都是不可能的。对此，我确信已发现一种美妙的证法，可惜这里空白的地方太小，写不下。"

这段话用现代的数学术语，就是：不定

法国图卢兹市政厅美术馆内的雕像"费马和他的缪斯"Ⓞ

纪念费马的邮票Ⓨ

方程$x^n+y^n=z^n$当n为不小于3的整数时没有正整数解。后人称这个命题为“费马大定理”,或“费马最后定理”。

费马倒是痛快,一句“写不下”就不管了,殊不知他这句话让数学界尝了300多年的艰辛。称这句话为“定理”,是因为费马说他已经证明了它。称它为“大定理”,是因为要与另外一条也是数论方面的“费马小定理”相区别,更是因为这个定理在数学史上的影响确实很大——它在此后的300多年间一直是数学家的一块“心病”,它甚至催生了数学的新研究领域。称它为“最后定理”,是因为在费马的手稿中留有一些没有给出证明的命题或猜想,它们或对或错,在若干年之后,基本上有了明确的结论,最后只有这个命题,成立还是不成立,长期悬而未决。

费马大定理形式简单,意思明确,内容初等,但其证明难度超出了几乎所有人的想象,这基本上是许多数论难题的一个共有特点,比如著名的哥德巴赫猜想便是如此。一旦被证明,自然是一件令人瞩目的大事。因此在它提出后的300多年中,吸引了无数的数学家和业余爱好者,其中不乏当时最优秀的数学家。他们为证明费马大定理耗尽了心血,但都未能取得成功。

时间到了1994年,英国数学家怀尔斯在前人成果的基础上,综合运用现代数学中的椭圆曲线理论和伽罗瓦理论等工具,最终证明了这个定理。现在一般认为,费马当年自称得到的证明中很可能隐藏着一个致命的漏洞,他事实上并没有证出这个定理。这也许是因为我们很难相信费马会有一种初等的方法来证明这个定理,而这个方法居然在300多年中没有被世界上那么多一流的数学家找到,何况费马也有猜想错误的时候——他猜想“形如$2^{2^n}+1$的数都是素数”,后来欧拉证实$n=5$时那是一个合数。

1655年 沃利斯《无穷算术》出版

如果说牛顿、莱布尼茨的微积分是数学史上的一次惊雷，那么沃利斯则为这一声惊雷积蓄了能量。这是一位才华横溢的数学家，被公认为牛顿之前英国最为重要的数学家，他为微积分的到来做了最后的铺垫。

青年时期的沃利斯Ⓦ

沃利斯出生于1616年，年仅6岁时，他的父亲就去世了。在母亲的照顾下，沃利斯进入一所文法学校学习拉丁语。学校并没有教授数学，1631年的圣诞节假期，沃利斯的兄长教他算术，这是他第一次接触数学。1632年，他作为一名自费生进入了剑桥大学。当时并没有人指引他的数学学习，他便读了很多不同的课程，例如神学、哲学、地理学、医学、天文学和解剖学。人们称赞沃利斯是一位才华横溢的人，此话不假，且看他都做过些什么事情。他在1640年获得文学硕士学位后当上了神职人员；在1642年爆发的英国内战中，为议会党破译了保皇党的密码，显示了他在数学上的天才，不过有趣的是沃利斯其实是一个保皇派。1647年他读了英国数学家奥特雷德的《数学之钥》，对数学产生了浓厚的兴趣，开始研究数学，并很快有了成果。更令人不可思议的是，他在1649年就担任了牛津大学的萨维尔几何学教授（牛津大学特设的教授职位，仅一席，一般由著名数学家担任）。在当时，没几个人能预见到一个年轻的神学家会在接下来的几年内很快成为那个时代的领头数学家。

老年时期的沃利斯Ⓦ

沃利斯有两本著作传世，一本是解析几何方面的《圆锥曲线论》，一本是无穷领域的《无穷算术》。在《圆锥曲线论》中，他完全抛开了圆锥的限制，直接采用“点的轨迹”来定义圆锥曲线，这比前人的定义更接近现代。

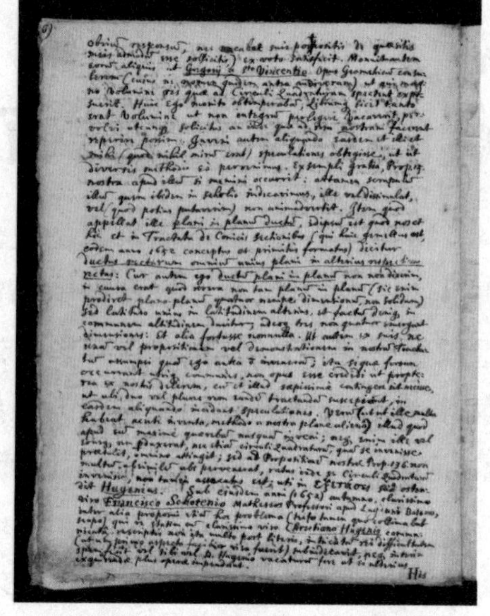
沃利斯在《无穷算术》中的献词Ⓦ

不过真正让沃利斯声名远扬的，是《无穷算术》，因为几乎在同时，一位荷兰的数学家德维特也出版了一本类似《圆锥曲线论》的作品《曲线原理》，但《无穷算术》却没有任何替代物，这种独一无二成就了沃利斯。该书对微积分的产生有重大影响，而他本人则被誉为牛顿和莱布尼茨之前在创建微积分上贡献最突出的数学家。

在《无穷算术》中，沃利斯引进了无穷级数和无穷乘积，使用了虚数、负指数和分数指数，还创用了“爱情之结”——无穷大符号∞。他实际上完成了相当于 $\int_0^1 \sqrt{1-x^2}\,dx$ 的积分，并得到π的无穷乘积表达式 $\frac{2}{\pi}=\frac{1\cdot3\cdot3\cdot5\cdot5\cdot7\cdots}{2\cdot2\cdot4\cdot4\cdot6\cdot6\cdots}$。他提出了函数极限的算术概念，指出它是被函数逼近的数，这个数与函数之间的差能够小于任一指定的数，如果这个逼近过程无限继续下去，差最终将消失。这一思想发展了意大利数学家卡瓦列里的不可分量原理，被称为牛顿、莱布尼茨发明微积分的前奏。

Ⓨ

沃利斯的作品有着一大缺点，就是缺乏严谨，这一缺点曾被费马批评过。比如在有关指数幂的扩展中，沃利斯仅仅是想当然地认为成立，没有给出任何逻辑证明。正如费马所指出的那样，沃利斯是一个“擅长发现，但缺乏严谨”的人。但不管如何，沃利斯的思想和成就无疑对微积分的创立起到了重要的作用。

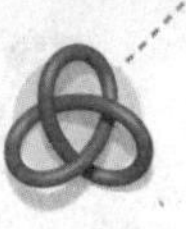

1657年 惠更斯《论骰子游戏的推理》出版

虽然我们的数学越加丰富，就变得越加抽象，但研究对象都有一个特点，那就是“确定”，从未有人涉及不确定问题的讨论，这或许是由于确定性已经成为数学的烙印。

Ⓢ

欧洲中世纪，赌博盛行。法国一个著名的赌徒梅雷向他的好友、著名数学家帕斯卡提出了一个问题，据说这个问题源自于他的一场赌博。一天梅雷与国王的侍卫官掷骰子，两人都下了30枚金币的赌注。他们约定：梅雷先掷出6点3次，就可以赢得60枚金币；侍卫官若先掷出4点3次，也可以赢得60枚金币。

然而，当赌局进行到梅雷掷出6点2次，侍卫官掷出4点1次的时候，国王的卫队来了，要求侍卫官即刻回王宫，不得已梅雷和侍卫官只好终止了赌博。这场被迫终止的赌博引出一个重要的问题：如何分配赌注呢？

梅雷和侍卫官两人为此争论不休。梅雷说：“我只要再掷出6点1次，就可以赢得全部金币，而你要掷出4点2次，才能赢得60枚金币，所以我应该得到全部金币的四分之三，也就是45枚金币。”

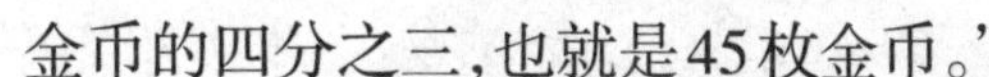

侍卫官却说：“假如继续赌下去，我要两次好机会才能取胜，而你只一次就够了，比例是2∶1，所以你只能取走全部金币的三分之二，即40枚金币。”

关于这个赌金的故事还有好多个版本，不过归结起来都是一个同样的问题：“如何合理分配赌金？”梅雷将他的争议告诉了帕斯卡。帕斯卡就这一问题同费马通信交流，他们的书信就成了概率论的起点。

帕斯卡Ⓦ

惠更斯Ⓦ

但费马和帕斯卡都没有为此发表过任何作品，反而是另外一位数学家惠更斯，在他们的影响下，写下了《论骰子游戏的推理》这本概率论的开山之作。

惠更斯，荷兰数学家、物理学家、天文学家。出生于荷兰海牙。他父亲在文学和科学方面都极为博学，而且是笛卡儿的朋友，与梅森也经常有通信来往，因此惠更斯在青少年时代就受到了当时数学界著名人物的直接影响。他1645年至1647年在莱顿大学学习法律和数学，1647年至1649年又去荷兰南部城市布雷达的奥兰治学院深造。毕业后有很长一段时期在家研究数学和望远镜制造方面的问题。1655年，他去法国巴黎，得悉帕斯卡与费马在一次关于概率论的通信中所进行的讨论。回荷兰后他写了《论骰子游戏的推理》一书，于1657年出版。

《论骰子游戏的推理》解决了许多在赌博中可能出现的有趣问题，首次引进了数学期望的概念，进而得到有关数学期望的3条定理，借此提出了11个命题，还留下了5个问题。

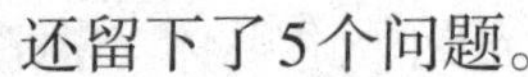

Ⓨ

《论骰子游戏的推理》是历史上第一本关于概率论的印刷出版物，在概率论史上占有重要地位。它让我们知道，原来“可能性”也是可以计算的。它是后来1713年瑞士数学家雅各布·伯努利所著《猜度术》的基础；而数学期望的概念，则为1812年法国数学家拉普拉斯定义古典概率时的蓝本。

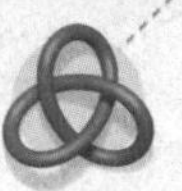

1666—1671年
牛顿完成一系列关于微积分的论文

大数学家牛顿出生于英国林肯郡格兰瑟姆附近伍尔索普村的一个小庄园主家庭。3岁时母亲改嫁，把他留给了外祖母。同许多数学家一样，牛顿并非一出生就喜欢数学，当然，后来的事实表明，他确实有着数学的天分。在学校里，他对周围的一切充满了好奇，但并不显得聪明。十来岁时，他在学习上还相当迟钝，而后来显然成了学校里成绩最优秀的学生。

牛顿Ⓦ

1650年代后期，家里叫牛顿到他母亲的农场帮忙，于是慧眼识英才的舅舅发现了他的才能，说服牛顿的母亲，于1661年将牛顿送到剑桥大学三一学院读书。此时的牛顿对化学有着非常浓厚的兴趣，也没有对数学投入什么精力。不过，在他读完欧几里得、伽利略、开普勒、笛卡儿、沃利斯等人的著作后，对数学顿时就有了非常大的兴趣，其中受笛卡儿《几何学》和沃利斯《无穷算术》的影响尤深。

1666年10月，牛顿写成一文，后人称之《1666年10月流数简论》，简称《流数

牛顿出生时的房子Ⓞ

剑桥大学三一学院⑩

简论》，文中介绍了他的正流数术（微分法）以及反流数术（积分法），又以速度为例引入流数概念（虽然没有用“流数”这一术语），并采用了时间t的“无穷小瞬o”的概念，建立了“微积分基本定理”，并还讨论了正、反流数术的一些应用。

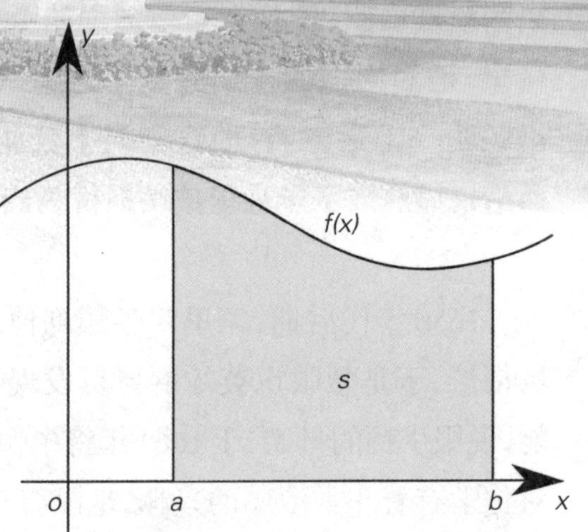

阴影部分面积就是$f(x)$在$[a,b]$内的积分Ⓢ

之后，牛顿继续改进、完善自己的微积分学说，并与1669年写成《运用无穷多项方程的分析学》一文，简称《分析学》。文中叙述了计算曲线$y=f(x)$下方从原点0到x的面积的法则，还给出了相当于逐项积分的定理。这篇论文体现了牛顿的微积分与无穷级数方法紧密结合的特点，但在使用无穷小瞬o的概念时含混不清，有时令其为零，有时又像非零数那样进行处理。这遭到了一些人的攻击，讽刺说这个无穷小瞬就像个幽灵。

1671年，牛顿完成了《流数法与无穷级数》一文，简称《流数法》。这篇论文是对流数法的系统叙述，其中首次使用了“流数”这一术语。牛顿对流数概念进一步提炼，将微积分表述为：已知变化量之间的关系，求变化率关系；或是已知变化率的关系，求变化量关系。

虽然牛顿的作品都问世很早，但一直未公布于世，要么自己藏着，要么仅在几个朋友间流传：《流数简论》迟至1962年才出版；《分析学》出版于1711年；《流数法》则在1736年出版。这就造成了牛顿与微积分的另一位发明人——莱布尼茨之间的难解仇怨。

1684年和1686年
莱布尼茨发表第一篇微分学论文和第一篇积分学论文

莱布尼茨于1646年出生于德意志的莱比锡，是个历史上少见的全才，他15岁就进入莱比锡大学，17岁获得学士学位，20岁的时候申请法学博士学位，却因为太年轻被拒绝，但他第二年在纽伦堡附近的阿尔特多夫大学获得了这个学位。之后，莱布尼茨主要为政界做法律服务，同时进行科学研究。1673年，他带着某种政治任务来到伦敦，顺便结识了一些英国的科学家，而且不久就被选为英国皇家学会会员。正是这一交集，对莱布尼茨和牛顿的微积分发明权之争可说是火上浇油，因为在这期间，莱布尼茨被认为很有可能看到了牛顿的手稿。

莱布尼茨Ⓦ

牛顿不仅发明微积分，还成功地将微积分应用于物理学，并写成杰作《自然哲学的数学原理》一书。在该书第一版中牛顿承认了莱布尼茨也掌握类似的思想，但在1726年的第二版中，牛顿删除了提及莱布尼茨的内容，争吵加剧，并最终升级为民族仇怨。

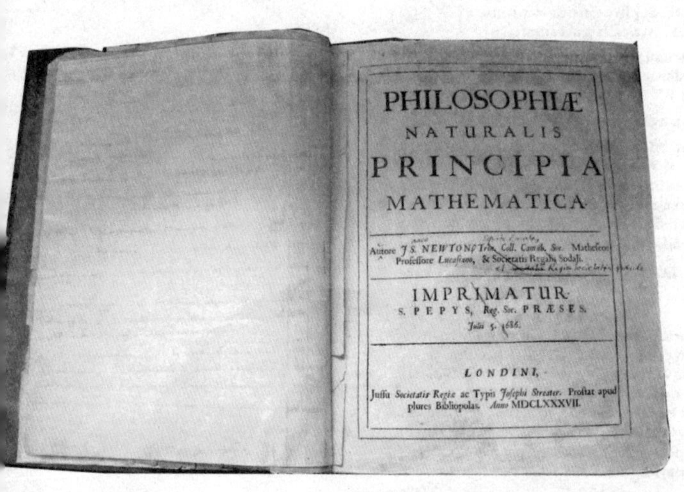

牛顿的《自然哲学的数学原理》第一版Ⓞ

虽然莱布尼茨的发现比牛顿晚10年，但是莱布尼茨的发现是独立的，与牛顿毫不相干，并且是首先公开发表。

1684年，莱布尼茨发表第一篇微分学论文《一种求极大值、极小值和切线的新方法》，这是他在汉诺威担任图书馆馆长等公职期间写成的。这篇论文发表在莱布尼茨和德国科学家门克于1682年创办的拉丁文科学杂志《教师学报》1684年第3期上。这是对他1673年至1677年间关于微积分研究的概括总结。文中叙述了微分的基本定理，指出无限分割求和是微分的逆运算，广泛使用了dx，dy符号，给出了函数的和、差、积、商、幂和开方根的微分法则，并迅速发展到高阶微分，得到了一个可以媲美二项式定理的“积的n阶导数公式”。此外，还给出了微分法在求切线、求极值以及求拐点等方面的应用。

在发表了微分学方面的研究成果后，莱布尼茨又于1686年在《教师学报》上发表了论文《深奥的几何与不可分量和无限的分析》，这篇论文成为历史上公开发表的第一篇积分学论文。文中初步论述了积分或求积问题与微分或切线问题的互逆关系。莱布尼茨的理论深深影响着后世，他所使用的微积分符号一直延续到现在。

莱布尼茨的微积分思想起源于对切线、面积等数学问题的思考，牛顿的思想则来自于解决构建万有引力定律等物理学理论时面对的数学困难，这使得他们在各自作品中有着非常不同的风格。尽管如此，两人之间的矛盾还是变得不可调解，并升级为民族矛盾，这种矛盾甚至导致英国在牛顿以后就失去了世界学术中心的地位。

MENSIS OCTOBRIS A. M DC LXXXIV. 467

NOVA METHODUS PRO MAXIMIS ET MInimis, itemque tangentibus, quæ nec fractas, nec irrationales quantitates moratur, & singulare pro illis calculi genus, per G. G. L.

Sit axis AX, & curvæ plures, ut VV, WW, YY, ZZ, quarum ordinatæ, ad axem normales, VX, WX, YX, ZX, quæ vocentur respective, v, w, y, z; & ipsa AX abscissa ab axe, vocetur x. Tangentes sint VB, WC, YD, ZE axi occurrentes respective in punctis B, C, D, E. Jam recta aliqua pro arbitrio assumta vocetur dx, & recta quæ sit ad dx, ut v (vel w, vel y, vel z) est ad VB (vel WC, vel YD, vel ZE) vocetur dv (vel dw, vel dy vel dz) sive differentia ipsarum v (vel ipsarum w, aut y, aut z) His positis calculi regulæ erunt tales: TAB.

Sit a quantitas data constans, erit da æqualis o, & d $\overline{ax}$ erit æqu. a dx: si sit y æqu v (seu ordinata quævis curvæ YY, æqualis cuivis ordinatæ respondenti curvæ VV) erit dy æqu. dv. Jam *Additio & Subtractio*: si sit z − y + w + x æqu. v, erit d $\overline{z-y+w+x}$ seu dv, æqu dz − dy + dw + dx. *Multiplicatio*, d $\overline{xv}$ æqu. x dv + v dx, seu posito y æqu. xv, fiet dy æqu x dv + v dx. In arbitrio enim est vel formulam, ut xv, vel compendio pro ea literam, ut y, adhibere. Notandum & x & dx eodem modo in hoc calculo tractari, ut y & dy, vel aliam literam indeterminatam cum sua differentiali. Notandum etiam non dari semper regressum a differentiali Æquatione, nisi cum quadam cautione, de quo alibi. Porro *Divisio*, d $\frac{v}{y}$ vel (posito z æqu. $\frac{v}{y}$) dz æqu. $\frac{\pm v\,dy \mp y\,dv}{yy}$

Quoad *Signa* hoc probe notandum, cum in calculo pro litera substituitur simpliciter ejus differentialis, servari quidem eadem signa, & pro + z scribi + dz, pro − z scribi − dz, ut ex additione & subtractione paulo ante posita apparet; sed quando ad exegesin valorum venitur, seu cum consideratur ipsius z relatio ad x, tunc apparere, an valor ipsius dz sit quantitas affirmativa, an nihilo minor seu negativa: quod posterius cum fit, tunc tangens ZE ducitur a puncto Z non versus A, sed in partes contrarias seu infra X, id est tunc cum ipsæ ordinatæ

Nnn 2 z decre-

莱布尼茨在《教师学报》上发表的第一篇微分学论文Ⓟ

1697年 伯努利解决最速降线问题

设一个质点在重力作用下，从一个给定点无摩擦地滑动（或滚动）到不在它垂直下方的另一点，问沿着什么曲线下滑所需时间最短。

约翰·伯努利Ⓦ

这就是最速降线问题。早在1630年，著名科学家伽利略就提出并思考了这一问题。他认为所求曲线是一段圆弧，但这是一个错误的答案。

1696年，当约翰·伯努利重提这一问题时，不仅引出了数学史上一个引人入胜的故事，同时还翻开了数学史上新的一页。

提起伯努利这个姓，要先指明是哪一个伯努利，因为这个来自瑞士巴塞尔的家族，在短短3代人中，就出现了8位杰出的数学家。由于这个家族的成员一再使用相同的名字，因此我们要在他们的名字后面加上编号来区别父子、区别堂亲。可能是这些来自巴塞尔的先生们太聪明了，他们不断地陷入敌对、嫉妒和争吵。这倒应了中国的一句古话：文人相轻。

重提最速降线问题的约翰·伯努利是约翰第一，他的哥哥雅各布第一也是一位数学家。在雅各布的引领下，约翰进入了数学的殿堂。

当1696年6月，约翰·伯努利在《教师学报》上提出“最速降线问题”时，他自己已经有了一个奇妙的答案，但他不打算马上发表自己的解答。

问题提出半年后，约翰只收到莱布尼茨的回复，于是在1697年元旦，他以《公告》的形式再次向“全世界最有才能的数学家”挑战。在这一颇有激励性的公告中，他写道：“几乎没有任何事物能够比困难又有用的问题更能极大地激发那些高贵的和敏锐的心灵进行增进知识的工作了……通过解决这些问题，他们在获得荣誉的同时也给后人树立起永恒的丰碑……在这些问题上他们可以检验自己的方法，可以施展自己的才华，并且倘若他们揭示了些什么，那么可以与我们联系以使他们每个人能够公开地从我们这里获得他们应得的奖赏。……我们提供的奖赏是由荣誉与赞美编织的桂冠，奖给品格高尚且能解此问题的人士。”

约翰心中的挑战目标就包括他的哥哥雅各布。他公开说他哥哥在解这个问题上是无能为力的。他还说:“能够解决这一非凡问题的人寥寥无几,即使是那些对自己的方法自视甚高的人也不例外。”这段话被认为是隐射牛顿的。

挑战期限截止时,约翰一共收到五份答案。其中一份来自英国。当约翰打开这份匿名答案时,敬畏地说“从利爪中我认出了雄狮”。它来自牛顿。另外四份答案来自他自己、洛必达、莱布尼茨还有他不希望名单中出现的雅各布。

这些正确答案都指向同一条曲线:摆线(也叫旋轮线,又叫等时曲线)。它是一个圆沿一定直线滚动时圆周上一个定点所产生的轨迹。

这条曲线以其优雅的外形以及独一无二的几何特性早就引起数学家们的兴趣,并被人称为几何学里的“海伦”——虽然美丽,却是纷争之源。

于是可以想象,当人们发现找到的答案是摆线时会如何地惊奇。正如约翰夸张地声称:当我告诉你,就是这个摆线,也就是惠更斯的等时曲线,恰恰就是我们要求的最速降线时,你一定会惊呆的。

这些数学家的解答刊登在1697年5月的《教师学报》上。这些解答是通过不同途径得到的,其中伯努利兄弟的方法尤其有趣且重要。

约翰·伯努利注意到最速降线问题与费马最短时间原理及其在光学中的应用之间的联系,他将这个力学问题转化为光学问题:找出光线在穿过一个密度不断增加的渐变介质时所形成的轨迹。雅各布·伯努利则把问题简化为一个纯几何问题:求一条曲线,线上所有点的横坐标在一条正比例线上,而它们纵坐标的平方根在一条正比例线上。

约翰的方法极为巧妙,相比之下雅各布的方法看似笨拙些,但它更直接、更通用。兄弟俩各擅其长的解答,标志着一门新的数学分支——变分法——的诞生。

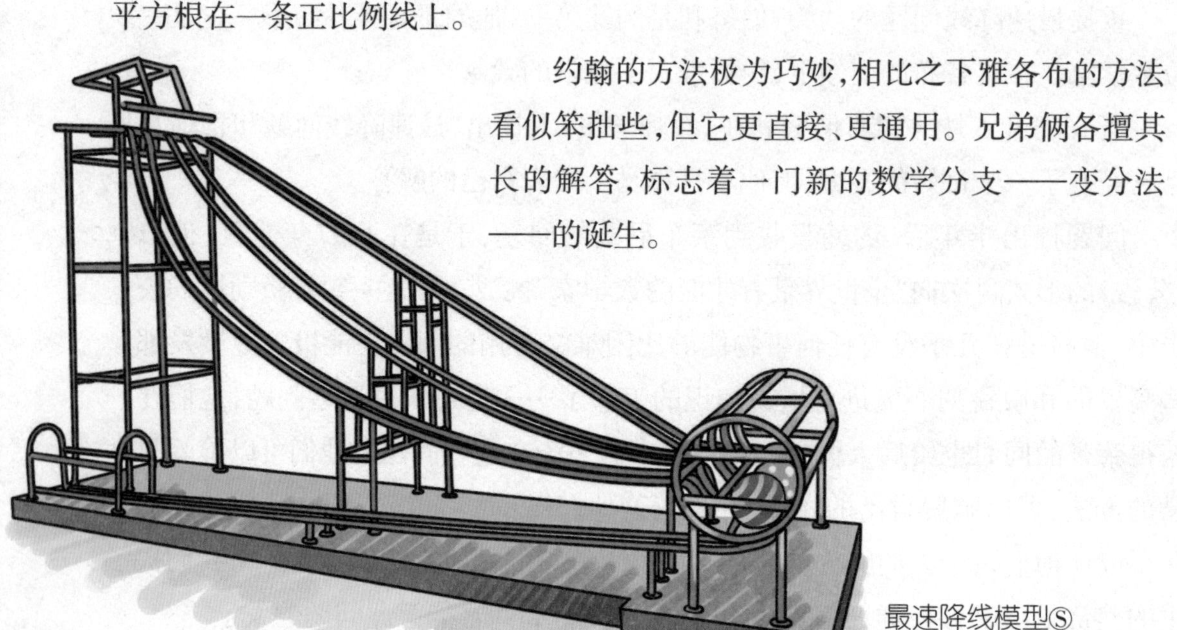
最速降线模型Ⓢ

1713年 伯努利的《猜度术》出版

在中学数学里，我们会熟知下面几个公式：

$$1+2+3+\cdots+n=\frac{n(n+1)}{2}$$

$$1^2+2^2+3^2+\cdots+n^2=\frac{n(n+1)(2n+1)}{6}$$

$$1^3+2^3+3^3+\cdots+n^3=\frac{n^2(n+1)^2}{4}$$

雅各布·伯努利Ⓦ

由此，我们可以想到一个基本而有趣的问题：对任意给定的正整数k，$1^k+2^k+3^k+\cdots+n^k$是否存在一个表示前n项之和的公式呢？答案是肯定的。关于这一问题的完整解答最早出现在瑞士数学家雅各布·伯努利的《猜度术》一书中。

雅各布·伯努利，瑞士数学家（力学家、天文学家），约翰·伯努利的兄长。早年在巴塞尔大学就学，按父亲的意愿修神学。但他读了笛卡儿和沃利斯的著作之后，顿受启发，转向数学。

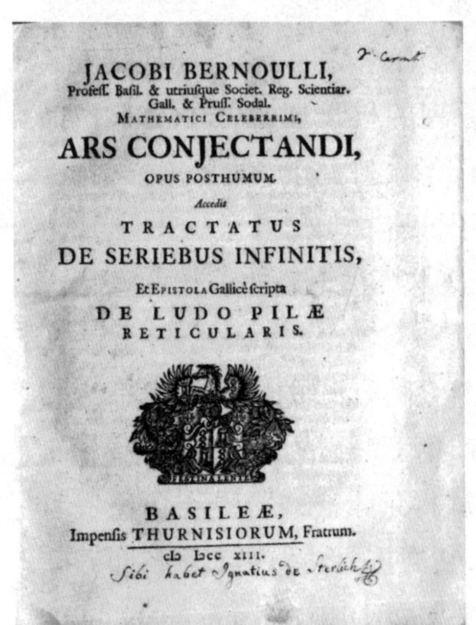
JACOBI BERNOULLI,
Profess. Basil. & utriusque Societ. Reg. Scientiar. Gall. & Pruss. Sodal.
MATHEMATICI CELEBERRIMI,
ARS CONJECTANDI,
OPUS POSTHUMUM.
Accedit
TRACTATUS
DE SERIEBUS INFINITIS,
Et EPISTOLA Gallicè scripta
DE LUDO PILÆ
RETICULARIS.
BASILEÆ,
Impensis THURNISIORUM, Fratrum.
cIↃ IↃCC XIII.

《猜度术》Ⓟ

雅各布·伯努利一生著述甚丰，他最富创造、最重要的著作是《猜度术》。当他去世时，书还没有整理完成。当时接手整理编辑书稿的最好人选是他的弟弟约翰·伯努利。然而，兄弟阋墙的阴影在雅各布死后并未消散。雅各布的遗孀对约翰怀有很深的戒心，不让他靠近手稿。后来是这一家族的另一位成员审阅了这一手稿。1713年，在雅各布去世8年后，这一巨著得见天日。

书中记载了他多年在概率论方面的研究成果。作为附录，书中还包含了他在1689—1704年间完成的5篇关于级数的文章。

该书正文共有四个部分。第一部分基本上是关于惠更斯《论骰子游戏的推理》的一个精彩评注。第二部分是关于组合理论的详尽论述。正是在这一部分，他引入并应用了伯努利数，给出了本文开头提到的求前n项自然数等幂和的公式。在第三部分，他把排列与组合的理论运用到概率论中，给出24个有关在各种赌博情形中利益预测的例子。第四部分是关于概率论在行为道德和经济等问题上的应用。在这一部分他第一次提出并证明了著名的伯努利大数定律。

关于大数定律的邮票（1994，瑞士发行）©

大数定律是概率论中描述随机试验多次重复进行时所发生结果的规律性的定律。粗略地说，伯努利大数定律是：设n次试验中某结果的出现次数为v_n，则其出现频率v_n/n与其出现概率p从概率上说将趋于相等。

大数定律在现代概率论中扮演着极重要的角色。伯努利大数定律是大数定律的最早形式。由于大数定律的极端重要性，1913年12月圣彼得堡科学院曾经举行庆祝大会，纪念大数定律诞生200周年。

雅各布·伯努利说过，伯努利大数定律“即使是最笨的人也应该本能地理解”，但“这一原理的科学证明并不是那样简单”。为了给出这一定律的正确证明，雅各布付出了20年的努力。这一证明，成为《猜度术》这本概率论经典著作的点睛之笔。

1713年《猜度术》的问世对概率论其后的发展产生了深远的影响，并为雅各布在数学界赢得了崇高声誉。在历经岁月的洗礼后，它的重要性仍然如雅各布碑文中的拉丁文铭文所述：Eadem mutata resurgo.（纵使改变，我自依然。）

雅各布·伯努利的墓碑©

1734年

贝克莱主教抨击牛顿等人的微积分学

微积分是人类智力的伟大结晶，它的发明开辟了数学上的一个新纪元。不过，在微积分创立之初，无论是牛顿还是莱布尼茨，他们的工作都不完善，从而引来了许多人的批评。其中，最猛烈抨击微积分的言辞来自一位爱尔兰哲学家乔治·贝克莱，人们一般都称他为贝克莱主教。他对微积分强有力的批评，对数学界产生了最令人震撼的冲击。

贝克莱主教Ⓦ

贝克莱生于爱尔兰，1700年入都柏林三一学院读书，1707年成为这一学院的初级研究员。此后6年，他发表了许多哲学著作，如《视觉新论》、《人类知识原理》等。1724年贝克莱被任命为爱尔兰德里教长，1734年被任命为爱尔兰的克洛因主教。

就在担任克洛因主教的这一年，作为神学家与哲学家的贝克莱发表了一本针对微积分基础的小册子《分析学家》。这本小册子有一个很长的副标题：或者，对一位不信教的数学家的讲道。其中剖析现代分析学的目标、原理和结论是否

都柏林三一学院的旧图书馆Ⓞ

比宗教的神秘和教义有更清晰的构思或更缜密的推理。作者署名：渺小的哲学家。其副标题中“不信教的数学家”指的是资助牛顿出版《原理》的哈雷。哈雷是不信宗教的，他曾戏谑过基督教神学。

哈雷Ⓦ

在这本只有104页的书中，贝克莱猛烈抨击牛顿等人的微积分，对微积分的基本概念、基本方法和全部内容提出全面的批评。

一方面，贝克莱批评了微积分中一系列重要概念如流数、瞬、初生量、消失量、最初比和最后比、无穷小增量、瞬时速度等的模糊性。在他看来，这些重要概念是“隐晦的神秘物”，是“模糊和混乱”，是“无理和荒谬”。如对瞬时速度，贝克莱认为，速度概念既然离不开空间范围和时间段，那么根本不可能想象一个时间为零的瞬时速度。

THE
ANALYST;
OR, A
DISCOURSE
Addreſſed to an
Infidel MATHEMATICIAN.
WHEREIN
It is examined whether the Object, Principles, and Inferences of the modern Analyſis are more diſtinctly conceived, or more evidently deduced, than Religious Myſteries and Points of Faith.

By the AUTHOR of *The Minute Philoſopher.*

Firſt caſt out the beam out of thine own Eye; and then ſhalt thou ſee clearly to caſt out the mote out of thy brother's eye. S. Matt. c. vii. v. 5.

LONDON:
Printed for J. TONSON in the *Strand.* 1734.

贝克莱撰写的《分析学家》Ⓟ

另一方面，贝克莱指出微积分方法中的缺陷。贝克莱在书中认为，数学家们在用归纳代替演绎时并没有为他们的方法提供合法性依据。他认为流数理论的许多结论虽然正确，但它们是“错误的抵消”，“通过双重错误而获得的真理”。以求瞬时速度为例，流数术是先取 $\Delta s/\Delta t$，这里的 Δt 当然不可以为零，但然后又令 Δt 为零来求得瞬时速度。那么这个 Δt 到底是不是零？这里的概念显然是不清楚的。

他以拷问的口吻，提出了当时闻名的质疑：这些流数到底是什么？逐渐消失的量的速度有多么大？这些逐渐消失的增量是什么？它们既不是有限量，也不是无穷小，更不是空无。难道我们不应把它们称为消逝量的幽灵吗？

《分析学家》的主要矛头是牛顿的流数术，但对莱布尼茨的微积分也捎带提出了非难。如他认为莱布尼茨依靠“忽略高级无穷小消除误差”的做法得出的正确结论，是从错误的原理出发通过“错误的抵消”而获得的。

贝克莱并没有对数学家们从这些可疑的方法推出的结论提出质疑，他拒绝的是支撑这些结论的逻辑。他正确地指出，当时数学家使用的无穷小的量或逐渐消失的量像一条数学变色龙，它们看起来不可避免地同时既是零又不是零，而这是违反逻辑和违背直觉的。

可以说，贝克莱对微积分的攻击，一方面是其哲学观点的反映——作为哲学家，他反对有限量可以无限分下去。另一方面则是出于宗教动机，为了维护其神学主张。其目的是要证明流数原理并不比基督教教义“构思更清楚”、“推理更明白”。但不能否认，他对微积分基础的批评是一针见血，击中要害的。他揭示了早期微积分的逻辑漏洞，将微积分在概念、基础方面的缺陷来了一个大曝光。

当贝克莱以辛辣的嘲讽语言攻击微积分理论时，微积分理论在实践与数学中取得的成功，已使大部分数学家对它的可靠性表示信赖。因此贝克莱所阐述的问题被认为是悖论，并被称为贝克莱悖论。它的提出在数学界掀起了一场轩然大波，导致了史称的第二次数学危机，虽然这一危机最早可以追溯到古希腊的芝诺悖论。

当时有许多数学家撰写了为牛顿流数理论辩护的著作，其中以数学家麦克劳林的《流数论》最为著名。但所有这些辩护都因坚持几何论证而显得软弱无力。欧拉、拉格朗日、达朗贝尔等通过代数化途径来克服微积分学基础的困难，取得了一定成效，但微积分学基础的真正严格化是在19世纪由法国数学家柯西和德国数学家魏尔斯特拉斯等人完成的。

麦克劳林Ⓦ

1736年 欧拉解决柯尼斯堡七桥问题

一个偶然的机会，一道简单的趣题，开创了数学的一个全新领域。这道趣题就是著名的柯尼斯堡七桥问题，它可追溯至18世纪初的普鲁士。两条分别名为新、旧普雷盖尔的河流入柯尼斯堡（现俄罗斯加里宁格勒）在城中汇成一条河流出。在河流汇合处有一个岛，河上有七座桥连结着这个岛及河的两岸。

今天的柯尼斯堡Ⓨ

这个城里的居民最喜欢做的事情就是在星期日散步。有一天，有人突然想到了一个问题：我从这个城市的任一块出发，要按哪条路线走，能经过每座桥一次且仅一次后返回出发点呢？这个问题一下子迷住了全城的居民，全城陷入了“解谜”的热情中。然而，日复一日，年复一年，即使是这个城里最聪明的学者，也对这个问题束手无策。

终于，有一个大学生想起了数学天才欧拉，他住在离柯尼斯堡不远的圣彼得堡。“问问欧拉吧，或许他能解决这个问题。”于是他和几个同伴写信请教欧拉。

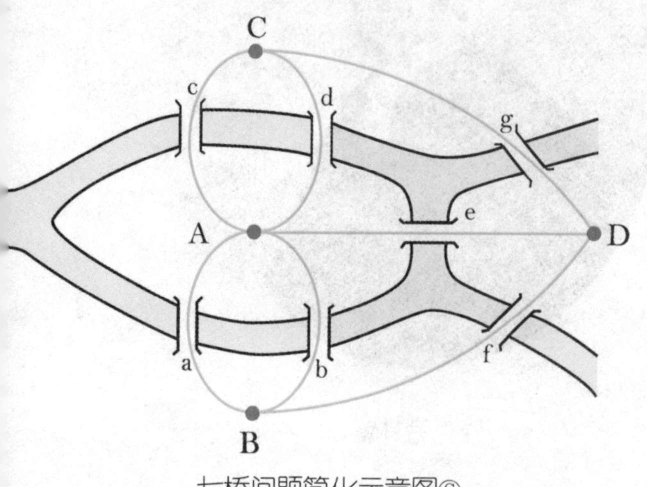

七桥问题简化示意图Ⓢ

欧拉是怎么解决这个问题的呢？他并没有给出走法，而是经过了几天的思考，告诉人们，这是一个不可能完成的任务。1736年，欧拉向圣彼得堡科学院提交了论文《一个位置几何问题的解法》，不但圆满地解决了这个问题，而且创建了解决这类问题的一般法则。欧拉先是把问题做了转化。他用线段或弧代表桥，而把与桥所连接的陆地（区域）看作点。具体点说就是用点A、D、B、C表示岛和不同的河岸，再用连接两点的线表示桥，这样就把原图变成了一个由4个点和7条线组成的新图。

在经过这样的抽象后，原来的问题相当于问：能否用一笔画出上面的图。于是柯尼斯堡七桥问题化成了一个一般问题的特例，这个一般问题是：在一幅由一些点以及点间相连线段组成的网络状图中，能不能找到一条经过每条线段仅一次而回到出发点的路径？欧拉把有偶数条线段与之相连的点称为偶点，有奇数条与之相连的点称为奇点。欧拉的结论是：存在这种路径的充分必要条件是，图中没有奇点；如果图中有两个奇点，那么存在一条从一个奇点出发到另一个奇点终止的路径，它经过每条线段仅一次。在柯尼斯堡七桥问题的图中，一共有4个点，都是奇点，因此这个问题没有解，而且去除“回到出发点”这个要求也没有解。

欧拉这一颇受赞誉的研究更重要的贡献在于它拓宽了数学的研究领域。七桥问题被认为是拓扑学正式建立之前对图形拓扑性质进行成功研究的一个基本实例。此外，欧拉的研究还奠定了一门重要数学分支——图论——的基础。他在解决柯尼斯堡七桥问题时所得出的关于一笔画的结论也成为图论历史上的第一个定理。

今天的柯尼斯堡，河上只剩下了原有七座桥中的三座——蜜桥、高桥和木桥。一条新的跨河大桥已经建成，完全跨过了那个岛（它叫内福夫岛）。因为这座新桥，柯尼斯堡人长久以来的愿望终于得到了满足，他们可以从任一块区域出发，经过且只经过每座桥一次，然后回到原点了。

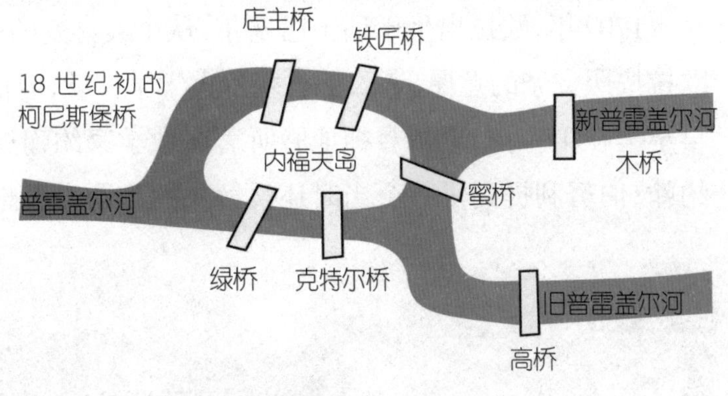

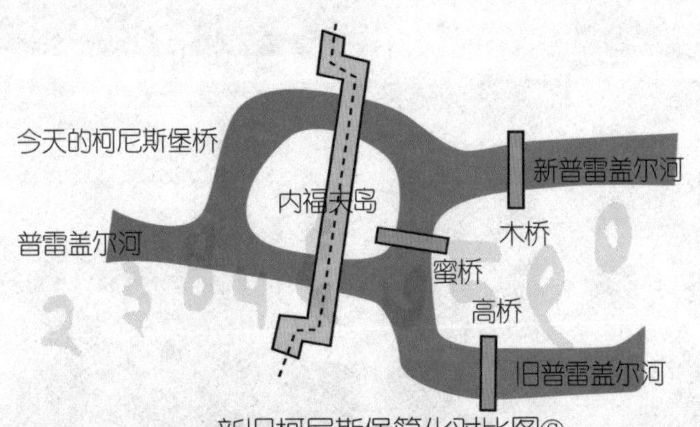

新旧柯尼斯堡简化对比图Ⓢ

1748年 欧拉《无穷小分析引论》出版

欧拉Ⓦ

18世纪时绝大多数数学家被微积分这门新兴的、有无限发展前途的学科所吸引。他们大胆前进，大大扩展了微积分的应用范围，而且不断拓展出新的数学分支，如微分方程、微分几何、变分法、无穷级数等，这些新分支合在一起，形成了被称为“数学分析”(简称“分析”)的广大领域。在这个领域，整个数学史上屈指可数的顶尖数学家之一，欧拉作出了极为突出的贡献。

在上一篇中，我们已经领教了欧拉的能耐，但那还只是欧拉的“小菜一碟”。欧拉对数学的贡献，几乎无人可与之比肩。现在，就让我们来详细说一说欧拉吧。

1707年，欧拉出生于瑞士巴塞尔，从小最喜爱的就是数学。1720年，13岁的欧拉按照父亲的意愿，考入了巴塞尔大学学神学，但他心思却在数学上。他总是早早坐在第一排，聚精会神地聆听著名数学家约翰·伯努利的数学课。有一次，约翰·伯努利提到了一个当时还没解决的难题。没想到这个瘦小的孩子课后就

巴塞尔大学⓪

交来一份构思精巧的解答。约翰·伯努利惊喜之极，当即决定每周在家单独为欧拉授课一次。

纪念欧拉的邮票Ⓦ

1723年，16岁的欧拉成为巴塞尔大学有史以来最年轻的硕士。父亲执意要欧拉放弃数学，把精力放在神学上。在这关键时刻，约翰·伯努利登门做说服工作。父亲终于被打动，欧拉当上了约翰·伯努利的助手。

1727年5月，经丹尼尔·伯努利（约翰·伯努利的儿子）推荐，欧拉来到俄国圣彼得堡，当时俄国正在建立科学院，以与巴黎和柏林的科学院相匹敌。几经周折，欧拉直到6年后，才成为圣彼得堡科学院的数学教授。1735年，欧拉用自己创立的方法仅花了三天便解决了一个天文学难题（彗星轨道计算），而这个问题曾经折磨了几位著名数学家达好几个月。然而过度的工作使欧拉不幸右眼失明。

1741年，应普鲁士腓特烈大帝邀请，欧拉来到柏林担任科学院物理数学所所长，但他与腓特烈的关系并不十分融洽。于是，到了1766年，在俄国女皇叶卡捷琳娜二世的敦聘下，欧拉重回圣彼得堡。不料没有多久，他左眼视力衰退，最后完全失明。不幸的事情接踵而来，1771年圣彼得堡大火灾殃及欧拉住宅，虽然他被仆人从火海中救出，但据说书房和大量研究成果化为灰烬。

沉重的打击仍然没有使欧拉倒下，他回忆起很多数学工作，并做了新的研究，由助手记录。70岁时，欧拉还能背诵长篇荷马史诗《伊利亚特》每页的头行和末行，以及前100个素数的前六次幂。

1783年9月18日这天，欧拉整个上午工作生活正常，但下午约5点，他突发脑溢血，烟斗从手中落下，口里喃喃道："我要死了。"随后便失去了意识，晚上约11点，欧拉停止了呼吸。法国哲学家孔多塞为此感叹曰："欧拉终止了生命，也终止了计算。"叶卡捷琳娜二世得知这个消息，即吩咐手下说："今天的宫廷舞会取消吧，因为欧拉去世了。"

在漫长的数学研究中，欧拉留下了博大精深和空前丰富的学术遗产，而其中首推第一的是分析学。他所处的18世纪被称为"分析的时代"，他本人被同时代的人誉为"分析的化身"。

欧拉在分析学领域的许多新发现，系统概括在由《无穷小分析引论》、《微分学原理》和《积分学原理》组成的分析学三部曲中。这三本书是分析学发展史上

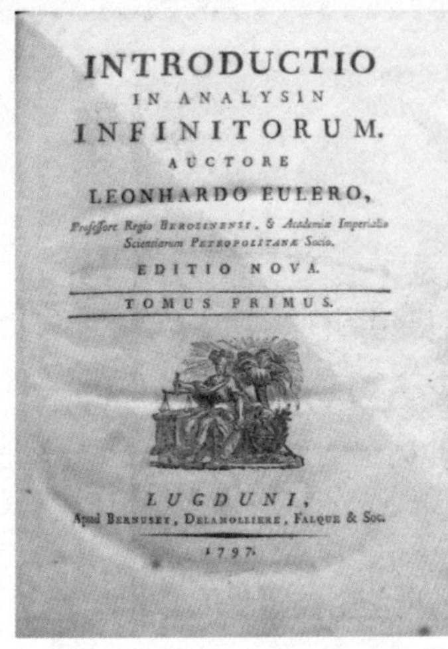
INTRODUCTIO
IN ANALYSIN
INFINITORUM.
AUCTORE
LEONHARDO EULERO,
Professore Regio Berolinensi, & Academiae Imperialis Scientiarum Petropolitanae Socio.
EDITIO NOVA.
TOMUS PRIMUS.
LUGDUNI,
Apud Bernuset, Delamolliere, Falque & Soc.
1797.

《无穷小分析引论》扉页Ⓟ

里程碑式的著作。而其中最著名的《无穷小分析引论》更是数学分析领域流传最广、影响最大的巨著,被比作“分析学的拱顶石”。

《无穷小分析引论》1748年出版,共两卷。第1卷突出强调函数概念,明确宣称“数学分析就是关于函数的科学”。欧拉定义函数是“由变量与若干数或常量通过任意方式组成的解析表达式”,并把函数分为代数函数和超越函数。前者又可分为有理函数和无理函数,有理函数又可进一步分为整式的和分式的。超越函数则包括指数函数、对数函数、三角函数、无理数次幂函数及某些用积分表达的函数。

书中以我们现在所熟知的方式处理了指数、对数和三角函数,普及了对数的指数定义以及三角函数的比率定义,并给出极为著名的欧拉公式 $e^{i\varphi}=\cos\varphi+i\sin\varphi$,建立起了三角函数与指数函数的关系。

此外,欧拉区分了显函数与隐函数、单值函数与多值函数、实变量函数与复变量函数等,并将一些其他的重要结果和发现包括在书的第1卷中,如无穷乘积与无穷级数、连分数、ζ函数及其在数论中的应用、B函数和Γ函数等。

第2卷涉及的是几何学的内容,共分22章,其中详尽说明了由二次方程定义的曲线的性质,并论述了高次平面曲线理论,介绍了平面和空间图形的微分几何。对某些曲线,欧拉使用了极坐标,并对其作了现代方式的描述,还引进了曲线的参数表示。

《无穷小分析引论》的出版标志着微积分发展的新阶段。在此之前,微积分通常是把几何学作为基础,而欧拉则纯粹形式地研究函数,从它们的解析表达式来论证,从而将微积分从几何中解放出来,将它建立在算术和代数的基础之上。此外,此书在规范数学符号方面也做出了表率。现在很多我们习以为常的记号(如sin、cos等)都来自于它。

如果说古代欧几里得的《几何原本》是几何学的基石,中世纪花拉子米的《代数学》是代数学的基石,那么欧拉的《无穷小分析引论》可以被认为是分析学的基石。1748年出版的这部重要的著作,为18世纪下半叶数学的迅速发展充当了源头活水。

1777年 布丰提出投针问题

布丰Ⓦ

说起法国博物学家、数学家布丰，他在科学上最重要的贡献是完成了巨著《自然史》。早年，在父亲的要求下，布丰学习的是法律，但他对科学更有兴趣。在广泛涉猎了当时几乎每个科学分支的基础上，他花了40年时间写成36卷的《自然史》，书中有大量他独立思考后得到的结论。他的成就得到当时人们的广泛尊敬。他去世时，有2万人参加了他的葬礼。

在数学方面，布丰对微积分、几何、概率论都有研究。他最著名的发现则是布丰投针问题。这一问题是他在1777年出版的《或然性算术试验》中提出的：找一根粗细均匀长度为l的细针，并在一张白纸上（或地上）画一组间距为$d\,(l<d)$的平行线，然后一次又一次地将小针随意投掷在白纸上（或地上）。反复投n次后，数出针与任意平行线相交的次数。问针与任意平行线相交的概率是多少？

布丰给出了正确的结果：$p=\dfrac{2l}{\pi d}$。利用这一结果，可以得到一种新颖、奇妙而令人称绝的求圆周率近似值的方法。布丰投针试验令人惊讶地表明，圆周率作为一个完全不是随机的数，可以通过随机试验的大量结果数据统计出来，这吸引了人们极大的关注。它还开创了使用随机数处理确定数的先河，是用偶然性方法解决确定性问题的先导。

布丰投针问题的重要性还在于它在历史上第一次把概率论和几何问题联系起来，是第一个用几何形式表达概率问题的例子。

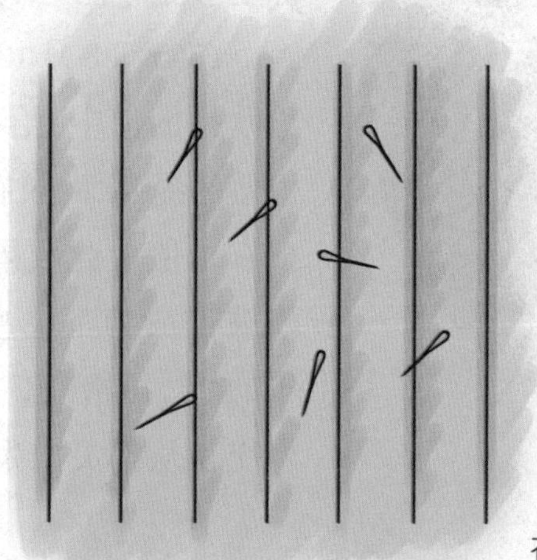

布丰投针实验Ⓢ

1797年 拉格朗日《解析函数论》出版

微积分作为人类智力的伟大结晶，在由牛顿、莱布尼茨创建之后又经欧拉等数学家的努力，获得了极大的发展与广泛的应用。然而，其理论基础的可靠性却一直令人放心不下。贝克莱悖论的提出与第二次数学危机的出现，使微积分理论基础问题引起人们更大的重视。在其后的数十年中，很多数学家试图通过建立严格的微积分理论基础以回击贝克莱的批评。投入这一工作的数学家中包括当时的一位卓越数学家拉格朗日。

拉格朗日Ⓟ

拉格朗日，出生于意大利的法国数学家和天文学家。他的家庭原本富裕且社会地位较高，可是家产被父亲在金融上失败的投机损失殆尽。父亲希望他成为律师，拉格朗日似乎也不反对。他进都灵学院学习，最喜欢的学科是古典拉丁语，对数学并没有兴趣，认为古希腊几何学很枯燥。

达朗贝尔Ⓦ

17岁时，他读了英国天文学家哈雷的一本将代数学应用于光学的著作后，对数学产生了极大的兴趣。他决定以数学作为自己的终生事业。他与欧拉建立了通信联系。

1755年8月12日，19岁的拉格朗日在写给欧拉的信中，给出了用纯分析方法求变分极值的提要，欧拉在9月6日回信中称此工作很有价值。此成果使他出了名。9月28日，他被任命为都灵皇家炮兵学校教授。1763年11月，拉格朗日陪伴一位来自那不勒斯的外交官从都灵出发去伦敦担任新职务，途经巴黎，受到法兰西科学院的热烈欢迎，并初次见到了法国大数学家达朗贝尔。

1765年秋，达朗贝尔向普鲁士国王腓特烈二世推荐拉格朗日。腓特烈二世在给拉格朗日的邀请信中写道：“欧洲最伟大的皇帝邀请欧洲最伟大的数学家到他的宫殿为伴。”但那时欧拉正在腓特烈二世身边，拉格朗日不愿与欧拉争职位。直到欧拉离开柏林后，他才正式接受了邀请，并长期在此工作。1787年，他接受法国国王之邀到巴黎定居。1795年出任巴黎师范学校的数学教授。1797年又兼任巴黎综合工科学校的几何学教授，同年出版《解析函数论》。

拉格朗日对微积分基础方面的研究就体现在这本重要著作中。这本书有一个长长的副标题：“远离无穷小或消失的量，或极限，或流数的任何考虑，而归结为有限量的代数分析。”正如这一副标题所表述的，书中以对此前所有分析基础的鲜明批判为开始，指出前人的所有努力都存在这样或那样的问题。与前人的努力方向不同，在这本打算重建微积分基础的著作中，拉格朗日提出一种完全不同的解决方案。

书中特别强调了幂级数对微积分基础的重要性，假定任何一个函数都能表示成幂级数，并定义任何一个函数$f(x)$都要用$f(x+h)$的泰勒展开式中的系数来表示。由于没有考虑导数的存在性和级数的收敛性，拉格朗日的计划未能实现，但他对函数的这种抽象处理为后人树立了榜样。书中还第一次得到了微分中值定理$f(b)-f(a)=f'(c)(b-a)$ $(a \leqslant c \leqslant b)$，并给出泰勒级数的余项表达式，后称为拉格朗日余项。

拉格朗日通过代数途径使微积分严格化的努力，直接影响了后来的数学家，在后来分析严格化过程中起了极为重要的作用。

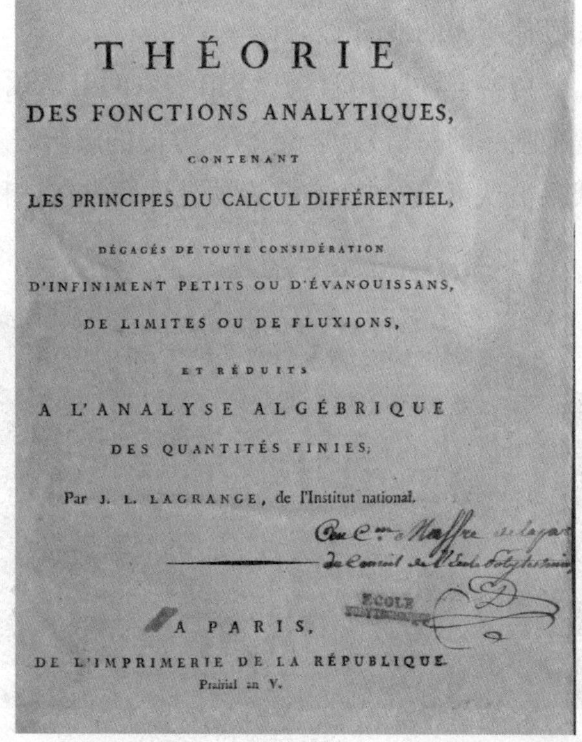

THÉORIE
DES FONCTIONS ANALYTIQUES,
CONTENANT
LES PRINCIPES DU CALCUL DIFFÉRENTIEL,
DÉGAGÉS DE TOUTE CONSIDÉRATION
D'INFINIMENT PETITS OU D'ÉVANOUISSANS,
DE LIMITES OU DE FLUXIONS,
ET RÉDUITS
A L'ANALYSE ALGÉBRIQUE
DES QUANTITÉS FINIES;

Par J. L. LAGRANGE, de l'Institut national.

A PARIS,
DE L'IMPRIMERIE DE LA RÉPUBLIQUE.
Prairial an V.

《解析函数论》Ⓟ

1797年 韦塞尔首创复数的几何表示

16世纪，出于用卡尔丹公式解三次方程时出现的不可约情况，数学家们不得不引入复数。之后，他们越来越熟练地使用了复数。18世纪以后，数学家们把复数用于更多的数学领域，一些新的数学分支也随之产生。复数卓有成效的应用使数学家对它们建立起一些信心。不过，由于在现实世界中没有任何事物可以支持虚数这个概念，复数作为数的地位仍然无法得到确立。复数的被普遍认可还有赖于复数直观意义的建立。首先完成这一任务的是丹麦数学家韦塞尔。

韦塞尔出生于挪威南部德勒巴克附近的韦斯特比，当时挪威被丹麦并吞。而且韦塞尔一生中大多数时间是在丹麦度过的，故一般称他为丹麦数学家。韦塞尔的父亲和祖父都是教堂里的牧师。他兄弟姐妹一共13人，因此家庭经济十分拮据，但他仍然受到了良好的中学教育，并于1763年至1764年在丹麦哥本哈根大学学习了一年。此后，他便长期任丹麦皇家科学院的测量员。作为一名测绘工作者他受到人们的高度评价。丹麦皇家科学院还曾授予他一枚银质奖章，奖励他所做的地图测绘工作。

1797年3月10日，已经50多岁的韦塞尔向丹麦皇家科学院提交了一篇（也是他唯一的一篇）数学论文《论方向的解析表示：一个尝试》。这篇论文的质量和成果被认可，1799年它成为被允许发表在该科学院院刊上的第一篇由一名非科学院院士撰写的论文。

丹麦皇家科学院⓪

在这篇论文中，韦塞尔把复数作为平面上的向量，用+1表示从原点出发的单位正向量，用$+\varepsilon$表示与+1始点相同但与之垂直的单位向量，并规定$(+\varepsilon)\times(+\varepsilon)=-1$，即$\sqrt{-1}=+\varepsilon$。复数$a+\varepsilon b$相当

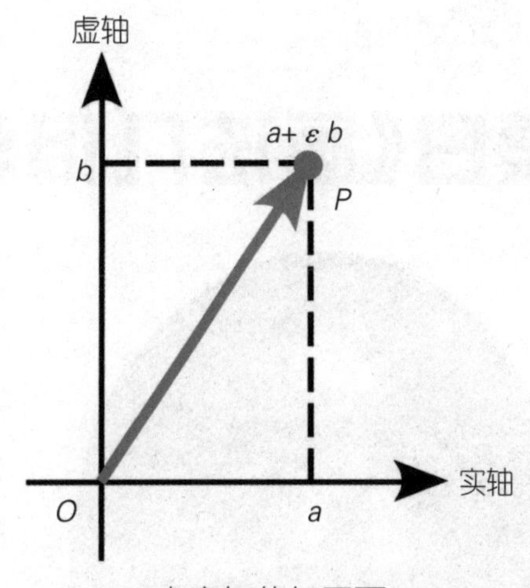

韦塞尔的复平面Ⓢ

于平面上以原点为始点、以(a,b)为终点的向量。他还规定了这种向量的四则运算。其原创性贡献在于，他第一个发现了把两个向量乘起来的方法：把两个向量的长度乘起来，长度取正值；把两个向量的方向角加起来。他指出，只要进行这两步操作，就能得到两个向量的乘积的长度与角度。

韦塞尔还是第一个将一条垂直于实数轴的轴与虚数轴联系起来的人。他在寻常的具有实单位1的x轴外，引进了一根虚轴，以$+\varepsilon$为单位。在他的几何表示中，向量OP是在具有单位$+1$及$+\varepsilon$的平面上从原点O画出的线段OP，这向量用复数$a+\varepsilon b$表示。这种复数表示法，除单位虚数的符号不同外，与现代的复数几何表示完全一致。

简而言之，在这篇具有巨大价值的论文中，韦塞尔引入了复平面，给出复数的向量表示与极坐标表示。他对复数的解释简单明了。他所想到的是现在成为标准的复数表示方法。在这基础上，他还给出了复数的运算方法，并用自己的方法，做了一些精巧的、不同寻常的计算。

然而，由于这篇论文是用丹麦文写的，而且发表在一份在丹麦以外很少有人看的刊物上，因此它没有立刻产生影响。直到100年后的1897年，它被译成法文，才引起人们重视，而韦塞尔，则被人们认定为这方面的先驱。

在韦塞尔的论文发表后，其他一些人走了他所走过的同样的道路。事实上，他的思想在他的论文发表后不到十年就被重新发现了。1806年，自学成才的瑞士人阿尔冈出版了一本小书：《试论几何作图中虚量的表示法》，其中再次发现了复数的几何解释。阿尔冈还第一次引入了模的概念，给出了相当于复数三角表示的表示方法。不过，数学发展史上，在使人们直观地接受复数方面做得最有效的是数学王子高斯。特别是，1831年，他把自己关于复数的思想写在一篇报告中。这为复数的几何解释盖上了批准的印章。

复数的几何表示使人们对虚数真正有一个新的看法，为人们接受复数概念铺平了道路，也为19世纪复变函数论的发展奠定了基础。

1799年

蒙日《画法几何学》出版

蒙日Ⓦ

1746年5月10日，蒙日出身于法国勃艮第地区博讷的一户商人家庭，他父亲非常重视孩子的教育。蒙日首先就读于奥拉托利教会在博讷的学院，其后进入里昂的三一学院，在那里，他在学习一年之后成为一门物理课程的教师，时年仅17岁。1764年，他回到博讷，绘制了该镇的一个大规模平面图，并发明了观测的方法，构建了所需的工具；该平面图被赠予该镇，保存在当地的图书馆内。

一个工程兵军官看过该图之后，将蒙日举荐给梅济耶尔皇家工程兵学校的校长，他被接收为绘图员。他的手工技能得到了恰如其分的赏识，但他很不满意自己的职务。“我一千次受到诱惑，”他很久以后提到，“想要厌恶地扯破我的那些受到尊重的图纸，好像我除此以外一无所长一样。”

22岁时，蒙日的几何才华终于得到一次展现的机会。在一项防御工事掩蔽体的设计中，他采取几何图解法，避开了冗长的、繁琐的算术计算，迅速地完成了任务。经过审核，确认他的方法严密，结果正确。这种方法，正是后来所称的画法几何方法。不久后，他被任命为教师，负责把这个新方法教给未来的军事工程师们。之后在长达15年的时间里，他一直从事这一工作。1794年巴黎师范学校成立，蒙日应邀讲授画法几何学。同年6月，综合工科学校成立，蒙日将画法几何学列为该校的“革命科目”，并亲自担任教学工作。

巴黎的拉雪兹神父公墓内的蒙日胸像Ⓞ

在长期的授课过程中，蒙日不断地融入自己

研究的实例和理论成果，使他的画法几何学日趋成熟。但他的讲授内容作为军事机密，对外一直保密。直到1798年，由于学生们的强烈呼吁，保密令才被取消。1799年，蒙日在任巴黎师范学校教授时讲课所用讲义的基础上，整理出版了《画法几何学》一书。

《画法几何学》1847年第9版Ⓟ

在这本书的序言中，蒙日阐明了这门学科的两个主要目的：为在二维平面上表现三维物体提供方法；根据准确的二维图形推导出三维物体的形状和各个组成部分的相互位置。

为此，蒙日将积累起来的在平面上绘制空间物体图形的理论和实践加以系统化和概括，把各式各样的实际问题归纳为为数不多的几个基本的纯几何问题，并利用位于两个互相垂直的平面上的正投影来表现三维物体。这种用二正交投影面定位的正投影法，后被称为“蒙日法”。

《画法几何学》初版包括五个部分，即画法几何学的目的、方法及基本问题，曲面的切平面和法线，曲面的交线，曲面相贯线作图方法在解题中的应用，双曲率曲线的曲率和曲面的曲率。

除“蒙日法”外，书中还包括：运用了空间曲线与曲面的作图法；蒙日在综合几何方面的最新发现（如现称为蒙日定理的三球公切面定理等），他独辟的新途径重新引起了人们对综合几何的研究兴趣；引进反极变换和虚元素等，为19世纪射影几何学的发展开拓了道路。

但最重要的，《画法几何学》作为第一本画法几何学专著，第一次系统地叙述了在平面上绘制空间物体图形的方法，奠定了图学的数学理论基础，将画法几何学提高到科学的水平，并因此成为画法几何学的奠基之作和经典教本。《画法几何学》的出版标志着画法几何学成为几何学的一个专门分支，而蒙日也以其在理论上的贡献，成为画法几何学的奠基人。

《画法几何学》公开出版后，迅速传入各国，得到广泛的认可和采用，对各国工业的发展起了重要的推动作用。后人曾评价说：“没有蒙日的几何学，也许就不可能有19世纪机器的大规模生产。”

1799年 高斯给出代数基本定理的第一个证明

吉拉尔Ⓦ

在漫长的岁月里，求解代数方程一直是人们关注的一个中心。这一问题是与数的扩充紧密相关的。只有随着数的扩充，许多之前没有解的代数方程才有解。比如，把数的范围限制在整数、有理数甚至实数，都无法保证 $x^2+1=0$ 有解。复数引入后，可以求解更多的方程了。一个随之产生的问题是：一个代数方程在复数范围内是否总有解？有的话，有多少个解？

1629年，法国—荷兰数学家吉拉尔首次提出：对于 n 次多项式方程，如果把不可能的（复数）根考虑在内，并对重根计重数，则应该有 n 个根。这一命题后来被称为代数基本定理。吉拉尔举出几个例子，但没有给出证明。

在吉拉尔提出这一命题后，最初曾有数学家（如莱布尼茨）怀疑这一结果的正确性。但通过争论，越来越多的数学家相信它是正确的，并得到这一命题的几个等价命题。

高斯在其出生地不伦瑞克的雕像Ⓞ

不过，数学家们证明这一结果的努力却长期未能成功。最有代表性的是法国数学家达朗贝尔。他为证明这一定理花了很多时间和努力。1746年，他给出一个证明。但他的证明有不少缺陷。

第一个实质性地证明这个命题的人，是人称“数学王子”的德国大数学家高斯。

高斯的老师比特内尔很早就认识到了高斯在数学上异乎寻常的天赋，同时不伦瑞克公爵也对这个天才儿童留下了深刻印象。于是他从高斯14岁起便资助其学习与生活。这也使高斯能够在1792－1795年在卡罗琳学院学习。

1799年,22岁的高斯提交了自己的博士论文。论文的题目比较长:《每个单变量有理整函数均可分解为一次或二次实因式积的新证明》。高斯用大约三分之一的篇幅证明了:实系数的n次方程总是包含至少一个复根。

高斯的证明隐含着一个假定:直角坐标平面上的点与复数一一对应,即$p\left(x+\mathrm{i}y\right)=0$的复根$a+\mathrm{i}b$对应于平面上的点$(a,b)$。在得到$p\left(x+\mathrm{i}y\right)=u\left(x,y\right)+\mathrm{i}v\left(x,y\right)$后,他将论及的函数分为实部$u\left(x,y\right)$和虚部$v\left(x,y\right)$加以讨论,显然$(a,b)$必定是曲线$u=0$与$v=0$的交点。

然后,通过对这些曲线作定性的研究,他证明一条曲线上的一段连续弧连接着两个不同区域上的点,而这两个区域是被另一曲线隔开的,那么这两条曲线一定相交。所以曲线$u=0$必定与曲线$v=0$相交,而交点(a,b)则对应了$p\left(x+\mathrm{i}y\right)=0$的一个复根$a+\mathrm{i}b$。

在同一篇论文中,他还证明了任何实系数n次多项式能表示成一次和二次实系数因式的乘积。

通常认为,高斯的博士论文给出了代数基本定理的第一个实质性证明。从当时的标准看,他的这一证明是严格的。但以后来的标准看,高斯的证明虽然有高度创

不伦瑞克学院的旧图书馆①

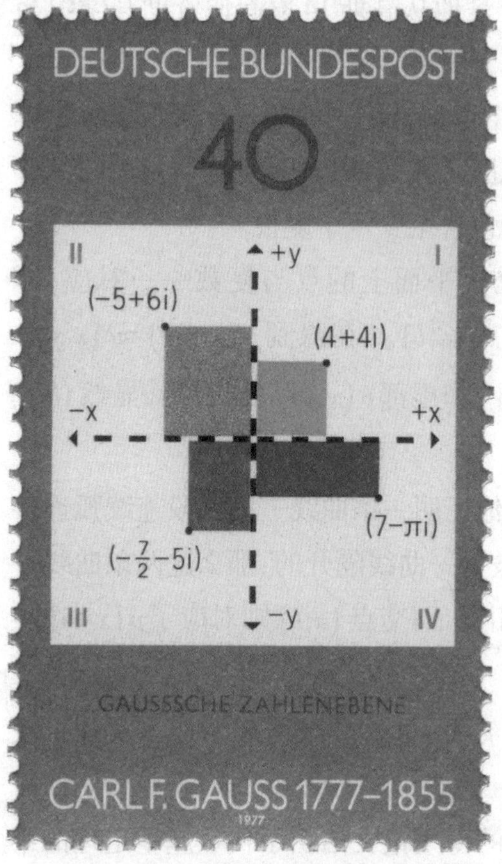

高斯复平面邮票⓪

造性，但并非在逻辑上完美无缺。他证明的关键处要依赖于几何直观，而对这一关键处的严格证明直到1920年才由后人完成。

事实上，就证明的本质而言，有关代数基本定理的证明方法不是代数的而是分析的。任何一个证明都要用到相当深刻的分析结果，因而它的任何严格证明都只能出现在分析的严密化之后。这之前的任何证明必然存在这样或那样的缺陷。

充分认识到这一结果重要性的高斯后来在1815年、1816年又提供了另外两个证明。1849年，在庆祝他的博士学位论文发表50周年的纪念会上，高斯发表了这一结论的第四个证明。这一证明方法跟博士论文上的基本一致，但首次把方程的系数推广到复数，即证明了：对任意复系数多项式方程，至少存在一个复根。

代数基本定理的获证在代数学发展史上具有里程碑式的意义。这一定理的证明产生了多方面的影响。

一方面，这一结果确立了复数作为求解代数方程的理想数系的地位。就其历史意义来说，代数基本定理的被认识与被证明为复数的普遍认可提供了新的理由与新的推动力。至此，复数作为数学家天堂的地位正式确立。

另一方面的影响体现在它的证明方法上。在此之前，人们更习惯于构造性证明。高斯的证明则是一种纯粹的存在性证明，它开创了探讨数学中整个存在性定理的新的途径。这种非构造性证明方法在现代数学中被广泛应用。

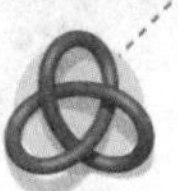

1801年 高斯《算术研究》出版

17世纪，费马开辟了走向近代数论的道路。18世纪，欧拉的一系列成果奠定了数论作为数学中一个独立分支的基础。其后，在法国数学家拉格朗日与勒让德等人的努力下，数论又有了进一步发展。但在数论研究中迈出更大步子，使数论成为一门系统的学科的，则是高斯。

高斯的画像Ⓦ

高斯是数学史上最伟大的数学家之一。在他的童年就显现出了非凡的数学天赋。

高斯的老师比特内尔在发现了高斯的数学才华后，特意从汉堡弄来一本算术教科书给高斯读。高斯很快学完了它。当时比特内尔的助手巴特尔斯只比高斯大8岁，酷爱数学，两人常在一起讨论算术和代数问题。

1795年10月，18岁的高斯离开故乡到格丁根大学学习。1796年3月30日，他用圆规与直尺作出了正17边形。这一成功为他赢得了巨大的荣誉，同时也确定了他的人生道路：把数学作为自己终生的事业。他著名的数学日记也开始于这一天。在这本偶然发现的日记中，记录了高斯的许多伟大的数学成果。包括146条短条目，其中除了两条外都被解释了。

不伦瑞克高斯纪念碑上的正17角星，将其顶点相连，便是一个正17边形Ⓞ

1799年，高斯大学毕业，其博士论文证明了代数基本定理。1801年，高斯出版了他的第一本数学著作《算术研究》。

这部著作共七篇。前三篇属导论性质，介绍初等数论的基本概

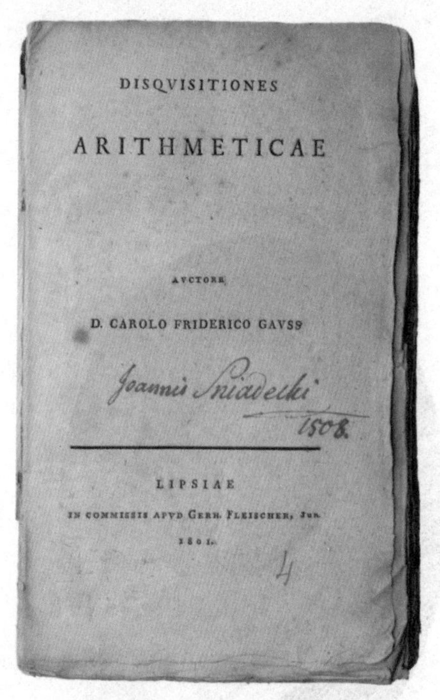

高斯1801年的《算术研究》Ⓟ

念及其简单性质。其中第一篇讨论“一般的数的同余”,定义了同余,并引入了同余记号,证明了同余式具有的基本性质。第二篇讨论一次同余式。第三篇讨论幂的剩余,证明了费马小定理。

第四篇讨论了二次同余式,阐述了二次剩余与二次非剩余。这一部分的重要意义在于,它首次给出了二次互反律的一个严谨证明。这一被高斯称为“算术中的宝石”的结果解决了二次剩余的判别问题,是同余理论的基本定理。

在高斯《数学日记》中,有一条记录表明,他早在1796年4月8日就已得到二次互反律的第一个严格证明。

在篇幅很大的第五篇中,高斯系统地建立并大大扩展了二次型的理论。他在这一部分所发展出来的技术,成了后来一代代数论家所做的大量工作的基础。本篇还讨论了三元二次型。

第六篇把前面的理论应用到各种特殊情形,主要涉及分数、循环小数、解同余方程以及区分合数和素数的准则等。

第七篇是“分圆方程”,这是高斯于1796年宣布已完成正十七边形的作图后首次公开它的理论基础,他提出并证明了一个正多边形可以尺规作图的充分条件。不少人认为此篇是《算术研究》的顶峰。

《算术研究》的出版使高斯马上跻身于第一流数学家的行列。作为高斯的代表作和巅峰作,它出版后马上成为数论中最经典最具权威性的著作。

邮票上的高斯及圆周的正17等分,将等分点相连,便得到一个正17边形Ⓞ

1807年 傅里叶级数提出

数学家傅里叶1768年出生于法国约讷省欧塞尔，父亲是一名裁缝。他9岁丧母，10岁丧父，被家乡的一位主教收养。12岁他被送入镇上一所军事学校就读。13岁时，他开始学习数学，并对数学产生了极大兴趣。16岁时，他就独自发现了笛卡儿“符号法则”的一个新证明。傅里叶的这一成果很快就成为标准证法。

傅里叶Ⓦ

17岁时，傅里叶想当一名炮兵或工程兵，但因家庭地位低下而遭到拒绝。他回到家乡教数学。1794年傅里叶进巴黎师范学校就读，而后去到巴黎综合工科学校执教。1798年他随拿破仑远征埃及。因拿破仑赏识他的行政才能，被任命为伊泽尔省的行政长官。1817年他被选为法兰西科学院院士，其声誉随之迅速上升。后来，他更是成为了法兰西学院院士。

傅里叶在数学和物理上都作出了杰出的贡献。他最重要的科学成就是对热传导问题的研究，以及为推进这一方面的研究所引入的数学方法。1807年12月21日，他向巴黎的法兰西学院呈交了一篇题为“热的传播”的论文。在这篇很长的论文中，傅里叶研究了热在均匀各向同性的介质中的传导问题。

在格勒诺贝尔的傅里叶胸像Ⓞ

他首先把物理问题表述为线性偏微分方程的边值问题来处理，推导出了热传导方程：$\frac{\partial^2 v}{\partial x^2}+\frac{\partial^2 v}{\partial y^2}+\frac{\partial^2 v}{\partial z^2}=k\frac{\partial v}{\partial t}$。他发现，方程的解可以用三角级数来表示。他还断言，定义在有限区间$(-\pi,\pi)$上任意的函数都可表示为三角级数

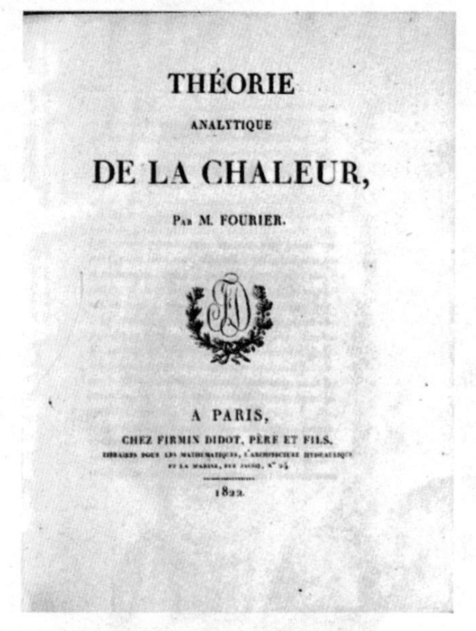
THÉORIE
ANALYTIQUE
DE LA CHALEUR,
PAR M. FOURIER.
A PARIS,
CHEZ FIRMIN DIDOT, PÈRE ET FILS,
1822.

《热的解析理论》
1822年初版首页Ⓟ

(后称傅里叶级数),并推导出了求级数系数的公式,这些正是现今傅里叶级数理论的基本概念。

论文评审人中的拉普拉斯、蒙日等赞成接受傅里叶的论文,但拉格朗日强烈反对,他坚持认为这种三角级数并不能表示图像带有棱角的函数,傅里叶的论文因此未能发表。

为了推动对热传导问题的研究,法兰西学院于1810年悬赏征求论文。傅里叶将自己1807年的论文加以修改后呈交了上去,文中增加了对无穷大物体中热扩散的新分析。在处理这一情形时,傅里叶给出了傅里叶积分及相关的定理。

1812年,傅里叶的论文在竞争中获胜,获得法兰西学院颁发的奖金。但因为有评委批评论文缺乏严格性和普遍性,这篇论文又未能正式发表。

傅里叶认为这是一种无理的非难,他决心将这篇论文的数学部分扩充成为一本书。1822年,他完成并出版了《热的解析理论》一书。

书中系统运用傅里叶级数和傅里叶积分,处理了各种边界条件下的热传导问题,这是分析学在物理学中应用的最早典型例证之一。傅里叶本人也因此成为19世纪法国分析学派的重要代表。

《热的解析理论》作为记载傅里叶级数与傅里叶积分诞生经过的重要历史文献,在数学史,乃至科学史上公认是一部划时代的经典性著作。因其优美,还被人称为“一首伟大的数学的诗”。

由于对函数、积分概念的认识并不清晰,没有考虑傅里叶级数的收敛问题,部分推导缺乏严密性,因此傅里叶的工作在发表之初受到了当时部分数学家的批评与拒绝。但数学的发展表明了傅里叶工作的极端重要性。

傅里叶的工作对纯数学的发展产生了更为深远的影响。在他之后,数学的许多进展都是与傅里叶级数分不开的。正是从傅里叶级数生发出来的许多问题,促成了数学领域中第一流的工作,直接导致后来的数学家在实变分析的各个方面获得卓越的研究成果,并导致一些重要数学分支(如泛函分析、集合论等)的建立。

1812年 拉普拉斯《概率的分析理论》出版

概率论最初没有一个很好的名声：它起源于赌博。不过到了18世纪，雅各布·伯努利等数学家帮它摆脱了“赌徒数学”的恶名。进入19世纪后，在法国著名数学家拉普拉斯的努力下，它更是凭自身的重要性而成为了一门系统的学科。

拉普拉斯Ⓦ

拉普拉斯1749年3月23日出生于法国诺曼底地区的博蒙昂诺日。他十几岁时已显示出特殊的数学才能。1768年，他带着一封推荐信去巴黎拜访科学院负责人达朗贝尔。首次晤面时，达朗贝尔给他一个题目，嘱他一周后交卷，但拉普拉斯一个晚上就完成了。达朗贝尔又给他一个难题，拉普拉斯当场就解决了。达朗贝尔非常高兴，便介绍他到巴黎军事学校执教数学和力学。

从此，拉普拉斯如明星般在科学界迅速升起。他的科学生涯大致可分四个时期：29岁以前初露锋芒，29—40岁取得许多重大成果，40—56岁主要从事科学组织和教育事业，晚年以总结成果和组织管理为主。他是天体力学的主要奠基者，是分析概率论的主要创始人，是应用数学的开拓者，也是科学地探讨宇宙演化理论的先驱之一。

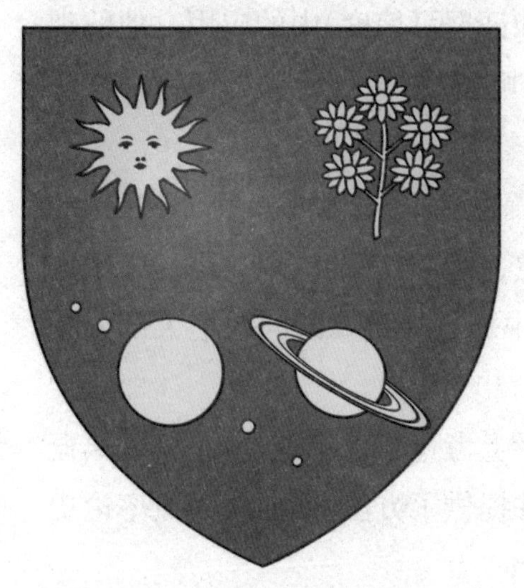

拉普拉斯的侯爵纹章Ⓞ

拉普拉斯最重要的研究领域是天体力学，他的五卷巨著《天体力学》为他赢得了“法国牛顿”的称号。拉普拉斯在其五大卷的《天体力学》中总结了引力理论，于1799—1825年陆续出版。这一时期席卷法国的政治变动，包括拿破仑的盛衰，都未打断他的工作。尽管他与政治有染，但他的威望及将数学用于军事问题的才能保护了他。

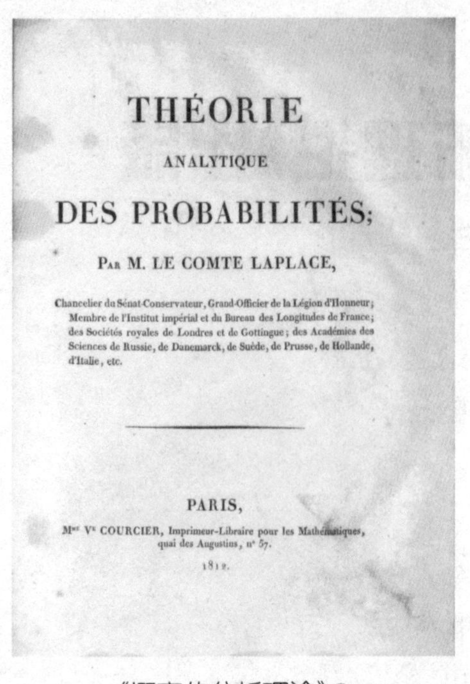

THÉORIE
ANALYTIQUE
DES PROBABILITÉS;
PAR M. LE COMTE LAPLACE,
Chancelier du Sénat-Conservateur, Grand-Officier de la Légion d'Honneur; Membre de l'Institut impérial et du Bureau des Longitudes de France; des Sociétés royales de Londres et de Gottingue; des Académies des Sciences de Russie, de Danemarck, de Suède, de Prusse, de Hollande, d'Italie, etc.

PARIS,
Mme Ve COURCIER, Imprimeur-Libraire pour les Mathématiques, quai des Augustins, n° 57.
1812.

《概率的分析理论》Ⓟ

拿破仑让拉普拉斯当内政部长,但他完全不能胜任,拿破仑便提升他为元老院议员——一个纯装饰性的头衔。拿破仑下台后,波旁王朝复辟,拉普拉斯非但没有获罪,反而被封为侯爵。1816年,他当选为改组后的法兰西科学院院士,1817年成为该院的院长。

拉普拉斯数学方面的贡献主要体现在概率论领域。他自1774年开始发表关于概率论的论文。1812年,他出版了重要著作《概率的分析理论》。

全书共两卷。第1卷"生成函数的计算",主要阐述与概率计算有关的数学方法,如级数变换、微分方程的求解等。通过在概率论中引入更有力的分析工具,拉普拉斯实现了概率论由单纯的组合计算到分析方法的过渡,将概率论推向一个新的发展阶段。

第2卷"概率的一般理论"是全书的主要内容。这一卷从分析转向概率论本身,提供了具体概率问题的解答。它全面归纳总结了拉普拉斯本人和前人有关概率论的成果,对各种类型的概率问题进行了统一处理。书中首次明确给出概率的古典定义,系统阐述了概率论的基本定理。拉普拉斯在这一卷中还处理了概率论在一些专题(如保险、人口统计、决策论和证据可信度)中的应用。他的观点是:通过概率论,数学能够对社会科学发挥影响,就好像微积分是使物理学科数学化的主要工具一样。

1814年这本书出了第二版,拉普拉斯以一篇题为"关于概率的哲学探讨"的论文为序言,重新阐释了概率的定义及发展历史,强调概率的应用,提出"概率论终将成为人类知识中最主要的组成部分,生活中那些最重要的问题绝大部分正是概率问题"的观点。

《概率的分析理论》从各个方面、在各个水平上考量了概率理论,它集古典概率论之大成,为近代概率论的发展开辟了道路并提供了方法,因而成为概率论史上承上启下的经典著作。

1814年
柯西开创复变函数论

复数的几何表示的建立，让更多数学家接受了复数的概念。与此同时，复数也被应用于更多的数学领域。特别是，复数强有力地支持了分析的发展，导致了完美的复变函数论。高斯最早在此领域作出了开创性研究，但他没有公开发表自己的成果。下一个涉足这一领域的是法国数学家柯西。

柯西Ⓦ

柯西出身于法国巴黎的一个高级官员家庭。他的父亲是波旁王朝的官员，在法国动荡的政治漩涡中尽忠职守。由于家庭的原因，柯西本人属于拥护波旁王朝的正统派，是一位虔诚的天主教徒。柯西在幼年时，他的父亲常带领他到法国上议院内的办公室，并且在那里指导他进行学习，因此他有机会遇到议员拉普拉斯和拉格朗日这两位大数学家。柯西从小喜爱数学，当一个念头闪过脑海时，他常会中断其他事情，在本子上算数画图。这引起拉格朗日的注意。据说1801年的一天，拉格朗日当着许多人的面说："瞧这孩子！我们这些可怜的几何学家都会被他取而代之。"

柯西从小就受到良好教育。1805年，他进入巴黎综合工科学校。因为最初想成为一名工程师，1807年他以第一名的成绩转入国立路桥学院（1999年正式改名为巴黎路桥学院）。1809年毕业后去瑟堡任工程师助理，在他的行囊中，装上了拉格朗日的《解析函数论》和拉普拉斯的《天体力学》，在繁忙的工作之余研究数学。1811年，他开始向法兰西科学院提交第一篇论文。1812年他回到巴黎。就在这时，他确定了自己的生活道路：终生献给"真理的探索"，即从事科学研究。柯西后来成为仅次于欧拉的多产数学家。他一生完成了800多篇论文和7本著作。数学中有大批概念和定理以他的名字命名。他去世前最后一句话是：人消逝了，但他们的业绩永存。

开始数学研究后仅仅三年，柯西就为后人留下了他永存的业绩之一。1814

巴黎路桥学院©

年，他在法兰西科学院宣读了一篇论文：《关于定积分理论的报告》。正是这篇原创性的工作，开辟了一个全新的数学分支：复变函数论。

柯西在论文中以解析函数为基础，探讨了复变函数的第一个历史性应用，即复平面上的积分，或所谓的围道积分。

柯西试图将由欧拉及拉普拉斯研究过的求二重定积分的问题及方法严格化，以把积分路径拓展到复平面中，实现“用直接的严格的分析方法建立从实到虚的移植”。他在文中讨论了在流体力学研究中出现的二重积分更换次序问题，引进了柯西—黎曼方程。柯西指出这两个方程包含了由实到虚(复)过渡的全部理论。

在这篇论文中，柯西还提出被积函数有无穷型间断点时主值积分的观念，并利用自己的积分定理计算了一些广义积分。一些稀奇古怪而且样子简直是万般神奇的定积分，在他的积分定理这一有力武器下被轻易攻克。

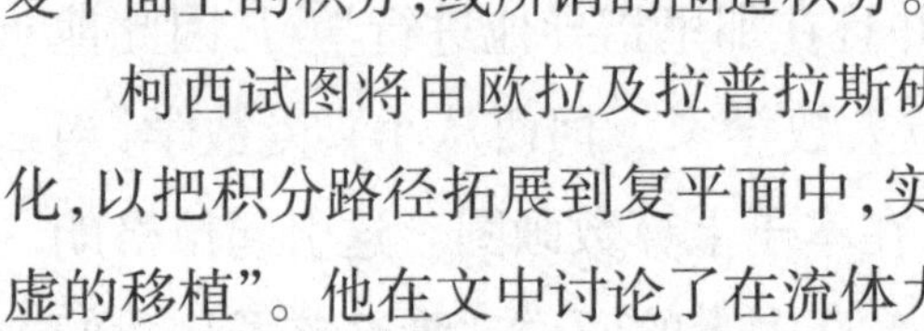

邮票上的柯西与柯西积分定理©

作为单复变函数论基础的“柯西积分定理”的提出，标志着复变函数论作为数学的一个独立分支已见端倪。柯西也因自己在这方面的工作而被看作复变函数论的奠基人。

1821—1823年 柯西初步完成分析学的严格化

微积分在17世纪建立以后，飞速向前发展，18世纪达到了空前灿烂的程度。其内容之丰富，应用之广泛，令人目不暇接。它的推进是如此迅速，以致人们来不及检查和巩固其理论基础，结果，以贝克莱悖论为代表，各种非难纷至沓来，导致了第二次数学危机。此后，一方面数学家们尝试弥补微积分的逻辑漏洞，但收效甚微；另一方面，数学家坚信"坚持，你就会有信心"，于是往往不顾基础的薄弱而大胆前进，忙于把大厦建得更高。

巴黎综合工科学校的门楣⓪

到19世纪初，由于分析中有着多得惊人的含混之处，出现了更多的悖论，而且分析基本定理的证明，也常常因为依赖于物理或几何而不严格。许多数学家对这一状况开始表示不满。于是，一个在严格化基础上重建微积分的任务被提到数学家的议事日程上，许多数学家开始转向这方面的工作。其中，真正取得成功并产生巨大影响的是柯西。

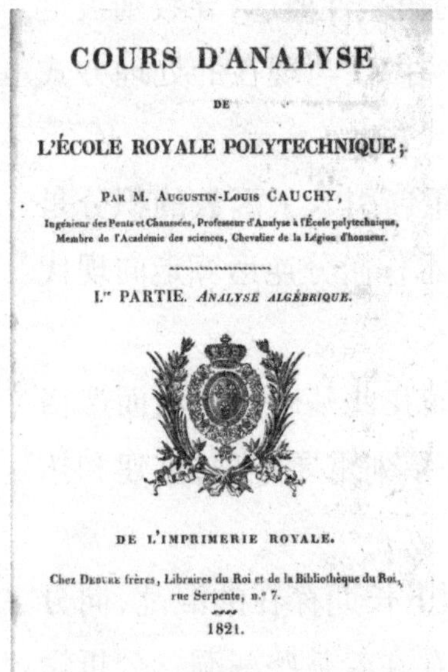
COURS D'ANALYSE
DE
L'ÉCOLE ROYALE POLYTECHNIQUE;
PAR M. AUGUSTIN-LOUIS CAUCHY,
Ingénieur des Ponts et Chaussées, Professeur d'Analyse à l'École polytechnique, Membre de l'Académie des sciences, Chevalier de la Légion d'honneur.
I.re PARTIE. *ANALYSE ALGÉBRIQUE.*
DE L'IMPRIMERIE ROYALE.
Chez DEBURE frères, Libraires du Roi et de la Bibliothèque du Roi, rue Serpente, n.° 7.
1821.

《皇家综合工科学校分析教程》Ⓟ

1821年柯西在巴黎综合工科学校任教期间，发表了《皇家综合工科学校分析教程》（简称《分析教程》），引进了微积分基础中的新方法。1823年，他又发表了《在皇家综合工科学校课程中关于无穷小计算的概要》（简称《无穷小计算教程概要》），初步完成了分析学的严格化。

在关于微积分基础的众说纷纭的争议中，柯西看出核心问题是极限。因此，他从极限定义出发，确立了以极限论为基础的现代数学分析体系。

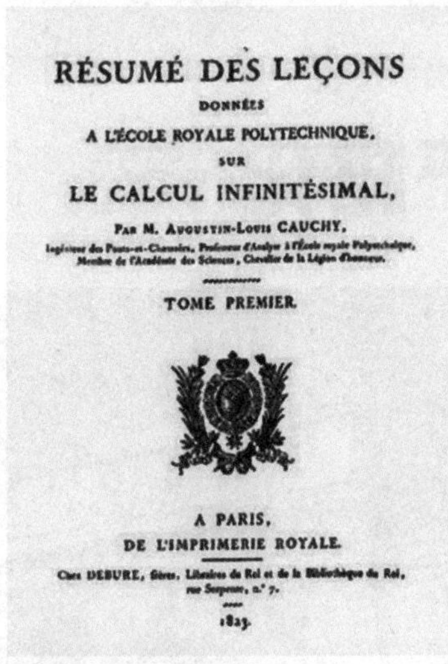

RÉSUMÉ DES LEÇONS
DONNÉES
A L'ÉCOLE ROYALE POLYTECHNIQUE,
SUR
LE CALCUL INFINITÉSIMAL,
PAR M. AUGUSTIN-LOUIS CAUCHY,
Ingénieur des Ponts-et-Chaussées, Professeur d'Analyse à l'École royale Polytechnique,
Membre de l'Académie des Sciences, Chevalier de la Légion d'honneur.

TOME PREMIER.

A PARIS,
DE L'IMPRIMERIE ROYALE.
Chez DEBURE, frères, Libraires du Roi et de la Bibliothèque du Roi,
rue Serpente, n.° 7.
1823.

《无穷小计算教程概要》Ⓟ

在《分析教程》的开篇,柯西给出了极限的定义:"当一个变量相继取的值无限接近于一个固定值,最终与此固定值之差要多小就有多小时,该值就称为所有其他值的极限。"

为了能"利用无穷小来达到严格化",柯西重新定义了无穷小量:"当同一变量逐次所取的绝对值无限减小,以致比任何给定的数还要小,这个变量就成为人们所称的无穷小或无穷小量。这类变量以零为其极限。"柯西的无穷小不再是一个无限小的固定数,而是一个极限为零的变量,被归入到函数的范畴。于是一直桀骜不驯的无穷小量就这样被驯服了。

此外,柯西还对高阶无穷小、无穷大、高阶无穷大作出与现在基本相同的定义。柯西还定义了级数的收敛和发散,陈述了现在所称的关于收敛性的"柯西判别准则"。关于具体的级数收敛判别法,柯西给出了比较判别法,并用这种方法证明了根式判别法和比率判别法。对于既有正项也有负项的级数,柯西以绝对收敛的思想予以处理,证明了交错级数判别法。他还指出了如何计算两个收敛级数的和与积,特别是如何求出一个幂级数的收敛区间。

在《无穷小计算教程概要》中,柯西用他关于极限的新思想研究了导数和积分,定义了连续、导数、微分、积分等概念,使微积分中的这些基本概念建立在较坚实的基础上。而在柯西之前,人们通常是把微分作为第一性概念,导数则被定义为微分的商。在导数基础上,柯西定义了微分。这一做法与现在的处理方式一致,却彻底颠倒了在他以前的做法。

对积分的概念,柯西也作出了成功的扭转。柯西重新引入了函数的积分是和的求极限过程这一观念。他的定义成为从仅把积分看作微分逆运算走向现代积分理论的转折点。

在对微积分的基本概念给出明确定义后,柯西进而在此基础上简洁而严格地证明了微积分基本定理、中值定理、洛必达法则等一系列重要定理,重建和拓展了微积分的重要事实。

柯西的工作在一定程度上澄清了微积分基础问题上长期存在的混乱,向分析学的全面严格化迈出了关键的一步。但他的理论也存在着某些漏洞。分析学的全面严格化还要通过19世纪下半叶的"分析算术化"来完成。

1828年 高斯《关于曲面的一般研究》出版

让我们设想一些生活在球面上的二维生物。它们的感觉能给它们关于自己生存其中的二维世界的信息，但这个世界之外是否天外有天，它们没有任何经验。那么，这些没有三维经验的二维“球面生物”能否利用数学断定自己是生活在平坦的地面上还是生活在弯曲的球面上呢？高斯引入的一个全新思想回答了这个问题。

1838年的《天文学通报》中高斯的肖像Ⓦ

1801年，《算术研究》的出版为高斯在数学界赢得极高的赞誉，这时候的他年仅24岁。1802年，他又因为准确算出谷神星的轨道，而一“算”成名，被认为是当时最伟大的数学家。

在早年的这些岁月里，由于有不伦瑞克公爵的经济资助，高斯得以全身心地投入到数学研究中。然而，1806年，不伦瑞克公爵在与拿破仑的战争中受重伤去世，高斯失去了赞助人，不得不出去找一份工作。1807年，高斯出任格丁根天文台台长。这一职业选择对他后来的研究产生了很大影响。

不伦瑞克公爵Ⓦ

1817年，他一部分天文研究被测地工作所替代。从1818年至1825年，他每年夏天都要到野外为汉诺威王国进行艰苦的大地测量工作。对他花费巨大精力于野外测量，当时有人表示惋惜，认为这是浪费了他的才华。但高斯觉得自己做了一件实际有效的工作，并且因此获得的津贴可以改善自己的经济状况。

高斯全力关注测地工作的十年（1818—1828），还是他创造活动的又一个高峰期。其中

格丁根大学的老天文台Ⓞ

一项可以永垂青史的理论成果是《关于曲面的一般研究》(1828年出版),这是他植根于大地测量,积10多年思考测地问题所得之精萃。他在这本差不多50页的小书中提出的新观念,成为此后长达一个多世纪微分几何研究的源泉。

在高斯之前,一些数学家如牛顿、欧拉、蒙日等已经开始把微积分方法应用于几何问题,如考察曲线、曲面的某些性质。不过,他们开创的这类研究,只能说是微积分在几何上的应用。正如高斯所写:“尽管几何学家对曲面的一般探讨给予了很多关注,而且他们的结果涉及了高等几何领域的相当一部分,但这一学科非但仍然没有探究完,而且可以说迄今为止只有一小部分极富成果的领域得到了研究。”

高斯把欧拉提出的一个曲面的参数方程 $x=x(u,v)$, $y=y(u,v)$, $z=z(u,v)$ 作为研究的出发点,但他随后引入的一系列概念与定理,远远超越了欧拉在这一领域所做的工作,决定了这一学科的发展方向。

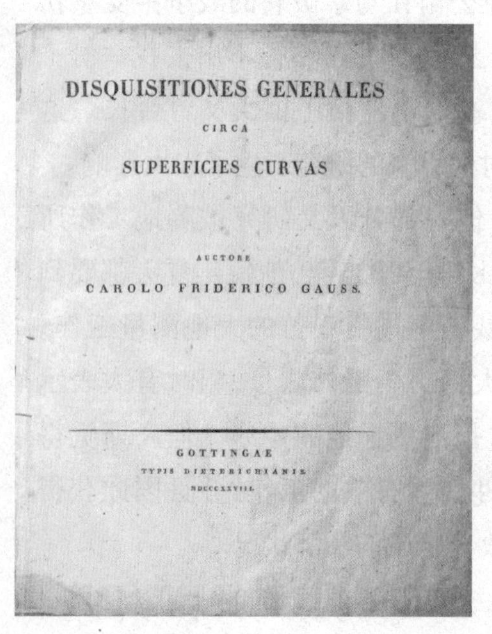

DISQUISITIONES GENERALES
CIRCA
SUPERFICIES CURVAS
AUCTORE
CAROLO FRIDERICO GAUSS.

GOTTINGAE
TYPIS DIETERICHIANIS.
MDCCCXXVIII.

《关于曲面的一般研究》Ⓟ

高斯先是定义(任意曲面上的基本量)弧长元素为:

$ds^2 = E(u,v)\,du^2 + 2F(u,v)\,du\,dv + G(u,v)\,dv^2$,其中 E,F,G 是 u,v 的函数,并且它们在整个曲面上从一点到另一点是连续变化的。

这个被称为第一基本形式的结果现在是曲面上微分几何的制高点之一。高斯以它为起点,得到了关于曲面的许多几何性质。

高斯认识到曲面研究中曲率的重要性,他推广了平面曲线曲率的概念,定义了一个曲面在任一点处的曲率(现称为总曲率或高斯曲率)。在经过大量微分运算后,他得到了现代微分几何中著名的高斯公式与高斯方程。接下来他证明了一个卓越的定理:总曲率只依赖于E,F,G。高斯这一不寻常的发现,意味着曲面的总曲率可以内在地从曲面的特性中探知。所谓"内在地探知",是指完全在曲面上进行度量。这意味着,二维"球面生物"如果懂得微分学,它们完全可以在看不到三维空间的情况下,通过测量计算曲率认识到自己居住的球面是弯曲的。

不仅如此,曲面上曲线所围区域的面积,以及曲面上两方向的夹角等,它们的计算公式都完全由E,F,G确定。即只要ds^2有意义,依据第一基本形式,便可度量这些几何性质。这些"内蕴的"几何量,都不依赖于背景空间。

由此,高斯提出了几何史上一个全新的重要概念:曲面本身可以看成是一个空间,它的全部性质被E,F,G确定,这样一来,人们就可以完全忘掉曲面位于三维空间这一事实。这一思想标志着以研究曲面内在性质为主的内蕴微分几何的创立。

高斯在这部著作中继续讨论了曲面上极其重要的测地线(弯曲曲面上两点之间的最短路径,类似于平面上的直线)。对于一个由测地线构成的三角形,他还证明了一个著名定理,这个定理实际上就是"平面上三角形内角之和等于π"在曲面上的推广。高斯认定这是"最精美的定理",它后来被博内推广,现称高斯-博内公式。

高斯的这部著作开创了曲面的内蕴几何学,为微分几何的发展开辟了全新的方向。作为微分几何学史上的一座里程碑,它已成为现代数学最重要的奠基性经典著作之一。

1829年 罗巴切夫斯基《论几何学原理》发表

约公元前300年古希腊数学家欧几里得的《几何原本》,是数学发展史上一座不朽的丰碑。然而,这本著作自问世起就有一个疑问萦绕在人们心头。

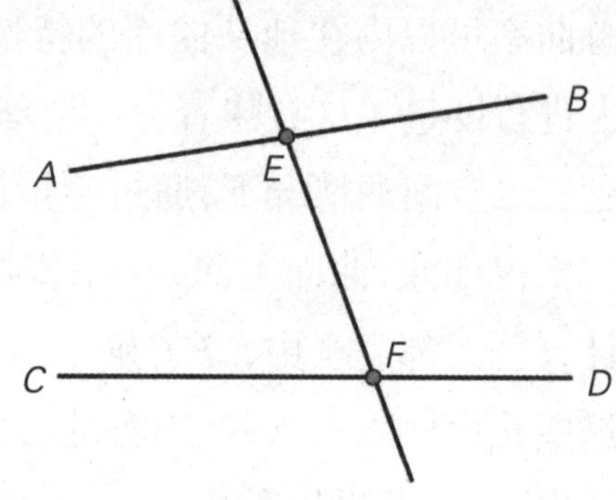

欧几里得第五公设示意图Ⓢ

在这本著作中,欧几里得以五条公设作为逻辑推演的前提,让整个几何学大厦建筑在它们之上。这些公设中,有四条看上去极易让人理解并接受。唯独第五公设显得有点别扭。欧几里得把这一公设表述为:同平面内一条直线和另外两条直线相交,若在某一侧的两个内角的和小于两直角的和,则这两条直线经无限延长后在这一侧相交。

如上图所示:直线EF和另外两条直线AB、CD相交,并且左侧两个内角的和(即$\angle AEF+\angle CFE$)小于两直角和,结论是直线BA与DC在延长后必定会在左侧相交。

人们怀疑第五公设是一个可以证明的命题,因而是一条定理。为了把第五公设从公设中剔除,在欧几里得时代之后两千多年的漫长岁月中,数学家们一直寻求第五公设的证明。但无数的尝试与努力,都以失败告终。

由于正面的努力一直没有成功,到18世纪时许多数学家开始尝试用反证法讨论第五公设,即从第五公设不成立的情况入手,追究能否由此得出矛盾的结果。

最早试探这条道路的是意大利数学家萨凯里,之后是瑞士数学家兰伯特等。沿这条途径取得的进展昭示着一门新几何正在孕育中。可惜的是,当走到非欧几何的门槛前时,由于深受传统几何观念和习见空间概念的束缚,他们丧失了发现新几何的契机。

创立新的几何观念,还需要新人物的出场。奇妙的是,“犹如紫罗兰在春季到处开放”(W·波尔约语),19世纪3位不同国籍的数学家几乎同时灵感喷发,各自独立地迈出了决定性的一步,从而在数学史上共享了非欧几何创建者的荣誉。

罗巴切夫斯基Ⓦ

最早认识到可能存在一种新几何学的，是高斯。但他怕引起“蠢人的叫喊”，因而在生前没有公开发表过有关论著。略晚于高斯，21岁的匈牙利数学家J.波尔约于1823年完成论文《空间的绝对几何学》。在这不同凡响的二十几页论文中，他“从乌有创造一个新奇的世界”，构造出一种他称之为绝对几何的新几何学。稍晚于J.波尔约迈出这一步，但论述最完整、深入，并坚决捍卫这种新几何学的，是俄国数学家罗巴切夫斯基。

罗巴切夫斯基出生于一个贫穷的家庭。1807年春，14岁的罗巴切夫斯基升入喀山大学，从此与这所学校结下了不解之缘。从学生到教授，从系主任到校长，他在这里度过了40个春秋。作为一名学生，他听过许多著名教授的课，并以杰出的数学才能赢得了教授们的欣赏。作为一名教师，他教授过许多门数学和物理课程，并于1822年成为常任教授。作为一名行政人员，他在喀山大学担任过许多种职位。由于他表现卓著，1827年被选举担任校长。由于他工作敬业，数年之后喀山大学就成为俄国的一流大学。

但是罗巴切夫斯基的数学研究之路，则坎坷得多。

喀山大学Ⓒ

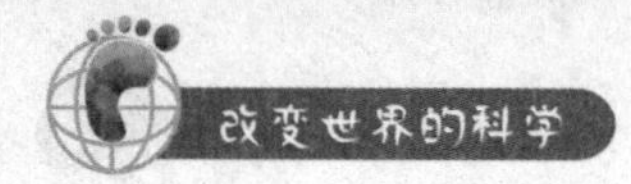

罗巴切夫斯基从1816年着手研究第五公设。最初他试图给出第五公设的证明，但很快意识到自己的证明是错误的。前人和自己的失败从反面启迪了他，于是他掉转方向，在“过平面上直线外一点，至少可引两条直线与已知直线平行”的假设下，依照严格的逻辑推理进行推导。结果，他得到一连串令人惊异的，甚至是不可思议的，但没有任何逻辑矛盾的命题，从而发现了一种新几何。在这种几何里，三角形的内角之和小于两直角；如果两个三角形的三个角对应相等，那么它们就全等……

罗巴切夫斯基相信自己的新几何可以同欧氏几何一样成立，同时，他把自己得到的新几何体系称为“虚几何学”。1826年2月23日，罗巴切夫斯基在喀山大学物理数学系学术会议上宣读了他的第一篇有关这种新几何的论文《几何学原理及平行线定理严格证明的摘要》。这标志着非欧几何的诞生。然而，他的论文却并未引起任何人的兴趣，后来连原稿也被遗失了。

1829年，他又把这一发现写成论文《论几何学原理》，发表在《喀山通讯》上，其中前三分之一的内容来自1826年的论文。这成为历史上第一篇公开发表的非欧几何文献。

1832年，他把《论几何学原理》一文送交圣彼得堡科学院，由数学家奥斯特罗格拉茨基审查，可是这位著名学者的结论是：“罗巴切夫斯基先生的论著根本不值得科学院去关注。”他还在1834年出版了一本嘲笑罗巴切夫斯基论文的小册子，用极其挖苦的语言对罗巴切夫斯基进行了指责和攻击。

喀山的罗巴切夫斯基纪念碑①

面对各种挫折与攻击，罗巴切夫斯基表现出非凡的勇气。他不断发表文章、出版书籍，系统论述非欧几何学的原理及应用，坚定地宣传和捍卫着他的新几何学，在孤境中为其生存和发展奋斗了30多年。

直到1868年，在罗巴切夫斯基去世十多年后，这种新几何学终于得到了普遍的认同。人们开始高度评价和赞美罗巴切夫斯基的独创性研究，这一不同于欧氏几何的新几何被称为罗氏几何，他本人则被赞誉为“几何学中的哥白尼”。

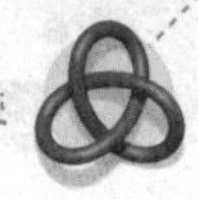

1829—1832年
伽罗瓦确立群论基本概念

伽罗瓦Ⓦ

数学是永不止步的，一个问题的解决常常意味着另一新问题的诞生。当16世纪意大利数学家费拉里发现了四次代数方程的一般解法后，数学家们自然就想对五次和五次以上的方程也找出一般解法。这种一般解法也叫根式解。在寻找高次代数方程根式解的漫漫征程上，首先是挪威数学家阿贝尔取得了突破性进展，他证明了：一般的五次（或五次以上）的代数方程没有根式解。但人们早已认识到有些特殊的五次（或更高次）方程是有根式解的。于是，阿贝尔还留下了一个问题：到底什么样的高次方程能用根式求解而哪些不能呢？思考并给出这一问题完美解答的是整个数学史上最具传奇色彩和悲剧色彩的法国数学家伽罗瓦。

伽罗瓦出生于法国的乡村小镇雷恩堡，父亲是该镇的镇长，母亲是一位受过良好教育但行为古怪的女士，伽罗瓦童年时代的教育由母亲亲自负责。12岁时，父母决定送他去巴黎一所正规的寄宿制学校就读。当他学到数学时，他被这门学科迷住了。没多久，他听到的数学课、他用的教科书，就变得太浅显了。

当年的巴黎综合工科学校Ⓦ

17岁那年，伽罗瓦不顾老师的忠告，也不做充分的准备，就决定去参加巴黎综合工科学校的入学考试。结果他落榜了。回到原来的学校继续读书时，他选择了一些比较高级的课程，它们是由一位杰出的教师里夏尔讲授的。在这段时间里，伽罗瓦显示了他在数学方面的超人优势。在

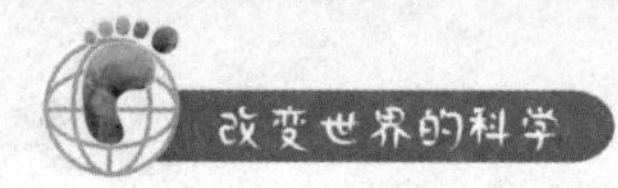

对方程理论认真地进行了一番研究之后,1829年5月,伽罗瓦向法兰西科学院提交了两篇包括他那些基本发现的论文,科学院委派柯西来做伽罗瓦这篇论文的审稿人。但是至今都不知什么原因,这两篇论文都没有被准许发表。

一连串不幸与厄运接踵而来。1829年7月2日,伽罗瓦的父亲遭到阴险小人算计,不堪羞辱,在伽罗瓦就读的那所学校附近自杀了。同年8月,伽罗瓦在巴黎综合工科学校的入学考试中再次失败,这时他唯一的选择就是参加巴黎师范学校的入学考试。他突出的数学成绩使他得到了于1829年末入学的通知书。他狂热地继续着他的数学研究,包括他在代数方程理论方面的工作。他于1830年2月将这项新工作——《论方程可用根式解的条件》提交给法兰西科学院,以角逐该科学院的数学大奖。这项杰出的原创性工作原本应该为他赢得这个奖,但是厄运再次横插一杠。这次,他的论文平安地到了科学院秘书傅里叶的手中,傅里叶决定在家审阅,但是他还没来得及审阅,就于1830年4月去世了,而且人们在他的遗物中怎么也找不到这篇论文。

1831年1月,伽罗瓦第三次提交自己关于方程理论的论文,这次的审查者是数学家泊松。10月,他接到泊松的退稿信,泊松声称"他的论证既不够清晰,又不够详尽,使我们无法判断其严格性"。伽罗瓦渴望得到数学界认可的希望破灭了。与此同时,他的个人生活开始分崩离析。

1830年7月,法国爆发了一场革命,史称七月革命。伽罗瓦希望表明自己的立场,并投入这场革命,就写了一封信给《学校公报》,信中批评了他那所学校的校长和学生们对政治的冷漠。他被开除了。之后,他两次被捕。1832年4月底,他被释放。获释后不久,伽罗瓦就因为一名与他有感情瓜葛的女子而受到他人嘲笑,不得不卷入了一场决斗。5月29日,决斗前夕,深信自己将在这场决斗中死去的伽罗瓦彻夜都在疯狂地整理着他的数学思想和数学发现。他把他的工作和其他论文托付给他的朋友舍瓦利耶,请求他把它们

反映1830年法国七月革命的油画Ⓦ

交给数学家雅可比或高斯审阅。第二天，在致命的决斗中伽罗瓦受重伤并于次日离开了人世，年仅21岁。他研究数学只有5年，他稍纵即逝的生涯给数学留下了永恒的遗产。

死于决斗的伽罗瓦Ⓦ

伽罗瓦在探讨代数方程根式可解性问题时，引入了他最为重要的数学贡献：群的概念与思想。他注意到每个方程都可以与一个置换群联系起来，现在称这种群为伽罗瓦群。伽罗瓦的一个伟大发现是：在伽罗瓦域与伽罗瓦群之间存在的一种对应关系。伽罗瓦证明了一元n次方程能用根式求解的一个充要条件是该方程的伽罗瓦群为可解群。其想法大致是：将每个方程对应于一个域，即含有该方程全部根的域（现称为方程的伽罗瓦域），这个域又对应一个群，即这个方程的伽罗瓦群。这样，他就把代数方程根式可解性问题转化为与方程相关的置换群及其子群性质的分析问题。这一重大突破可用群论的语言表述如下：一个方程式在一个含有其系数的数域中的群若是可解群，则此方程式是可以用根式解的，而且只有在这个条件下方程式才能用根式解。

作为这一"美妙的定理"的应用，可以轻易地证明以前人们已经熟悉的结论：不超过四次的代数方程都有根式解，同时也可以证明一般的五次及高于五次的代数方程没有根式解。

伽罗瓦对"什么情况下有可能找到多项式方程的根式解"的完美解答，使代数方程根式求解这个在数学史上让人深感兴趣的问题得到圆满而彻底地解决。因此，他的工作标志着代数方程求解故事的结束。伽罗瓦理论被认为是19世纪对代数学的一个具有高度原创性的贡献。但他为解决问题而创造性地引入的全新的"群"概念与"群论"思想，则开辟了代数学的新天地，标志着群故事的开始。伽罗瓦因此被认为是近世代数的创始人。

伽罗瓦的天才工作体现在1829—1831年间完成的几篇论文中。1846年，法国数学家刘维尔将伽罗瓦的论文编辑发表在极有影响的《纯粹与应用数学杂志》上。伽罗瓦生前几乎不为人所理解的工作，在其去世十几年后终于发射出灿烂的光辉。

1841—1856年 魏尔斯特拉斯使数学分析严格化

在柯西之后，在数学分析严格化的过程中作出重要贡献的是德国数学家魏尔斯特拉斯。

魏尔斯特拉斯Ⓦ

魏尔斯特拉斯出生在一个海关官员家庭。在父亲的要求下，1834年8月魏尔斯特拉斯进入波恩大学攻读财务与管理。约在1837年底，他立志终生研究数学。于是在没有取得学位的情况下，他离开波恩大学。1842年秋，魏尔斯特拉斯成为一位正式的中学教师，在几所不同的中学一教就是十多年。在繁重的教学任务之余，在极差的科研条件下，魏尔斯特拉斯孜孜不倦地钻研数学，完成了许多论文，有的甚至是划时代的论文，可惜只能发表在学校的刊物上，没有也不可能引起世人注意。1854年他在著名数学刊物《纯粹与应用数学杂志》上发表了《阿贝尔函数论》。这篇后来被誉为“科学中划时代的工作之一”的论文出自一个名不见经传的中学教师之手，引起整个数学界瞩目。

魏尔斯特拉斯在数学分析领域中的最大贡献，是以$\varepsilon-\delta$语言系统建立了分析学的严格基础。他给出的$\varepsilon-\delta$定义只建立在数与函数的概念上，第一次使极限和连续性摆脱了对几何和运动的依赖，从而使一个模糊不清的动态描述，变成为一个叙述严格的静态观念。

作为数学严格化的典范，魏尔斯特拉斯还首先用递增有界序列定义无理数，建立了严格的实数理论；严格证明了微积分中许多重要定理；对于函数项级数，1842年魏尔斯特拉斯引进了极其重要的一致收敛概念，并给出广泛使用的判别一致收敛的M判别法，完善了级数理论等。

魏尔斯特拉斯的这些工作为数学分析建立了坚实的基础，他以勇于批判的精神和深邃的洞察力，使“任何想当然的、未经证明的东西没有立足之地”，为数学分析的严格化作出了不可磨灭的贡献。

1843 年 哈密顿发现四元数

在数学发展中，数经历了多次扩充。在复数被普遍认可后，一个非常自然的问题是：数还能继续扩充吗？能不能将复数再作进一步扩充？

哈密顿ⓦ

1837 年，爱尔兰数学家哈密顿在《共轭函数及作为纯粹时间的科学的代数》一文中，首先对复数的实质作出了解释。

哈密顿是历史上著名的神童之一。天赋超群的他不到10岁就已掌握了多种语言。但后来，他的兴趣转向了数学。

哈密顿指出，复数$a+bi$不是2+3 意义上的和，加号的使用是历史的偶然，而bi是不能加到a上去的。也就是说，复数是个二维的概念，1 和 i 分别是这两个维上的单位(元)。于是，哈密顿开始思考如何引进它的三维类似物。他首先想到把这种“类似物”表示为$a+bi+cj$的形式，但很快发现复数的模法则对这种三维“类似物”不成立。

于是，哈密顿只好另辟蹊径。他为此付出了十多年的心血，直到1843 年10 月16 日。那天，哈密顿携夫人去都柏林出席爱尔兰皇家科学院会议。当步行到布鲁厄姆桥的时候，他突然有了灵感。由于找不到纸笔，他随手取了颗石子，在桥墩上刻写下了乘法表。现在，原来的刻痕早已被岁月风雨侵蚀殆尽，但那座桥上装嵌了一块水泥板来纪念这个数学史上的伟大事件。

布鲁厄姆桥侧的铭牌ⓞ

原来，哈密顿意识到三元

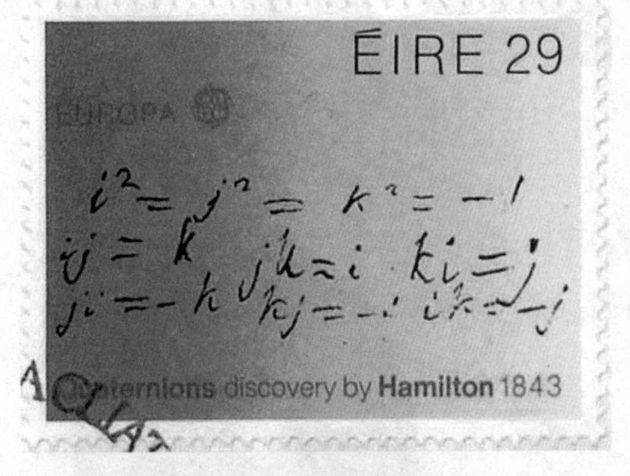

爱尔兰发行的纪念哈密顿发现四元数邮票⑩

数不能形成一个有用的代数，而四元数则可以。换句话说，在从实数到复数后，下一步不是到三元数，而是直接跳跃到四元数。

四元数是形如 $a+bi+cj+dk$ 的数，其中 i，j，k 起着 i 在复数中所起的作用。在这次灵感中，哈密顿弄清了 i，j，k 的相乘法则。但为了引入四元数，他必须做出一个让步：放弃乘法的交换律！即对两个四元数 q_1 和 q_2 来说，一般有 $q_1q_2 \neq q_2q_1$。

在四元数之后，人们很快又得到了八元数。在八元数系中，除了放弃交换律外，人们不得不还要放弃乘法的结合律。后来，人们证明了：实数、复数、四元数、八元数是仅有的可以进行加减乘除运算的代数系统。

1843 年，哈密顿在爱尔兰皇家科学院会议上宣告了四元数的发明。他相信这个创造和微积分同等重要，四元数将会是数学和物理学中的关键工具。为此，对四元数具有无限热情的哈密顿为发展这个课题付出了余生。然而，四元数的命运却一波三折，并且大大出乎他的意料。

四元数理论一经问世，便引起了数学家和物理学家的讨论。它带给数学家们的是一次震动。四元数代数是一个独立的宣言，它把代数从自然数及其自然法则的束缚下永远地解放出来了。它的出现为其他类型的代数开启了广阔的前景。从此，数学家突破了实数与复数的框架，能比较自由地构造各种新的代数系统。

但很长的时间里，四元数辜负了哈密顿的期望，辜负了他生命最后 20 年的辛勤努力。事实证明，四元数不是物理学家真正需要的东西，它的地位后来被更方便的向量分析所取代。而在数学上，四元数也只是出现在个别深奥的高等代数领域，更多的时候它是数学史上一件很有趣的古董。

然而奇妙的是，近些年来，四元数的地位却出现了反转。它的重要性逐年增强。现在，如果哈密顿地下有知的话，他会极其欣慰地看到，他的四元数虽然没有沿着自己设想的方向发展，但其价值已确确实实在现代代数学和现代物理学中得到了证实。

1844年
库默尔创立理想数理论

17世纪，法国数学家费马在数学史上最撩人的页边评注中，留下一个最神秘的数学之谜：费马大定理。之后，许多数学家投入到这一智力角逐中。正所谓"有心栽花花不发，无心插柳柳成荫"，在这一角逐中，费马大定理一直没能解决，而意外的收获却很丰盛。德国数学家库默尔创立的理想数理论，就是一项意义重大的收获。

库默尔出生于1810年，幼年丧父，他和哥哥由母亲抚养长大。他18岁时进入哈雷大学学习神学，但是在数学教师的影响下，他放弃了神学，转攻数学。

1855年，当德国著名数学家狄利克雷离开柏林大学到格丁根接替高斯时，他提名库默尔为接替自己柏林大学教授职位的第一人选。于是从1855年起，库默尔就成为柏林大学的教授，一直到退休。

库默尔在数学上的成就以及他作为优秀教授所享有的盛名使他赢得了整个欧洲科学界的重视。他在数论上花的时间最多，贡献也最大，其中最重要的是提出了理想数的概念。为了证明费马大定理，库默尔提出了复整数的概念，复整数和整数一样，也涉及素数、可除性及类似概念。1843年，他错误地假设，对他所引进的复整数，唯一素因子分解定理成立，并以此为前提证明了费马大定理。狄利克雷知道后，指出这种假设并不成立。

库默尔逐渐认识到狄利克雷批评的正确性。为了重建唯一素因子分解，他从1844年开始发表了一系列论文，创立了理想数理论。在库默尔的新理论中，理想数满足唯一分解的要求。库默尔用他的理想数成功地证明了费马大定理对许多素数是成立的。在100以内的素数中，只有37、59和67不为库默尔的证明所包括。库默尔在1857年的一篇文章中将他的结果扩展到了这些例外素数。在库默尔理想数理论的基础上，德国数学家戴德金创立了一般理想理论，为代数数论的发展开辟了道路。

1850年的柏林大学Ⓦ

1849—1854年
凯莱提出抽象群概念

凯莱Ⓦ

伽罗瓦在解决代数方程根式可解性问题时，引入了置换群概念。之后一段时间内，在关于群论的研究中，置换群一直居于中心地位，甚至有人认为群论就是研究置换群。第一个改变这种状况的是英国数学家凯莱。

凯莱1821年8月16日生于英国萨里郡的里士满，他父亲是一位在俄国圣彼得堡从事贸易的英国商人。1829年，凯莱的父亲退休，于是全家回英国定居。凯莱被送到伦敦布莱克希思一所小规模的私立学校念书。在学校里，他充分显示了数学天才，尤其是在数值计算方面有惊人的技能。14岁时，父亲将他送到伦敦国王学院学习，学校的教师们十分欣赏凯莱的数学才能，并鼓励他发展数学能力。开始时父亲从商人的眼光出发强烈反对他将来成为一名数学家，但最终被校长说服，同意他学习数学。17岁那年，凯莱进入著名的剑桥大学三一学院就读，他在数学上的成绩远远超出他人。他是作为自费生进入剑桥大学的，1840年就成了一位奖学金获得者。1842年，21岁的凯莱以剑桥大学数学荣誉学位考试一等的身份毕业，并获得了更困难的史密斯奖金考试的第一名。

1842年10月，凯莱被选为三一学院的研究员和助教，在他那个时代乃至整个19世纪，他是获得这种殊荣的人中最年轻的一位。他的职责是教为数不多的学生，工作很轻松，于是他在这一时期的大部分时间内从事自己感兴趣的研究。他广泛阅读高斯、拉格朗日等数学大师的著作，并开始进行有创造性的数学工作。三年后，剑桥大学要求他出任圣职，于是他离开剑桥大学进入了法律界。

然而，在这段作为大律师的时间里，凯莱仍挤出了许多时间从事数学研究，发表了近300篇数学论文，其中许多工作现在看来仍然是第一流的和具有开创性的。

1889—1898年《凯莱数学论文集》面世，这套的巨著足足有四开本13大卷，每卷多达600余页，收录了凯莱各个时期发表的数学论文。他被认为是数学史上仅次于欧拉的多产数学家。由于杰出的学术成就，凯莱获得了大量的荣誉。现在的剑桥大学三一学院安放着一尊凯莱的半身塑像。

凯莱对数学的多个分支作出了巨大贡献，抽象群论是他作出过重要发现的一个领域。他因为在19世纪下半叶群论的发展中起的作用，被认为是现代抽象群论的创始人。

凯莱第一个认识到，置换群的概念可以推广。在1849年发表的一篇论文《关于置换群的注记》中，他引进了不同于置换群的抽象群的概念。他在1854年又发表了两篇论文，进一步讨论了这一问题。

凯莱意识到，在抽象群理论中，群的元素具体是什么并不重要，如果它的所有元素的乘积是已知的或可确定的，那么一个群就是完全确定的。用凯莱自己的话来说就是："一个符号(算子符号)的集合，1，α，β，…，它们全不相同。如果它们中任意两个的乘积(不考虑其次序)，或者任一符号的自乘结果，仍然属于这个集合，那么就说它们组成一个群。"

这就是凯莱作出的伟大创造，用纯抽象的方式展示群的思想。凯莱还举出矩阵在乘法下，四元数在加法下构成群的实例，来阐述不同于置换群的抽象群。

但和伽罗瓦一样，"过早的抽象落到了聋子的耳朵里"。凯莱的原创思想由于超前于其时代，以至于没有引起任何注意。其后一段时间凯莱把注意力转向了其他数学领域。1878年，他猛然转回群论，并连续发表了多篇有关抽象群的论文，继续强调一个群可以看作一个普遍的概念，而不必局限于置换群。这些文章发表后，很快在数学界引起了反响。在他完成这部分工作之后仅仅四年，关于群论的抽象的公理化定义就出现了。

剑桥大学三一学院的教堂墙上凯莱的铭牌Ⓦ

1854年
黎曼几何学创立

黎曼Ⓦ

1854年春天，一位名叫黎曼的年轻人在为他的前途和他即将面临的考试感到忧虑不安。他已经28岁了，尚未能自立，他靠父亲每月寄来的不多的钱过着贫困的生活。他已经获得博士学位。当时为获得一个（无薪）讲师聘约，他必须在格丁根大学哲学系全体教师面前做一个演讲。

黎曼准备了三个演讲题目，请他的导师高斯从中挑选一个作为正式演讲题目。黎曼选了两个思虑多时的题目，外加一个还未及考虑的题目——关于几何学的基本假设。他几乎确信高斯将挑选前面两个题目之一。然而，高斯偏偏就看中了第三个题目。因为这个深刻而新颖的题目，高斯本人已经仔细考虑了几十年，他很想知道这位年轻人对这一深奥的问题会讲些什么。当时黎曼正沉浸于电、磁、光、引力之间的相互关系问题，从这样的深沉思考中抽身转而研究新的问题，无疑是一种巨大的压力。“头两个我已经准备得很好了”，黎曼给哥哥的信中写道，“但是高斯挑选了第三个，因此现在我很惶恐不安。”

无路可退的黎曼，在经过大约7周时间的努力后，完成了自己的论文《论作为几何学基础的假设》，并在1854年6月10日进行了演讲。演讲

Ueber

die Hypothesen,

welche der Geometrie zu Grunde liegen.

Von

B. Riemann.

Aus dem dreizehnten Bande der Abhandlungen der Königlichen Gesellschaft der Wissenschaften zu Göttingen.

Göttingen,
in der Dieterichschen Buchhandlung.
1867.

《论作为几何学基础的假设》Ⓟ

结束后，为黎曼论文所震惊的高斯在步行回家的路上怀着不寻常的热情向他的同事韦伯表示了他对黎曼所提出的思想的赞赏。

历史已经证明，这篇论文是数学史上的伟大杰作。因为这次演讲是面对整个哲学系的教师，为了使听众理解，黎曼的这次历史性演讲很少涉及数学细节，但却蕴涵着大量的有关于几何学应如何发展的真知灼见。

黎曼的演讲深受高斯关于曲面之研究的影响。他是在高斯新观念的基础上，又向前迈进了一大步。演讲共分三个部分：第一部分，黎曼用归纳构造法给出一般n维流形的概念：n维流形是把无限多个n-i维流形按照一维流形方式放在一起而形成的。第二部分，黎曼给出n维流形的度量关系，定义了n维流形上无限邻近两点的距离（后称为黎曼度量）。第三部分是对现实空间的应用。黎曼的研究着眼于连续流形，讨论了流形的拓扑关系和度量关系。他认为拓扑关系可以是先验的，但有关几何空间的知识，尤其是度量关系，必须从经验中得出。

以黎曼度量为基础，黎曼建立了一种更为广泛的新几何，现称为（广义）黎曼几何。具有这种度量的流形或空间，后来称为黎曼流形或黎曼空间。黎曼还考虑了特定的流形，其中最简单的是曲率处处相同的常曲率空间。三维空间中，常曲率空间曲率为正常数时对应的就是由黎曼本人所引入的一种非欧几何：狭义黎曼几何（或称椭圆几何）。

应当强调，在演讲的最后一部分，黎曼指出物理空间是一种特殊的流形，其精确性质不是先验地决定，而只能听候“经验”去检验，要留待天文学家和物理学家去解答，这就是黎曼的那个曾经非常恰当地唤起高斯好奇心的令人费解的标题“论作为几何学基础之假设”的意义。黎曼认为宇宙的几何是物理的一章，并同其余部分一样要由理论和实验的密切合作来加以发展，这一论点随着20世纪物理学的发展已经完全得到证实。而黎曼几何则成为爱因斯坦广义相对论的数学工具，其思想成为广义相对论的基石。

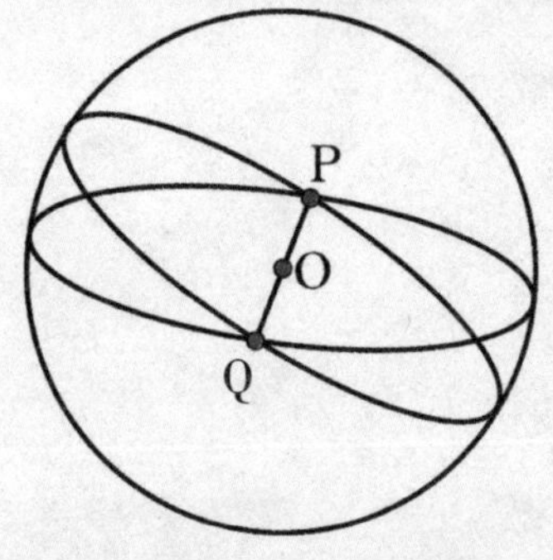

椭圆几何的球面模型

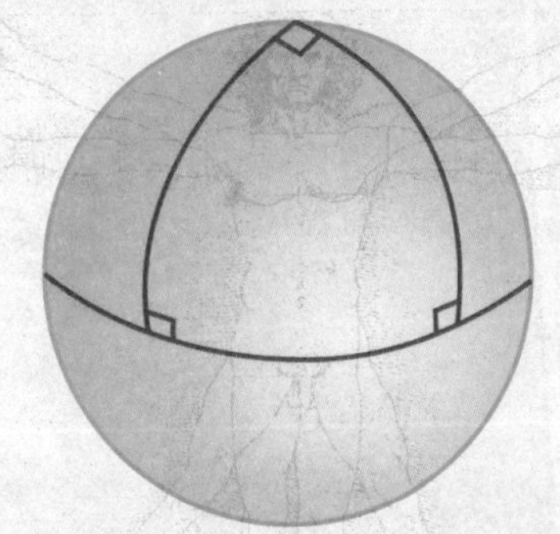
椭圆几何中三角形的内角和大于180° Ⓢ

1854 年

布尔创建逻辑代数

布尔Ⓦ

19世纪中叶，代数学中被开拓出一个完全与众不同的领域。这一极具独创性的成果来自一位自学成才的数学家布尔。

布尔出生于英格兰的林肯郡，家境贫寒。父亲是一名鞋匠，但却对科学、数学、语言学很感兴趣。布尔在接受中学教育期间，显示出他的语言天赋，他学会了希腊文和拉丁文（后来他又掌握了欧洲几个国家的语言），并从父亲那里受益很多。布尔16岁中学毕业，这是他接受正式教育的终结。由于生活所迫，他接受了中学教师的职务。几年后，20岁的布尔在家乡开办了一所寄宿学校。

在当中学教师期间，布尔开始对数学产生了兴趣，并决定自学数学。到21岁的时候，他已攻读了牛顿、拉格朗日、拉普拉斯等人的经典著作。同时，布尔开始发表自己的思想见解。

布尔在英格兰林肯郡创建的乔治·布尔中学Ⓦ

1835年，他发表了的第一篇科学论文《论牛顿》。1844年，他发表了著名的论文《关于分析中的一个普遍方法》，并因此获伦敦皇家学会的一枚金质奖章。1847年，布尔出版了《逻辑的数学分析》，这本小书为他赢得了荣誉。1849年，34岁的布尔分别获得牛津大学和都柏林大学的名誉博士学位，随即被聘为爱尔兰科克的王后学院（今爱尔兰科克大学）的数学教授。他在这个职位上一直工作到15年后患病去世。

布尔一生在许多数学分支上都有建树，当代数学不少研究课题溯源于他的工作。但他最著名的工作体现在逻辑方面。

1847年，布尔出版了《逻辑的数学分析》，这是逻辑代数方面的第一本书。之后，他进一步完善了自己的思想，并于1854年出版了《思维规律的研究》。

在《逻辑的数学分析》中，布尔指出：符号代数的有效性不依赖于符号的解释，而只依赖于符号的组合规律。这意味着，在确立了符号代数的基本性质之后，可以通过任何简便的方法来灵活地解释符号。

在《思维规律的研究》一书中，布尔进一步阐释了他的逻辑代数。布尔的逻辑代数建立在两个逻辑值“0”、“1”和三个运算符“与”、“或”、“非”的基础上，它为计算机的二进制数、开关逻辑元件和逻辑电路的设计铺平了道路，并最终为计算机的发明奠定了数学基础。人们为了纪念布尔，常把逻辑代数称作“布尔代数”。

逻辑学从亚里士多德时代就被认为是形而上学。布尔找到了一种用代数学来表达并极大地推广古典逻辑学的方法，实现了逻辑的数学化，使得逻辑学的研究最终脱离了形而上学而进入了数学。现在，以布尔名字命名的布尔代数已发展为结构极为丰富的代数系统，并且无论在理论方面还是在实际应用方面都显示出它的重要价值。特别是近几十年来，布尔代数在自动化技术和计算机科学中已被广泛应用。

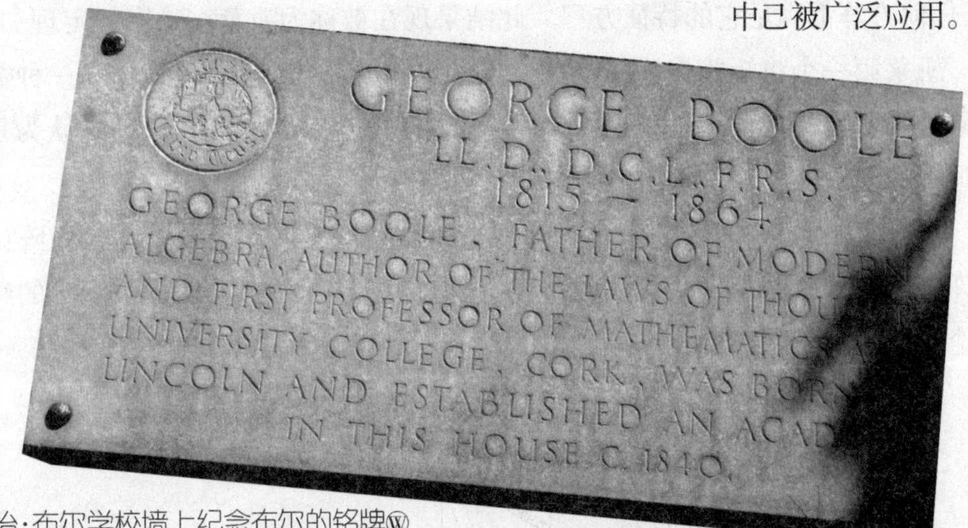

乔治·布尔学校墙上纪念布尔的铭牌Ⓦ

1855年 凯莱定义矩阵的基本概念与运算

矩阵这个词由英国数学家西尔维斯特于1850年创造，其概念来自行列式，用来表示“一项由行、列元素组成的矩形排列”，由这样的排列，“能形成各种行列式组”。

工作中的凯莱Ⓦ

但是脱离行列式，对矩阵本身作专门研究，则始于英国数学家凯莱。

凯莱在1855年的一篇论文中，注意到在线性方程组中使用矩阵是非常方便的，而且他用矩阵作为表达一个线性方程组的简单记法。1858年，凯莱发表关于矩阵的重要论文《矩阵论的研究报告》。

在这篇论文中，凯莱系统地阐述了关于矩阵的理论，引进了矩阵的一系列基本概念与运算。他用单个字母*A*表示矩阵，定义了矩阵相等、零矩阵、单位矩阵等概念，给出了矩阵加法、数乘矩阵、矩阵乘法等运算的定义。

文章中，凯莱还给出了单位矩阵、转置矩阵、对称矩阵、斜对称矩阵，特别是逆矩阵的定义；在矩阵逆矩阵存在的情况下，凯莱给出了求它的一般方法。

此外，凯莱还引入了方阵的特征方程、特征值的概念，并提出了一个重要结果：任何方阵都满足它的特征方程。此结果现在被称为凯莱—哈密顿定理。

凯莱第一个将矩阵作为一个独立的数学概念提出来，将矩阵作为一种数学对象进行研究，讨论了矩阵的运算与性质。由于这些奠基性工作，他被认为是矩阵理论的创始人。

在凯莱之后，许多数学家对矩阵理论的创立与发展作出了贡献。矩阵论中的许多重要课题都得到了深入的研究。随着这些工作的完成，关于矩阵的经典理论建立起来了。

1859年 黎曼假设提出

素数，是个十分古老的概念了。古希腊欧几里得的《几何原本》中，就有素数有无穷多个的证明。素数在正整数中的分布初看之下显得极不规则。但随着从1开始的正整数范围的不断扩大，素数的分布越来越稀，而且呈现出一定的规律。整个19世纪，许多数学家为弄清这个规律而竭尽全力。而德国数学家黎曼似乎不经意地提出了一个假设，结果奏响了一曲有关素数分布的神秘乐章，并为后世数学家留下一个魅力无穷的谜团。

青年时期的黎曼Ⓦ

我们已经认识了黎曼，这里再详细介绍一下他的生平。

黎曼1826年9月17日出生于汉诺威王国的布雷斯伦茨村。他的父亲老黎曼是当地基督教新教路德宗的牧师。他在六个孩子中排行第二。当黎曼还是一个幼儿的时候，他的父亲在奎克博恩有了一个牧师的新职位，他们举家搬迁。奎克博恩没有中学，黎曼直到14岁才开始接受正规的学校教育。学校在王国的首都汉诺威城，离奎克博恩有80英里。选择这个地方是因为他的外祖母在汉诺威。14岁的黎曼在汉诺威过得很不快乐，非常怕生和想家，唯一的课外活动就是给父母和兄弟姐妹挑选他买得起的礼物。1842年，他的外祖母去世，他转学去了另外一所中学，在吕纳堡镇上。

19世纪的格丁根大学Ⓦ

在中学，黎曼以惊人的速度进行自学，他不仅学习勒让德的著作，他还学习欧拉的著作，熟悉了微积分。1846年，19岁的黎曼进入格丁根大学。一年后，他转入柏林大学。1849

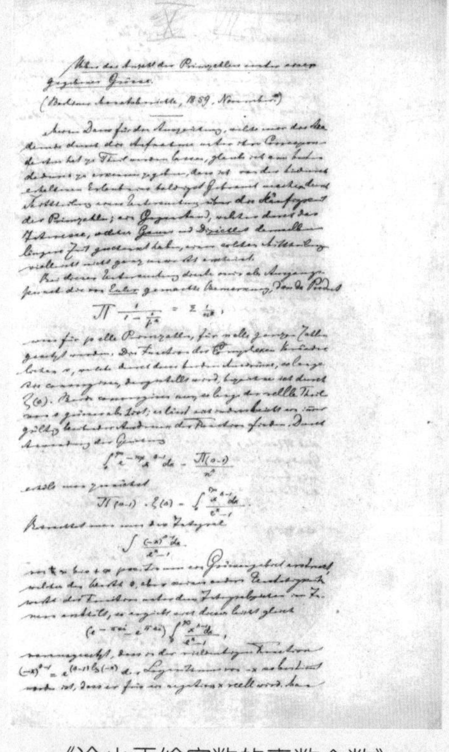

《论小于给定数的素数个数》手稿一页Ⓟ

年回到格丁根大学后，黎曼开始攻读博士，两年后，在他25岁时呈交了博士论文《单复变量函数一般理论的基础》，得到高斯的大力称赞。

1859年，黎曼被柏林科学院任命为通讯院士。按照惯例，新院士要向科学院提交一篇论文，叙述自己正在从事的一些研究。为此，黎曼提交了一篇名为《论小于给定数的素数个数》的论文。它发表在1859年11月的柏林科学院院刊上。

1737年左右，欧拉引进了一个特殊函数：$\zeta(s)=\sum_{n=1}^{\infty}\frac{1}{n^s}=\frac{1}{1^s}+\frac{1}{2^s}+\frac{1}{3^s}+\frac{1}{4^s}+\cdots$。而黎曼在他的论文中，首先把这个$\zeta(s)$的自变量$s$扩展到复数$z$，然后探讨了如何运用$\zeta$函数来揭示素数的性质和分布模式。他发现，这与$\zeta$函数的零点紧密相关。所谓$\zeta$函数的零点，就是使$\zeta(z)=\sum_{n=1}^{\infty}\frac{1}{n^z}=0$（$z=a+ib$）的值。论文中，黎曼以其高屋建瓴般的思考，提出了关于ζ函数及其零点等方面的6个猜想。

这6个猜想，其中5个在1890—1920年间获解，最后一个未解决的，其表述的内容很简单：ζ函数的所有非平凡零点都具有形式$\frac{1}{2}+ib$。换句话说，ζ函数的所有非平凡零点都位于复平面上实部为$\frac{1}{2}$的直线上。

这就是著名的黎曼假设。它掌握着打开各个学科研究大门的钥匙。若能证明黎曼假设，则可带动许多问题的解决。作为解析数论甚至是数学中最重要的未解决难题，黎曼假设已成为数学家心目中的"圣杯"。

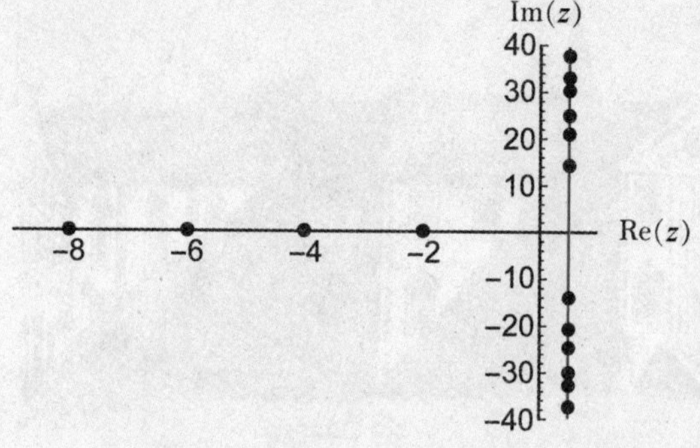

ζ函数的所有非平凡零点都位于复平面上实部为$\frac{1}{2}$的直线上Ⓢ

1859年 《代微积拾级》和《代数学》中译本出版

当西方数学飞速发展的时候，中国的数学也在缓慢地发展，其中也出现了几位出色的数学家，清代的李善兰，就是其中之一。李善兰出生于清嘉庆年间，故乡是浙江海宁，他自幼喜欢数学。9岁时，他在父亲的书架上发现了一本中国古代数学名著——《九章算术》，被深深吸引。14岁时他又自学了由徐光启和利玛窦翻译的古希腊数学名著——欧几里得的《几何原本》前6卷。因八股文章做得不好，李善兰乡试落第，但他却毫不在意，反而留意搜寻各种数学书籍，仔细研读，35岁时撰写了《方圆阐幽》、《弧矢启秘》和《对数探源》三本数学著作。

李善兰Ⓦ

對數探源卷一　則古昔齋算學三

海甯李善蘭學

正數以乘除爲比例對數以加減爲比例正數連比例之率以前率與後率遞減之則所餘者仍爲連比例之率且仍如原率之比例對數連比例之率以前率與後率遞減之則所餘者必爲齊同之數是故有對數萬求其逐一相對之正數則爲連比例萬率其理夫人而知之也有正數萬求其逐一相對之對數則雖歐羅巴造表之人僅能得其數未能知其理也間嘗深思得之歎其精微玄妙且用以造表較西人

《對數一》　一

《对数探源》Ⓟ

李善兰一生多产，先后翻译了七八部作品。1852年，李善兰结识了英国传教士伟烈亚力，从此开始长期合作翻译西方科学著作。他们历时4年翻译了《几何原本》后9卷（包括最后两卷托伪之作），完成了徐光启、利玛窦的未竟之业，为这项跨朝代的工程画上圆满的句号。1859年，他们合译的美国数学家罗密士的《代微积拾级》18卷、英国数学家德·摩根的《代数学》13卷在上海墨海书馆出版，这是微积分和符号代数学第一次走进国门，对西方近代数学在中国的传播作出了开创性的贡献，是继徐光启和利玛窦之后，再一次完美的中西

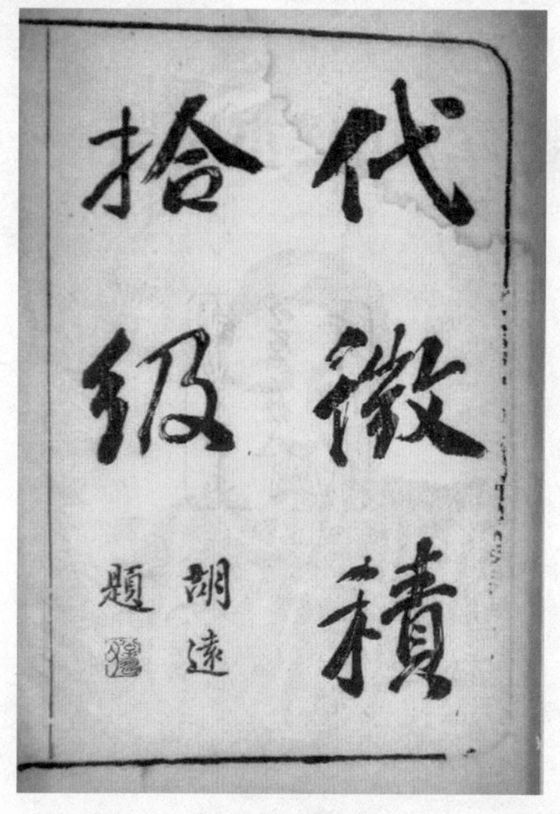

《代微积拾级》Ⓟ

合作。

中国的数学名词中，初等数学部分大多源自《几何原本》中译本，高等数学部分则始于《代微积拾级》中译本。李善兰在翻译过程中创造了代数学、系数、根、方程式、函数、微分、积分等新名词，一直沿用至今。我们再熟知不过的+、−、×、÷等数学符号也是在这本书中正式引进。

《代微积拾级》不仅影响了中国，它还东渡日本，开启了中日数学交流的新篇章。因为在1868年日本明治维新之前，日本数学深受中国古代数学的影响，日本数学家已经熟悉汉字表达的数学意义，但对直接阅读西方的微积分作品尚有困难，于是《代微积拾级》便成为一块跳板。书中那些数学名词，也一并成为了日本数学的重要部分。明治维新后，日本数学迅猛发展，中国反过来向日本学习，比如"解析"、"拓扑"等名词，便是源自日本译名。

除此之外，李善兰和伟烈亚力等外国学者还翻译了包括《谈天》、《圆锥曲线说》、《奈瑞数理》、《重学》、《植物学》在内的多部西方科学书籍。(其中《奈端数理》即牛顿的《自然哲学的数学原理》，可惜未译完，未能刊行。)中国现代数学深受西方影响，起源大致于此。

李善兰也有不少自己的数学和科学研究成果，比如：独立发明对数微积分；提出组合学里著名的李善兰恒等式；1867年刊行《则古昔斋算学》，收录他的数学和科学著作13种；1872年著《考数根法》，这是中国数学史上第一篇关于素数的论文。

伟烈亚力Ⓦ

1863 年

狄利克雷《数论讲义》出版

1801 年，高斯出版了《算术研究》。这部巨著开创了数论的新纪元。不过，它是用拉丁文写成的，虽然简洁完美，但内容深奥，对当时的数学家来说也很难懂。将《算术研究》从这种沉睡状态唤醒，对它彻底理解并给出详细阐释的是德国数学家狄利克雷。

狄利克雷Ⓦ

狄利克雷在数论、分析和数学物理等领域都有杰出成果，是高斯之后德国数学界的核心人物。他最重要的数学成果总结在《数论讲义》一书中。

这本书是狄利克雷研究高斯《算术研究》的结果。《算术研究》一书是狄利克雷的永恒伙伴伴随了他一生，他把《算术研究》视为珍宝，走到哪儿带到哪儿，一有空就拿出来研读。库默尔说这本书不是在狄利克雷的书架上，而是经常摆在他的书桌上。狄利克雷是世界上第一位真正掌握其精髓的人。

《数论讲义》共分五部分，110 小节。第一部分处理了数的可除性；第二部分研究了数的同余问题；第三部分是关于二次剩余问题的；第四部分给出了二次型理论；最后研究了类数的确定问题。

Vorlesungen u?
ber zahlentheorie
(German
Edition)

Peter Gustav Lejeune-Dirichlet

《数论讲义》德语版Ⓟ

在这本书中，狄利克雷第一次清晰地阐释了高斯的《算术研究》，改进了高斯在《算术研究》及其他数论文章中的证明或表述方式。

1858 年夏，狄利克雷突发心脏病，1859 年春与世长辞。1863 年，狄利克雷的学生和朋友戴德金编辑出版了《数论讲义》，之后又多次再版，在以后的版本中，戴德金又加入了一些附录，其中包含了戴德金自己在代数数论方面的研究结果。这些附录被认为是理想理论的最重要源泉，而理想理论现已成为代数数论的核心内容。

1866年
切比雪夫提出关于独立随机变量序列的大数定律

切比雪夫Ⓦ

概率论在拉普拉斯的工作之后，又进入了一段低潮期。在这门庭冷落的时候，使概率论得以重振的是一位俄国数学家切比雪夫。

切比雪夫出身于贵族家庭。他的祖辈中有许多人立过战功，他的父亲参加过抵抗拿破仑入侵的卫国战争。切比雪夫的左脚生来有残疾，因而童年时经常独坐家中，这养成了他在孤寂中思索的习惯。他有一个富有同情心的表姐，当其余的孩子们在庄园里嬉戏时，表姐就教他唱歌、读法文和做算术。一直到临终，切比雪夫都把这位表姐的像片珍藏在身边。1832年，切比雪夫全家迁往莫斯科。父母为孩子们请了当时莫斯科最有名的私人教师波戈列日斯基，他是几本流行的初等数学教科书的作者。切比雪夫从这位家庭教师那里学到了很多东西，并对数学产生了强烈的兴趣。欧几里得《几何原本》一书中关于没有最大素数的证明给他留下了极深刻的印象。1837年，16岁的切比雪夫进

圣彼得堡大学数学·力学学院Ⓦ

入莫斯科大学，成为物理数学专业的学生。1841年切比雪夫毕业，并因递交了一篇题为“方程根的计算”的论文而获得该年度系里颁发的银质奖章。

邮票上的切比雪夫
(1946，苏联发行)Ⓦ

从1846年始，切比雪夫在圣彼得堡大学度过了长达35年的教书与研究生涯。他在许多数学领域及邻近学科都作出了重要贡献，特别是在概率论领域，他的贡献使概率论的发展进入一个新的阶段。

切比雪夫一开始就抓住了古典概率论中具有基本意义的问题，即那些“试验重复多次后几乎一定要发生的事件”的规律——大数定律。

1845年，切比雪夫在其硕士论文中就已借助十分初等的工具，对伯努利大数定律作了精细的分析和严格的证明。一年之后，他又给出了泊松大数定律的证明。

1866年，切比雪夫发表了《论均值》，进一步讨论了作为大数定律极限值的平均数问题。这一论文首先发表于《圣彼得堡科学院通讯》，1867年被《纯粹与应用数学杂志》转载。

这一论文在大数定律的研究上又迈出了一大步。在该文中，切比雪夫从后来所称的切比雪夫不等式出发，将其中的任意值设成一种特殊的形式，然后取极限，得到了关于独立随机变量序列的一个一般形式的大数定律，后称切比雪夫大数定律。这是大数定律的更一般形式，伯努利大数定律和泊松大数定律都成为其特例。

论文中他发现并证明的切比雪夫不等式，作为一系列精确估计概率的不等式的先导，后来成为证明概率论极限定理的重要工具。

在关于概率论的研究中，切比雪夫的贡献还在于，他清楚预见到诸如“随机变量”及其“期望(平均)值”等概念的价值，并成为将它们加以应用的第一个人。随机变量及其期望值作为能带来更合适更灵活的算法的概念，后来成了概率论与数理统计中最重要的概念。

切比雪夫终身未娶，他的一点积蓄全部用来买书和制造机器。他最大的乐趣是与年轻人讨论数学问题。1894年12月8日上午9时许，这位令人尊敬的学者在自己的书桌前溘然长逝。他没有子女，也没有很多的金钱，但是留下了一个光荣的学派：圣彼得堡数学学派。

1872年 克莱因提出《埃尔朗根纲领》

克莱因Ⓦ

19世纪，只有一种几何学（即欧几里得几何学）的局面被打破了。当数学家们意识到可以有其他不同的几何学时，他们开始自由地创造和研究他们自己的几何学。结果大批新的几何学（除罗氏几何、黎曼几何外，还有非阿基米德几何、非德萨格几何、有限几何，以及与非欧几何并行发展的高维几何、射影几何、微分几何、拓扑学等）纷纷涌现出来，几何学这棵大树变得越来越繁茂。于是出现了这样的问题：什么是几何学？几何学是研究什么的？这些不同的几何学之间有什么关系？如何寻找不同几何学之间的内在联系，把这些不同的几何学统一起来？

统一几何学的第一个重要且后来获得成功的工作是由德国数学家克莱因提出的。

克莱因在1849年4月25日夜出生于普鲁士的杜塞尔多夫。他父亲是政府首脑的秘书。关于克莱因的出生，有这样一段颇有寓意的描述："外面，炮弹在街垒上爆炸，震耳欲聋，那些街垒是莱茵兰人筑起的，他们奋起反对他们所恨的普鲁士统治者；里面，所有的人都做好了逃跑的准备，但是没有一个人想要离开。就在那个晚上，这位意志坚定的普鲁士政府秘书的一个儿子临生了。"这个儿子，就是费利克斯·克莱因。克莱因于1857年秋天进入一所文法中学，8年后毕业。1865年秋天，他进入波恩大学，学习数学和物理，准备做一个物理学家。1866年他被派给普吕克做实验室助手。普吕克是波恩大学的数学和实验物理学教授，但当时正对几何学产生强烈兴趣。他使克莱因也把自己的兴趣转向了数学。克莱因积极协助他完成《基于以直线

普吕克Ⓦ

为空间元素的新空间几何学》一书。工作过程中，克莱因逐步充实自己的知识，并在普吕克的指导下完成了博士论文。

克莱因瓶©

这样介绍克莱因，多少有点平淡，那么我们就介绍一个大名鼎鼎的数学模型——克莱因瓶，你应该知道。克莱因瓶最初的概念当然是由克莱因提出的。它的结构非常简单：一个瓶子底部有一个洞，现在延长瓶子的颈部，并且把它向下扭曲，"进入"瓶子内部，然后把它与瓶子底部的洞粘合。一个克莱因瓶就做成了。这个家伙的表面无边无际，但它本身只占据有限空间。它没有内外之分，一只苍蝇可以从瓶子的内部直接飞到外部而不用穿过表面。

但我们上面的叙述有一个很大的漏洞，我们说让瓶颈"进入"瓶子内部，怎么进入？看来必须要穿过瓶壁，这样这个曲面就要同它自身相交了。但是克莱因瓶是不与自身相交的！你会说，这怎么可能？是的，在三维空间，这是不可能的。但是在四维空间，这是可以实现的——克莱因瓶其实是四维空间中的一个二维曲面！

回到克莱因本人。1869年8月底，克莱因来到当时的数学中心柏林。在这里，他结识了后来对他影响最大的挪威数学家李，两人成为好友。1870年，两人在巴黎期间参加了法国数学家若尔当的讲座，群的思想印入了他们的脑海。李认识到群论对几何研究的重要性，他开始发展后来出现在他关于变换群的工作中的思想。他同克莱因讨论这些关于群与几何的新思想，他们还联名发表了几篇论文。这些合作对克莱因形成他统一几何学的纲领产生了重大的影响。

默比乌斯带Ⓨ

1872年，年仅23岁的克莱因被聘为埃尔朗根大学的数学教授。按照惯例，他要做就职演讲。在名为《关于新近几何学研究的比较考察》的演讲稿中，他把群引入几何学。借助于群的观点，克莱因重新统一了几何学领域。其中所表达的主要观点后来以《埃尔朗根纲领》著称。

克莱因在这一伟大纲领中提出一种全新的见解，即用变换群的观念内在地统一各种几何学理论的思想。他给出的基本观点是，几何学是研究几何图形对于某类变换群保持不变的性质的学问，每一种几何都由一个变换群所刻画，并且每种几何要做的就是考虑这个特定变换群下的不变性质与不变量。例如平面欧氏几何由平移和旋转构成的变换群所刻画，它所研究的是长度、角度、面积等这些在平移和旋转下保持不变的性质。

此外，一种几何的子几何就是考虑原来变换群的子群下的一族不变量。在这个定义下，相应于给定变换群的几何的所有定理仍然是子群中的定理。

在克莱因的这种观念下，19世纪出现的几种重要的、表面上互不相干的几何学被联系到一起了，而且变换群的任何一种分类也对应于几何学的一种分类。事实上，按照这种观点对几何学进行分类，欧氏几何被包含于仿射几何之中，而仿射几何、椭圆几何（包括单重与双重椭圆几何）、双曲几何等则包含于更一般的射影几何之中。

虽然并非所有的几何都能纳入克莱因的纲领，但他的努力的确给大部分的几何提供了一个系统的分类方法，其观点从根本上革新和拓宽了人们对几何学观念的认识，并对几何学的发展产生了深刻而持久的影响。

当年的埃尔朗根大学Ⓦ

1872年

实数理论确立

邮票上的德国数学家戴德金Ⓦ

19世纪，在柯西、魏尔斯特拉斯等数学家的努力下，在严格化基础上重建微积分的工作得以完成。但分析的严格化并不意味着分析基础研究的终结，因为严格化所依赖的实数系尚未严格定义。事实上，正是分析的严格化促进了一个认识：对于数系缺乏清晰的理解这件事本身非补救不可。不久之后，这一补救工作就由几位数学家独立完成了。

最早认识到必须建立严格实数理论并且身体力行的是德国数学家魏尔斯特拉斯。他早在1857年开始讲授的解析函数论课程中就给出了第一个严格的实数定义。但他的研究只在课堂上讲授，没有公开发表。

建立实数理论的难点在于无理数。于是产生了各种本质上类似的无理数理论，我们现在通常采用的是戴德金分割和康托尔基本序列。

戴德金与高斯一样出生于不伦瑞克，现今在不伦瑞克的市政厅里仍挂着他和高斯等人的肖像，他们都是这个小城的骄傲。

戴德金7岁起在家乡上学。开始他对化学和物理学很有兴趣，而把数学只看做是辅助性学科。但是，他很快就对物理学不太满意了，因为他认为物理学的逻辑结构不精确。于是他的注意力转向数学。他1850年就读于格丁根大学，1852年

不伦瑞克老市政厅Ⓞ

《连续性与无理数》Ⓟ

在高斯指导下获得博士学位。在格丁根大学学习期间,他还结识了黎曼、狄利克雷,在与这些当时德国最优秀数学家的交流与学习中,他受益匪浅。

1858年,戴德金去瑞士的苏黎世联邦理工学院任数学教授,在那里,他开始教授微积分。正是当他在思考怎样教好这门课时,建立一个严格的实数理论的想法在他心头油然而生。1872年他出版了《连续性与无理数》。在这一著名的小册子中,戴德金提出了关于无理数的一种令人满意的理论。

戴德金提出用"分割"来定义无理数。考虑将有理数集任意分割成两类,且使得第一类中的每一个数小于第二类中的每一个数。用A_1和A_2表示这两类数,用$(A_1|A_2)$表示这种分割。如果一个分割,或者A_1中有最大数,或者A_2中有最小数,这个分割就定义了一个有理数,这个有理数就是A_1中的最大数或者A_2中的最小数;当A_1中无最大数,A_2中又无最小数时,这个分割就定义了一个无理数。于是,有理数集的每一个分割就定义了一个实数。但是,有可能同一个有理数由两个不同的分割所定义,例如,分割({所有不大于0的有理数}|{所有大于0的有理数})和分割({所有小于0的有理数}|{所有不小于0的有理数})都定义了有理数0。这时令这两个分割等价即可。因此,戴德金是把实数集合定义为有理数集的分割(等价类)全体的集合。这种定义实数的方法现在称为"戴德金分割"。

另一个通常采用的实数构造方法来自康托尔。

关于康托尔的生平,我们将在后面介绍。这里就说说他的实数构造方法。他首先定义了满足柯西收敛准则的有理数基本序列,如果一个有理数基本序列在有理数中无极限,就说它的极限是无理数。每一个这样的序列定义一个实数。若两个基本序列$\{a_n\}$与$\{b_n\}$满足$\lim\limits_{n\to\infty}(a_n-b_n)=0$,则称它们等价,即它们定义同一个实数。

康托尔和戴德金还都在各自的实数定义下定义了实数的运算,证明了关于极限的基本定理。特别是,他们都用自己的定义证明了实数系的完备性。这标志着由魏尔斯特拉斯倡导的分析算术化大致宣告完成,分析学也由此具备了可靠的基础。

1873年
埃尔米特证明e是超越数

任何整系数代数方程的根叫做代数数。比如，$\sqrt[3]{2}$ 是代数数，因为它满足代数方程 $x^3-2=0$。显然，除了所有的有理数是代数数外，相当多的无理数也是代数数。事实上，代数数所包含的范围是如此广泛，以至于我们不得不发出疑问：能否有不是代数数的实数呢？数学家一开始就猜测有，而且给它们起了一个名字：超越数。

埃尔米特Ⓦ

超越数的概念，首次出现在1748年出版的欧拉著作《无穷小分析引论》之中。不过，代数数似乎把实数遮蔽得密不透风，找到一个超越数，实在不是一件容易的事。直到这一概念提出近100年后的1844年，法国数学家刘维尔才第一次证明了超越数的存在。他构造出历史上第一批超越数，它们被称为刘维尔数。

这种超越数是通过人为的方式构造出来的。那么，在人们所熟悉的数当中，有没有超越数呢？人们首先想到的是两个著名的数e和π。要证明这两个我们熟悉的数是否超越数，似乎比构造出一大类超越数还要困难。

转机出现在约30年后，法国数学家埃尔米特宣告了自己的成功。

埃尔米特生来右腿残疾，走路要靠拐杖。但他没有气馁，始终抱着快乐的心情，认识他的人都很喜欢他。他作为一个全面的数学家，以其成就足以跻身历史上第一流数学家。他的一个重要而且广为人知的成果就是对e是超越数的证明。

1873年，埃尔米特发表论文《论指数函数》，在这篇论文中他以高超的技巧借助微积分工具证明了e是一个超越数。

埃尔米特等的成果，开拓出一个研究超越数的理论——超越数论，它现今已成为数学中活跃的前沿领域。

1874年
康托尔创立集合论

康托尔Ⓦ

初中毕业升入高一级学校的学生，都会遇到数学中最原始的概念之一：集合。研究集合的数学理论在现代数学中被称为集合论。它是数学的一个分支，但在数学中却占着一个极其独特的地位，其基本概念已渗透到数学的几乎所有领域。如果把现代数学比作一座无比辉煌的大厦，那么可以说集合论正是构筑这座大厦的基石。集合论的创始人康托尔也因这项成就而被誉为对20世纪数学发展影响最深的数学家之一。

康托尔1845年出生于俄罗斯圣彼得堡，但一生大部分时间在德国度过。15岁以前他非凡的数学才能已得到展现。由于对数学有一种着迷的兴趣，他决心成为数学家。他父亲对他的这一选择是否明智曾表示疑虑，但后来还是支持了孩子的选择。1862年，康托尔进入苏黎世联邦理工学院学习数学，1863年转入柏林大学，师从魏尔斯特拉斯与克罗内克等著名数学家。1867年，康托尔获得博士学位。1869年，他获得哈雷大学的讲师资格。

本来，康托尔的研究方向是数论，但是在哈雷大学，他转向了分析。这是因为他的一位资深同事海涅向他介绍了一个将函数表示成三角函数的唯一性问题。这是一个很难的问题，海涅本人当然没有解决，连狄利克雷和黎曼也没有解决。康托尔被吸引住了，到1870年4月，他解决了这个问题。从1870年到1872年，他发表了几篇进一步的论文。就在这个过程中，他接触到了无穷点集。

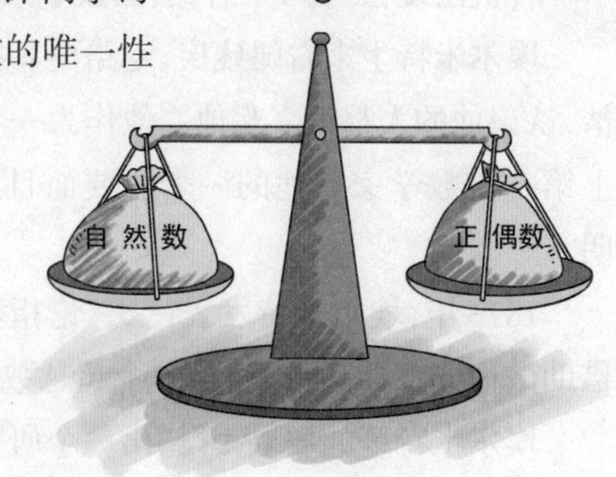

无穷的比较Ⓢ

1872年，康托尔发表了《函数的三角级数表达式的唯一性问题》。在这篇论文中,他定义了一系列点集论的基本概念,奠定了无穷集合论的初步基础。这一研究将他引入到一个新的问题上:自然数集这样的无穷集合与实数集这样的无穷集合存在着怎样的关系?

数学与无穷有着不解之缘,但在研究无穷的道路上却布满了陷阱。比如:全体自然数与全体正偶数,谁包含的数更多?一方面,两者之间存在一个一一对应的关系,两者应该有同样多的数。另一方面,常识告诉我们,“全体大于部分”,因此全体自然数要多于作为其一部分的全体正偶数。

康托尔面对这一似乎难以解决的问题时,放弃了“全体大于部分”的传统观念,他不仅接受无穷集合的存在,而且认为可以与自己的真子集建立一一对应关系恰恰是无穷集合的特征。康托尔继续向前迈进,结果他进入了一个令人难以置信的奇异世界。

康托尔先下了一个定义:“如果能够根据某一法则,使一个集合与另一个集合中的元素建立一一对应的关系……那么,这两个集合具有相同的基数。”按照这一定义,显然自然数集与正偶数集、由自然数平方组成的集,都具有相同的基数。对具有这一基数的无穷集合,康托尔称之为可数集。进而,康托尔证明了有理数集和代数数集也是可数集。

康托尔进一步思考的是:自然数与实数是否个数相等?这是他已考虑很久的一个根本问题。在1873年12月7日写给戴德金的一封信中,他说自己已经成功地证明实数集不能同自然数集建立一一对应的关系。

1874年,29岁的康托尔在《纯粹与应用数学杂志》上发表了一篇名为“关于一切代数实数的一个性质”的论文,这是关于集合论的第一篇革命性论文,其中包含了许多杰出的成果。

康托尔把判定两个有穷集合元素个数相同的一一对应推广到了无穷集合,而且把它作为对无穷集合分类的准则。正整数集、有理数集、代数数集是同一类无穷集合,它们的元素个数都是无穷大,这些无穷大是相等的;实数集是另一类集合,其元素个数是更大的无穷大。

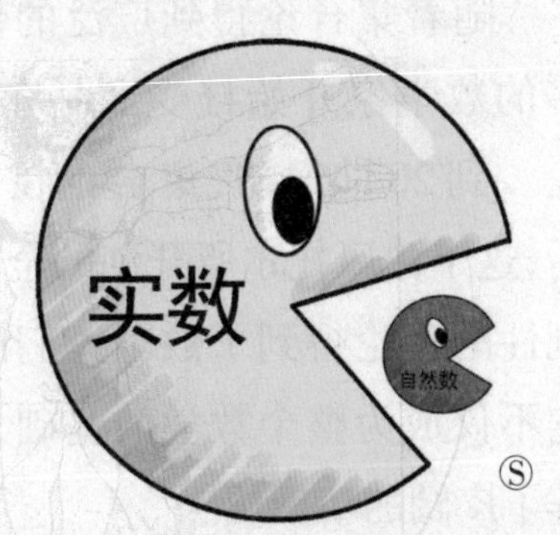

然而,康托尔在学术上的这些成就,最初并没有得到同行的认可,尤其是当时欧洲最杰出的数学家之一,他的老师——克罗内克,早已流露出了不满。

1877年,康托尔将他的论文《所有连续的直线、平面或曲面都具有相同等级的无穷》投给了《纯粹与应用数学杂志》。本来杂志编辑同意发表,但是克罗内克一再阻止,发表的时间被拖到了第二年。

1879年至1884年间,康托尔相继发表了六篇系列文章,并汇集成《关于无穷的线性点集》,其中前四篇直接建立了集合论的一些重要的数学结果。第五和第六两篇文章,简洁而系统地阐述了超穷集合论。其中康托尔不但给出了序数的一种系统的表示法,而且创造了一种无穷集的超穷序数谱系!

但是这个敏感又自觉卑微的年轻人,面对权威的批判全无还手之力,加上他过激冲动的性格,39岁的康托尔经历了人生第一次精神崩溃。他一度患上精神分裂症,被送进精神病诊所。他生性容易激动,不仅加剧了他的病情,还使他失去了不少朋友。在康托尔的余生中,多次发生不同程度的精神崩溃,他不得不一次次进出精神病院。然而这位伟大的数学家并没有因为自己患病而放弃对数学的探索,在精神状态好的时候,他完成了无穷集合论里最精彩的那部分工作。

1891年,康托尔又证明了:任意一个集合,其幂集的基数总是大于这个集合的基数。

随着集合论得到广泛的传播,越来越多的数学家开始接受康托尔的革命性理论。到20世纪初,集合论在创建20余年后,这个由康托尔所开创的全新的、具有独创性的理论得到了数学家们的广泛赞誉,它不仅成为整个数学的基础,还为数学开辟了广阔的新领域。

俄国康托尔故居墙上的纪念石板——1845年到1854年最伟大的数学家康托尔生活在此Ⓦ

1881—1886年
庞加莱创立微分方程定性理论

19世纪在微分方程的研究中，人们发现绝大多数微分方程不能用初等函数来表示其通解。而在工程、物理学、天文学中出现的微分方程，却并不一定需要求出其解，只需要知道解的某些性质就足够了。在这种背景下，人们便更多地关注怎样通过微分方程本身来了解其解的性态。微分方程定性理论应运而生。

庞加莱Ⓦ

这一理论的萌芽始于19世纪上半叶的法国数学家斯图姆。后来，刘维尔对这一理论的发展又作出了贡献。但是最杰出贡献奖我们必须颁给法国大数学家庞加莱。

庞加莱1854年4月出生在法国南锡一个有社会性影响力的家庭。他的父亲是南锡大学的医学教授，他的堂弟雷蒙，多次出任法国总理，并于1913年1月至1920年初任法兰西第三共和国总统。庞加莱从小就显示出超常的智力。他读书的速度极快，而且能迅速、准确、持久地记住书中的内容。

在读中学时，庞加莱每门功课都成绩优秀，所以仅仅说他是一个天才是把他看低了，他是一个全才——全面的天才。他的数学老师说他是数学怪兽。他在法国高中生综合学科竞赛中赢得了几次一等奖。1873年底，庞加莱进入巴黎综合工科学校学习，1875年毕业后，又到国立高等矿业学校学习，打算做一名工程师，但一有闲空就钻研数学，不久即在微分方程一般解的问题上

法国南锡庞加莱出生的房子墙上的铭牌Ⓞ

得到几项发现而初露锋芒。他的志向也逐渐转向数学。

在纵观庞加莱一生的数学研究，微分方程理论及其天体力学中的应用，一直是他的关注中心。庞加莱正是受天体力学中三体问题的激发，创立了微分方程定性理论。三体问题研究中一个备受关注的问题是行星或卫星轨道的稳定性，这导致对描述天体运动的微分方程周期解的研究。但在一般情况下，人们对描述三体问题的非线性微分方程很难求出显式解。

庞加莱于1881－1886年在《纯粹与应用数学杂志》上发表了4篇同名论文《微分方程所定义的积分曲线》。

在论文中庞加莱提出一种定性方法来描述给定微分方程的解的完整集合。为确立解的一般属性，他引入了微分方程的奇点概念，并把奇点分为四种：结点、鞍点、焦点和中心点。在分析微分方程可能解的类型时他发现，奇点起着关键性的作用，解是否存在就取决于某种特殊类型的奇点是否存在。

在研究微分方程的解在奇点附近的性态时，庞加莱发现了一些与描述满足微分方程的解曲线有关的重要的闭曲线，如无接触环、极限环等。他得出结论，可以由解对极限环的关系判定解的稳定性。比如，在天体力学中，行星如果沿极限环运动，则它是稳定的。如果沿极限环之外的螺旋形轨线并离开极限环而运行，则可能是不稳定的。极限环后来在工程技术中得到相当广泛的应用。

微分方程定性理论是19世纪末出现的一个崭新的数学研究方向，可以说完全是庞加莱的独创，而且就是在庞加莱手中很快臻于完善。

太阳系行星轨道示意图Ⓨ

1882年 林德曼证明π是超越数

1837年，法国数学家汪泽尔在代数方程论的基础上解决了三大作图问题中的三等分角和倍立方体问题，唯独留下了化圆为方问题。要解决化圆为方问题，重点就是要证明π的超越性。

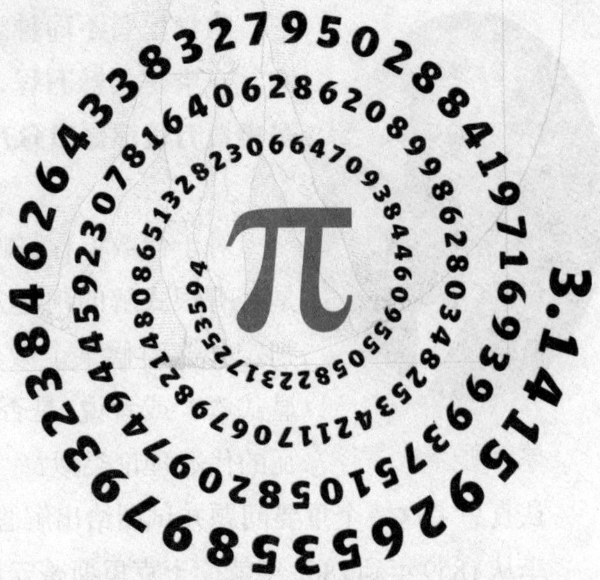

π，最著名的超越数之一Ⓨ

现在我们再来温习一下规矩数、代数数和超越数的概念。数学家们把能够用尺规作图方式作出的实数（表现为一条线段的长度）叫做规矩数。而所谓的代数数，就是满足整系数代数方程的数，也就是说，若x是代数数，则一定存在整数$a_0,a_1,a_2,\cdots,a_{n-1},a_n$，使得$x$是下面方程的根：$a_nx^n+a^{n-1}x^{n-1}+\cdots+a_1x+a_0=0$的根，反之，若$x$不是任何一个整系数代数方程的根，则该数称为超越数。

代数数思想在解决几何作图问题上的重要作用在于——所有的规矩数都是代数数，但代数数不一定都是规矩数。比如解决倍立方体中的关键量$\sqrt[3]{2}$是一个非规矩数，但它是一个代数数，因为它是方程$x^3-2=0$的根。如果能证明π是超越数，那也就证明了π不是代数数，更不是规矩数，进而就证明了化圆为方问题的不可能性了。

1873年，法国数学家埃尔米特用微积分工具证明了e是一个超越数。1882年，德国数学家林德曼在埃尔米特工作的基础上，借助公式$e^{i\pi}=-1$，用实质上没有多少差别的方法证明了π也是一个超越数，化圆为方问题也就得到解决。到此为止，持续了两千多年的三大几何作图问题终于得到彻底的解决。

1888—1893年
李《变换群理论》出版

索弗斯·李Ⓦ

数学里有不同种类的方程，其中两类方程是很重要的。一类是代数方程，一类是微分方程。物理学中的很多重要方程都是微分方程。

对于代数方程，伽罗瓦通过引入置换群得出了方程是否有根式解的判定方法。那么，是否存在某种方式来判定什么时候某个微分方程可以通过某种方法来求出显式解？或者说，是否存在一个微分方程的理论与伽罗瓦的代数理论类似？

认真思考这一个重要问题并试图给出解答的是挪威数学家索弗斯·李。

李从1859年到1865年就读于克里斯蒂安尼亚大学（即现在的奥斯陆大学），学习数学和科学。在此期间，他没有显示出对数学的热爱，也没显示出非同寻常的数学才能。他的老师著名群论家西罗后来坦承他从未料到李会成为那个世纪最伟大的数学家之一。

奥斯陆大学法学院，1989年前的诺贝尔奖都是在这里颁发的Ⓦ

大学毕业后，李曾担任过家庭教师，并因为无法确定自己未来的方向，一度比较迷茫。1867年的一个午夜，他激动地给一位朋友打电话："我终于找到它了，它是如此简单啊。"他所找到的是一种思考几何的新方法。

于是，他开始研究历史上所有伟大的几何学家的著作。1868年，李最终得出结论：在我的心中隐藏着一个数学家。

1869年，李在一个很出名的杂志

上发表了一篇文章，这为他赢得了一项奖学金。他得以到欧洲数学中心游访。在这次欧洲之行中，他最重要的收获是遇到了克莱因。两个年轻人在巴黎同时参加了若尔当的讲座。当时，若尔当刚出版了群论的第一本奠基性著作。在巴黎与若尔当一起的几周，群的概念深深印入了他和克莱因的脑海。

李开始全力投入引起他注意的微分方程的可解性问题。他的思路是仿照伽罗瓦处理代数方程的方法，只是他使用连续变换群取代了伽罗瓦理论中的有限置换群。从1873年开始，李开始转向研究连续变换群。1874年，李发表论文《论变换群》，开始建立连续变换群的一般理论。

1874年到1880年间，李发表了十几篇关于变换群的文章，不断丰富完善连续变换群理论。但他在挪威的十多年几乎是在完全孤立的状况下从事研究，没有什么交流，这影响了他的思想的传播。直到1884年，德国数学家恩格尔的到来，才逐渐打破了这种状态。

恩格尔是在克莱因的推荐下，前来协助李的。在恩格尔的协助下，李从1888年到1893年分三卷出版了关于变换群方面的综合性著作《变换群理论》，系统阐述了连续变换群理论及其应用。后人为纪念李的贡献，将连续群称为“李群”。

为研究李群，他还创立了所谓“李代数”，一种由无穷小变换构成的代数结构。建立了局部李群和它的李代数间的三个基本定理和逆定理，这给出了局部李群和李代数间的充分必要关系。李还仿照置换群理论对变换群的结构进行了初步研究，并引进了两个与变换群相似的概念。

事实证明，李群理论比李预期的更加重要，也应用得更加广泛。李群及李代数发展成20世纪重要的学科之一。它们给数学拓展了一个新的天地，并在数学的各个分支、理论物理及其他众多学科中，都得到大量的应用。

《变换群理论》三卷Ⓟ

1895—1904年

庞加莱创立组合拓扑学

工作中的庞加莱Ⓦ

19世纪末，拓扑学形成了点集拓扑学与组合拓扑学两个方向。前者来源于分析学的严格化，把几何图形看作是点的集合，又常把这个集合看作是一个空间。现演化成为一般拓扑学。后者把几何图形看作是由一些基本构件组合而成的，并从这个观点出发研究图形在连续变换下的不变性质，现发展成为代数拓扑学。

组合拓扑学的奠基人就是法国数学家庞加莱，他被公认为是19世纪后四分之一和20世纪初的领袖数学家。庞加莱对数学和它的应用具有全面的了解，他实际上历遍他那个时代的一切数学（微分方程、数论、复分析、力学、天文学和数学物理学），因而被称为最后一位数学通才。

这位能在数学的每一个角落随意漫步的数学家，一生发表近500篇研究论文，涉及数学的各个分支，他的许多贡献是划时代的，而且开创了许多领域的新纪元，而他最大的创造是拓扑学，他称之为位置分析。可以不夸张地说，庞加莱在拓扑学上的贡献比他在任何其他数学分支上的贡献都更加重要。

HENRI POINCARÉ

ANALYSIS SITUS

Journal de L'École Polytechnique

1895

庞加莱的《位置分析》Ⓟ

庞加莱从1892年开始对拓扑学进行系统的研究。1895年，他在《巴黎综合工科学校学报》第一卷上发表了一篇重要论文《位置分析》。在这篇体现出庞加莱实力的基本性的论文中，他用超过100页的篇幅从容不迫地奠定了这个领域的基础。

他先是给出了流形的几种不同定义:两种对分析学家非常方便;另一种更方便于构造低维实例,并且是现在所谓几何拓扑的基础;第四种则与群论有联系;最后一种定义则成为代数拓扑中的关键概念。

贝蒂Ⓦ

之后他定义了同胚、同调等基本概念,推广了意大利数学家贝蒂的工作,定义了贝蒂数。庞加莱还为每个流形赋予了一个全新的代数对象,他称之为基本群,并研究了一些流形的基本群。此外,他推广了欧拉示性数,首次引进了对偶定理。

1899—1904年,庞加莱又在几家顶尖数学杂志上陆续发表了5篇“增补”论文,作为他前一篇论文的补充。

发表于1899年的第一篇论文是对一位丹麦数学家批评的回应。在第二篇论文中,庞加莱讨论了贝蒂数的改进定义挠系数。在第三篇文章中他研究了一类特殊的代数曲面。庞加莱引入了一种全新的思想,将流形内部二维曲面上的变化看作在奇点处的变化。在第四篇文章中,他将此结果推广到任意代数曲面上。

在第五篇也是最后一篇发表于1904年的论文中,他指出自己在第二篇中的声明是错误的,为此他构造了一个惊人的反例。在53页的篇幅之后,在论文结束之处,他提出一个需要处理的问题:是否可能存在一个流形,其基本群是平凡群,但是它不同胚于三维球面(四维球的表面),这就是庞加莱猜想。

这六篇伟大的拓扑学论文仿佛凭空创造了组合拓扑学这门学科。在这一系列论文中,庞加莱最先系统而普遍地探讨了几何图形的组合理论,为组合拓扑学做出一系列创造性工作。第五篇增补论文的最后一句论断,即庞加莱猜想,更是对数学的发展产生了巨大的影响。

庞加莱的思想和方法被后继者沿用到1930年代。之后,组合拓扑学逐步演化成利用抽象代数的方法研究拓扑问题的代数拓扑学。事实上,组合(代数)拓扑几乎是庞加莱凭一已之力所创造的一门学科,这门新的学科推动了某些20世纪最伟大的成就的产生。

1896年
闵可夫斯基《数的几何》出版

闵可夫斯基Ⓦ

19世纪初，德国数学家高斯开创了二元二次型的研究，开始以几何观点研究二次型的算术性质。19世纪即将结束的时候，另一位德国数学家闵可夫斯基出版了《数的几何》，大大推进了这一研究。

闵可夫斯基是一位典型的神童。在中学时代他各方面表现都非常优秀。他用5年半的时间完成了中学8年的课程，并于1880年进入柯尼斯堡大学校门。

在大学读书期间，他非凡的数学创造力得到一次完全显现的机会。

1881年春天，法兰西科学院发布通告，悬赏解答一个数学问题：求一个整数分解为5个平方数之和的表示法的个数。这个问题是当时数论的前沿问题之一。

年仅17岁的闵可夫斯基接受了挑战。他深入钻研前人特别是高斯的著作。最终，他不仅以独创的方法解决了这一问题，而且他的论文远远超出原来问题规定的范围。

位于格丁根的闵可夫斯基故居Ⓦ

这次数学大奖规定，要在1882年6月1日截止日期前，把论文译成法文提交给法兰西科学院。当闵可夫斯基注意到这一规定时，把他那140页的论文译成法文，已经来不及了。但他还是投稿应征，只是在论文前面加上自己的说明：数学问题本身如此吸引他，以致他没有注意到大奖规则，希望法兰西科学院不要因此忽略他的内容。

1883年春，大奖揭晓，他与英国数学家史密斯共同赢得极富盛名的法兰西科学院大奖。一位评委鼓励他：干吧！我请求你，成为一位伟大的数学家。

闵可夫斯基真的成了一位大数学家。只可惜的是，他不幸于1909年突发急性阑尾炎，不治身亡，去世时年仅44岁。在短暂的一生中，他在数学与物理方面都有开创性的研究成果发表。在物理学方面，他的工作为相对论提供了数学工具，在他的工作中可找到"相对论数学的整个武器库"。

在数学方面，他取得重要成果的一个领域是二次型理论。这首先体现在他获法兰西科学院大奖的工作中。获奖后，闵可夫斯基继续研究了n元二次型，他用几何方法研究这一问题，获得了十分精彩和清晰的结果。他把用这种方法建立起来的关于数的理论称为"数的几何"，这是闵可夫斯基最有独创性的工作。1896年，他出版了有关的系统论著《数的几何》，其中对"数的几何"的真正含义给出了系统的描述，并系统地总结了他在这一领域的开创性工作，使该学科成为数论的一个独立分支。

二次型的几何构成"数的几何"中一个独立的篇章。在证明n元二次型存在最小上界的过程中，闵可夫斯基建立了一个普通的几何引理。这一引理十分重要，后来被称为"数的几何中的基本定理"，它的作用被人们赞为"全部数的几何都基于这个引理"。

他应用几何方法对连分数理论和n维空间的凸性理论作了探索，建立了非常重要的闵可夫斯基凸体定理。这一定理是数的几何中最重要的定理，并且是数的几何得以发展成数论一个独立分支的基础。

在对凸体的研究中，闵可夫斯基还定义了基于n维空间的凸体的距离，得到了著名的闵可夫斯基不等式，并由此确立了相应的几何，建立了一种类似于现代度量空间的理论，常被称作"闵可夫斯基几何"。他的这一工作为1920年代赋范空间理论的创立铺平了道路。

闵可夫斯基墓⓪

1896年 阿达马和瓦莱-普桑证明素数定理

阿达马Ⓦ

瓦莱-普桑Ⓦ

素数的研究在数学中尤其是在数论中占有极其重要的地位。而素数在正整数中的分布情况，则成为数论中最重要和最有吸引力的中心问题之一。

素数是完全随机的呢，还是以某种规律或某种确定的模式出现呢？在对正整数中素数的分布进行研究时，一个相当明显的模式终于在18世纪末被发现了。

1792年，15岁的高斯在对素数的研究中，敏锐地发现小于x的素数的个数可粗略估计为$\frac{x}{\ln x}$。1798年，法国数学家勒让德在对素数分布进行观察后，得到一个结果：小于x的素数的个数大致等于$\frac{x}{\ln x-1.08366}$。

数论中经常用$\pi(x)$表示不大于x的素数的个数，高斯与勒让德两人的猜测都是考察当x越来越大时$\pi(x)$的渐进行为。他们的猜测指出：当x趋近于无穷大时，$\frac{\pi(x)\ln x}{x}$随着x的增大将趋向于1，这就是著名的素数定理。

高斯与勒让德都没有给出证明。之后几十年也没有人做到这一点。直到1896年，法国数学家阿达马与比利时数学家瓦莱-普桑几乎同时，但各自独立地证明了这一结果。因此他们共同分享了建立这一数学里程碑的荣誉。

由此，高斯、勒让德的猜想成为确定的事实。从问题的提出到获得解决，花费了人类一个世纪的时间。这一美妙而深刻的结果被称为素数定理。由这一名称就可体现出它的重要性。事实上，素数定理可看作是素数分布理论的中心定理，它证实了素数的分布与自然对数之间存在非同寻常的关联，堪称数学中最壮观、最令人吃惊的成果之一。

1897年
第一届国际数学家大会召开

“全世界数学家，联合起来！”

1897年苏黎世国际数学家大会海报Ⓟ

1893年，已成为数学圈传奇人物的德国数学家克莱因在芝加哥数学与天文学大会开幕式上，作了“数学的现状”的发言，在发言最后他发出这样的呼吁。

这一呼吁表达了当时许多数学家的心声。19世纪下半叶，数学教育与研究的规模空前扩大，数学家人数迅速增加，导致各国数学会陆续建立。在国家层次上加强联系与交流的需要，使一些数学家意识到开展有组织的国际数学家合作的必要性。克莱因与康托尔都是这一想法的早期倡导者。

1897年，在经过认真的准备后，第一届国际数学家大会终于在瑞士苏黎世顺利召开，来自16个国家的208位数学家参加了大会。瑞士数学家、苏黎世联邦理工学院教授盖泽是该届大会的主席，苏黎世联邦理工学院的数学家们负责组织工作。大会上作报告的数学家共4位：庞加莱（因病缺席，由他人宣读其论文）、赫尔维茨（德国）、克莱因和佩亚诺（意大利），其中庞加莱的《关于纯分析和数学物理》及克莱因的《目前高等数学问题》产生了比较大的影响。

这次大会是货真价实的数学会议。数学议程被分为具有一般性的大会演讲和在指定分组中的专门演讲。大会演讲者由组织委员会邀请。由这次大会开始的数学议程构架的许多基本特点至今仍然保留着。

大会决议还确定了国际数学家大会的目标（包括推动不同国家数学家之间的个人交往；考察数学各个分支及其应用的现状，并提供解决特别重要问题的机

第9届国际数学家大会与会者合影Ⓟ

会等)，并决定成立常设委员会来实施这些目标。

1900年，第二届国际数学家大会在巴黎举行。此后，国际数学家大会每4年举行一次，只有因一战、二战中断过，还有1982年的那届推迟到1983年。中国数学家最早参加的是第9届大会(1932年，瑞士苏黎世)。而2002年，在北京举行了第24届国际数学家大会。

自1950年国际数学联合会成立后，大会的议程安排由联合会指定的顾问委员会决定，邀请一批世界一流的数学家分别在大会上作1小时的学术报告。或在学科组的分组会上作45分钟的学术报告。得到会议邀请的这些报告被认为反映了近期数学中重要的成果与进展而受到高度重视。凡是出席大会的数学家，还都可以申请在分组会上作10分钟的学术报告。

从第10届大会开始颁发菲尔兹奖。之后每届大会的开幕式上都会宣布菲尔兹奖获奖者名单，并颁发金质奖章和1500美元奖金，再由他人在大会上分别介绍获奖者的工作。

四年一度的国际数学家大会现已成为最高水平的全球性数学科学学术会议，它为全世界的数学家提供了交流数学成果，展示、研讨数学发展的国际舞台，被誉为数学界的奥林匹克盛会。

当年的苏黎世联邦理工学院——第一届国际数学家大会召开地Ⓦ

1898年
波莱尔奠定测度论基础

古典的数学分析理论，基本上是处理连续函数的。但随着数学的发展，数学中出现了许多“奇怪”的“很不连续”的函数，这些函数致使当时的黎曼积分理论暴露出较大的局限性。因为函数的不连续点影响了函数的可积性，所以数学家们转向函数的不连续点集的研究，并在解决这一问题的过程中，开始探讨将只适用于区间的“长度”概念扩充到更一般的点集上去。许多数学家思考了这些问题，并由此产生了“容量”和“测度”的概念，它们是长度等概念的推广。

波莱尔Ⓦ

在这一问题的研究上，迈出一大步的是法国数学家波莱尔。

LEÇONS

SUR LA

THÉORIE DES FONCTIONS

PAR

ÉMILE BOREL,

MAITRE DE CONFÉRENCES A L'ÉCOLE NORMALE SUPÉRIEURE.

PARIS,

GAUTHIER-VILLARS ET FILS, IMPRIMEURS-LIBRAIRES

DE L'OBSERVATOIRE DE PARIS ET DU BUREAU DES LONGITUDES,

Quai des Grands-Augustins, 55.

1898

(Tous droits réservés.)

《函数论讲义》Ⓟ

波莱尔重要的数学工作是他的测度论。他是在处理表示复函数级数的收敛点集时，被引向这一理论的。他在这一方面的工作包含在他的《函数论讲义》一书中。

在这本书中，波莱尔提出把一个有界开集的各个构成区间的长度总和，作为这个开集的测度。进而他定义可数个不相交可测集的并集及具有包含关系的两个可测集的差集的测度；然后考虑零测度集，证明可数集的测度为零，并证明测度大于零的集必不可数。

书中，波莱尔还提出有限覆盖定理。由此，他把测度从有限区间扩大到更大一类点集(即现在所称的波莱尔可测集)上，为测度论奠定了基础。

1899年 希尔伯特《几何基础》出版

几何学是数学中最古老的一门分支学科。欧几里得集古希腊数学知识之大成，编成13卷《几何原本》。这本开创几何学的巨著建立了公理化的典范。

由于《几何原本》的成就太过辉煌，很长一段时间内，除了少数几个怀疑者，绝大多数人认为，欧几里得几何就是绝对真理，《几何原本》无懈可击。

直到差不多19世纪，欧几里得几何才重新被人审视。特别是第五条公理(即欧几里得第五公设)，看上去不像是一条公理，但老也证不出。结果，有几位数学家开始另辟蹊径。他们惊讶地发现，在否定这条公理之后，依然可以得到不产生矛盾的新几何学——非欧几何。这说明，欧几里得几何不是绝对真理。此外，《几何原本》中的定义也成问题，诸如：点没有部分；线有长度没有宽度；线的界限是点；直线是同其中各点看齐的线；面只有长度和宽度；面的界限是线，等等。这似乎也太依赖于直觉了，当然，对于测量员或木匠，这些几何知识是足够了，但对于数学家来说，这种定义忽略了数学上的严谨，因此引起了数学家的不满，觉得有必要重新整理几何的基础问题。

希尔伯特Ⓦ

1899年，德国大数学家希尔伯特出版了著名的《几何基础》，以严格的公理化方法重新阐述了欧几里得几何学，第一次给出了完备的公理系统。这在数学史上具有划时代的意义。

希尔伯特的出生地柯尼斯堡是拓扑学的发祥地，也是哲学家康德的故乡。每年4月22日，康德墓都会对公众开放。此时，年幼的希尔伯特总会被母亲带去，向这位伟大的哲学家致敬。在中学时代，希尔伯特就勤奋好学，他师从林德曼，23岁时便以一篇关于不变量理论的论文跻身数学界。

希尔伯特的《几何基础》正文共有7章。第一章中提出了5组公理，共20条。第一组为关联公理，共8条，其中规定了最基本的概念“属于”；第二组为顺序公理，共4条，展开了“介于”这一概念；第三组是合同公理，共5条，目的是写出类似合同关系的一些性质，它们要足以纯逻辑地推导出与合同关系有关的全部定理；第四组只包含一条平行公理（即欧几里得的第五公设）；第五组为连续公理，共2条（第一版中只有一条，叫做度量公理或阿基米德公理，后来又加了一条完备公理）。这20条公理就被称为希尔伯特公理体系。第二章论述了公理的相容性和相互独立性。第三、四章分别为比例论和平面中的面积论。第五、六章分别讲述了德萨格定理和帕斯卡定理。第七章介绍了基于第一组到第四组公理的几何作图。

值得一提的是，希尔伯特在数学史上第一次明确提出了选择和组织公理系统的原则：1. 相容性，即从系统的公理出发不能推出矛盾，故亦称“无矛盾性”；2. 独立性，即系统的每一条公理都不能是其余公理的逻辑推论；3. 完备性，即系统中所有的真命题都可由该系统的公理推出。上述工作的意义远远超出了几何基础的范围，从而使得希尔伯特成为现代公理化方法的奠基人。

希尔伯特故居Ⓦ

1900年

希尔伯特提出23个著名数学问题

米塔-列夫勒Ⓟ

1900年，第二届国际数学家大会在法国巴黎召开，与会者共229人。庞加莱是该届大会的主席，埃尔米特担任名誉主席。大会上作报告的数学家共有4位，分别是庞加莱、康托尔、米塔-列夫勒（瑞典）与沃尔泰拉（意大利）。

这届大会因希尔伯特在历史与教育两组联席会上的讲演《未来的数学问题》区别于其他各届大会，在数学史上有其独特的地位。在刊印的讲稿中，希尔伯特根据19世纪数学研究的成果与发展趋势，列出了23个问题，但在实际讲演中因时间关系只讲了其中10个。这些问题涉及现代数学的大部分领域，数学史上称之为“希尔伯特数学问题”。迄今为止，希尔伯特数学问题中的半数以上已解决或基本解决。有些问题虽未最后解决，但也取得了重要进展。

希尔伯特的23个数学问题及其解决情况简介如下。

1. 连续统假设

1874年，康托尔猜测在可数无穷（自然数基数）和实数连续统的基数之间不存在别的基数，此即著名的连续统假设。1938年，奥地利—美国数学家哥德尔首先证明了广义连续统假设（从而连续统假设）与ZF公理系统是相容的，这意味着连续统假设在ZF公理系统中不可否证。1963年，美国数学家科恩证明了连续统假设与ZF公理系统相互独立，

沃尔泰拉Ⓦ

四面体Ⓢ

这意味着连续统假设在ZF公理系统中不可证明。希尔伯特第一问题在这一意义下已获解决。

2. 算术公理的相容性

欧氏几何的相容性可以归结为算术公理的相容性。希尔伯特曾提出用形式主义证明论方法加以证明。1931年,哥德尔提出不完备性定理,证明了希尔伯特关于算术公理相容性的“元数学”方法不可能实现。1936年,德国数学家根岑采用超限归纳法证明了算术公理系统的相容性。

3. 两等底等高四面体之不剖分相等

证明存在两个等底等高却不剖分相等、甚至也不拼补相等的四面体。1900年底,希尔伯特的学生、德国数学家德恩对此问题给出了肯定解答。第三问题成为最先获解的希尔伯特问题。

4. 直线为两点间的最短距离

此问题提得过于一般。希尔伯特之后,许多数学家致力于构造和探讨各种特殊的度量几何,在此问题的研究上取得很大进展,但问题本身并未完全解决。

5. 去掉定义群函数的可微性假设的李群概念

此问题可简称为连续群的解析性,即是否每一个局部欧氏群都一定是李群。1952年,由美国数学家格利森、蒙哥马利和齐平共同解决。1953年日本数学家山边英彦得到了完全肯定的结果。

6. 物理学公理化

这是一道非数学的问题。希尔伯特建议用数学公理化方法推演物理学。在量子力学、量子场论、热力学等方面,公理化也已取得很大成功。不过,对于物理学是否能全盘公理化,许多人表示怀疑。

格利森1959年在柏林Ⓞ

7. 某些数的无理性与超越性

张益唐Ⓦ

若 α 是代数数($\neq 0,1$)，β 是代数无理数，证明：α^{β} 一定是超越数或至少是无理数。苏联数学家盖尔芳德(1934年)和德国数学家施奈德(1935年)各自独立地证明了上述问题中 α^{β} 的超越性。但对确定所给的数是不是超越数，目前尚无统一的方法。

8. 素数分布问题

包括黎曼假设、哥德巴赫猜想和孪生素数猜想。一般情况下的黎曼假设仍未解决。中国数学家陈景润在后两个猜想方面取得世界领先地位，但离最终解决尚有距离。2013年，中国旅美数学家张益唐在孪生素数猜想上取得了重大进展。

9. 任意数域中一般互反律的证明

欧拉、勒让德最早发现了古典互反律，高斯研究了高次互反律，希尔伯特研究了代数数域上的互反律。那么任意数域中情况如何？此问题已由高木贞治(1921年)和奥地利—美国数学家阿廷(1927年)各自独立地给出部分解答。

10. 丢番图方程可解性的判别

是否存在判定任一给定丢番图方程可解的一般算法？1950年前后，美国数学家戴维斯、普特南、罗宾逊等取得关键性突破。1970年，苏联数学家马季亚谢维奇在此基础上证明了这样的算法不存在。

11. 系数为任意代数数的二次型

韦伊和他的妹妹Ⓦ

给定一个系数为任意代数数的多变元二次方程，求属于由系数所生成的代数有理域中的整数或分数解。德国数学家哈塞(1929年)和西格尔(1936、1951年)在此问题上获得重要结果。1960年代，法国数学家韦伊又取得了新进展。但此问题尚未得到彻底解决。

12. 阿贝尔域上的克罗内克定理在任意代数有理域上的推广

这一问题涉及类域论、群的上同调方法等众多领域。许多数学家对此问题开展了研究,得到部分解决。

阿诺尔德©

13. 不可能用仅有两个变数的函数解一般的七次方程

七次方程的根依赖于3个参数,这个函数能否用二元函数表示出来？1957年,苏联数学家阿诺尔德解决了连续函数的情形。1964年,苏联数学家维图什金又推广到连续可微函数情形。解析函数的情形则尚未解决。

14. 证明某类完全函数系的有限性

这是一个与代数不变量有关的问题。1958年,日本数学家永田雅宜给出了漂亮的反例。

15. 舒伯特计数演算的严格基础

有一个典型的问题:在三维空间中有4条直线,有几条直线能和这4条直线都相交？德国数学家舒伯特给出了一个直观的解法,希尔伯特要求将问题一般化,并给以严格基础。经过许多数学家的努力,舒伯特演算基础的纯代数化处理已成为可能,其代数几何基础已由荷兰数学家范德瓦尔登和韦伊建立。但舒伯特演算的合理性仍待解决。

阿廷©

16. 代数曲线与曲面的拓扑

这个问题分为两部分。前半部分涉及代数曲线所含闭分支曲线的最大数目。近年来不断有重要结果得到。后半部分要求讨论某类常微分方程极限环的最大个数和相对位置。苏联数学家彼得罗夫斯基曾宣称证明了方程中某多项式的次数为2时极限环的个数不超过3,但这一结论是错误的。1979年中国数学家史松龄和王明淑分别举出

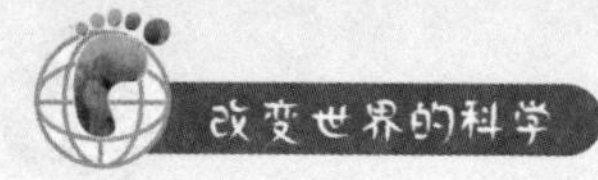

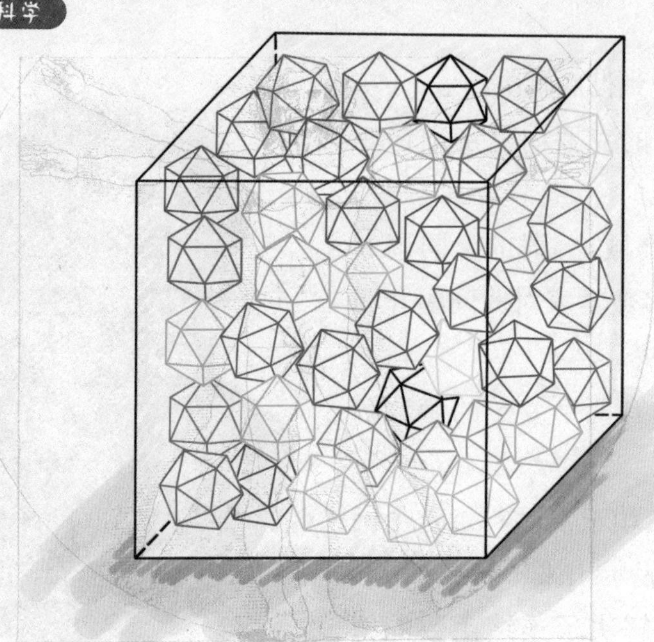

多面体充满全空间Ⓢ

了有4个极限环的反例。这个问题尚未得到彻底解决。

17. 半正定形式的平方和表示

一个实系数n元多项式对一切数组(x_1, x_2, …, x_n)都恒大于或等于0,这些多项式是否都能写成实系数有理函数之平方和的形式?1926年,阿廷证明这是正确的。

比伯巴赫Ⓦ

18. 由全等多面体构造空间

这个问题分为两部分。前半部分要求证明欧氏空间仅有有限个不同类的带基本区域的运动群。1910年,德国数学家比伯巴赫对此作出了肯定解答。后半部分要求研究是否存在不是运动群的基本区域,但经适当毗连可充满全空间的多面体。1928年,德国数学家莱因哈特对此作出了部分解答。

普莱梅依Ⓦ

19. 正则变分问题的解是否一定解析

此问题即是否每个正则变分问题的拉格朗

日偏微分方程都有解析解。1904年，苏联数学家伯恩斯坦证明了一个变元的解析非线性椭圆型方程其解必定解析。该结果后又被彼得罗夫斯基等数学家推广到多变元和椭圆型方程组，此问题接近解决。

德利涅Ⓞ

20. 一般边值问题

即在区域的边界上给定函数值时，对偏微分方程解的存在性判断问题。此问题的进展非常迅速，已发展成为一个很大的数学分支，目前还在继续研究。

21. 具有给定单值群的线性微分方程的存在性

此问题属于线性常微分方程的大范围理论。斯洛文尼亚数学家普莱梅依在1908年作出肯定回答，又被德国数学家勒尔（1957年）、比利时数学家德利涅（1970年代）大大发展。然而到了1980年代，有人指出普莱梅依的工作存在缺陷。1989年，苏联数学家鲍里布鲁克举出了反例。

22. 通过自守函数使解析关系单值化

此问题涉及艰深的黎曼曲面理论。1907年，德国数学家克贝解决了一个变数时的情形。复变数情形则尚未解决。

23. 变分法的进一步发展

这不是一个明确的数学问题。20世纪以来，变分法有了长足发展。

克贝Ⓦ

希尔伯特数学问题的研究与解决大大推动了数理逻辑、几何基础、李群论、数学物理、概率论、数论、函数论、代数几何、常微分方程、偏微分方程、黎曼曲面理论、变分法等一系列数学分支的发展，有些问题的研究还促进了现代计算机理论的成长。令人欣慰的是，20世纪数学的发展开辟了许多新的领域，也获得了许多辉煌的成果，远远超出了希尔伯特数学问题所能预见的范围。

1902年 勒贝格积分建立

在古希腊，几何学脱胎于“测量”。测量的对象是图形的长度、面积和体积等。那么，如何从数学上将这些测量对象严格化、精确化呢？这时摆在古希腊几何学家面前的大问题，主要有两个：一是如何定义长度、面积和体积的概念；二是如何求曲边图形的面积、体积。

这两点古希腊人都做得不错。面积、体积等概念已隐含在《几何原本》中，尽管在逻辑上尚不严格，特别是其中用到一些隐含的假设，只有到1899年希尔伯特《几何基础》的出版，问题才算解决。其次，阿基米德等在用其实是极限和积分的方法求曲边图形的面积、体积上已经取得了惊人成就，领先世界两千年，不过它的严格化不能仅停留在几何直觉上，需要依赖于分析学的建立。

17世纪分析学终于建立起来。从17世纪到19世纪初，曲面面积的存在性被认为理所当然，而积分仅被看成计算面积的方法。1823年，柯西扭转了这种方向，他把面积定义为积分本身。这样就引出了问题：什么样的曲面具有面积，什么样的函数具有积分？

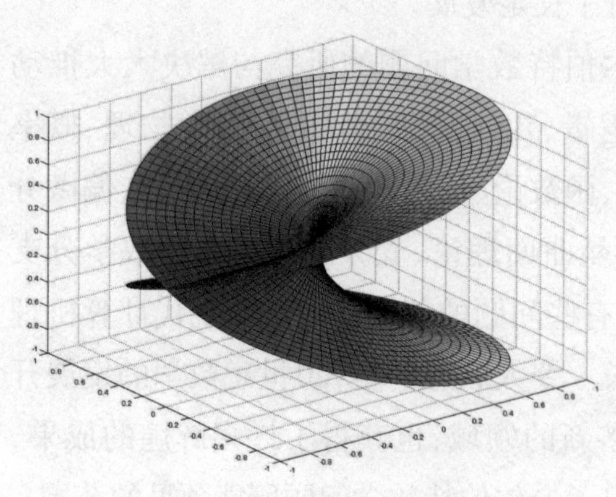
函数 $f(z)=\sqrt{z}$ 的黎曼曲面⓪

黎曼在1854年引进了黎曼积分，用他的方法我们可以计算任何由连续函数图像曲线为边界围成的曲面面积。当时许多人认为黎曼积分已经完美无缺了。但是，随着数学分支越来越多，数学

中出现了许多“奇怪”的函数与现象。例如，1875年法国数学家达布证明，对于有无穷多个间断点的函数也可以求定积分，只要这些间断点被包含在长度可以任意小的有限个区间之内就行。这些现象的产生，以及近代物理学的迅速发展，对数学中的积分理论提出了更高的要求，需要拓广可积函数类，减弱积分与极限交换次序的条件，突破黎曼积分的局限性。

勒贝格Ⓦ

要改变积分的定义，必须先研究点集的测度问题，将只适用于区间的“长度”概念扩充到更一般的点集上去。19世纪末，若尔当和波莱尔等人已试图把面积、体积、长度等概念推广到任意点集而得出一般的“测度”概念。

法国数学家勒贝格将这套想法更加一般化，构造了一种可列可加的测度，现称为勒贝格测度。

勒贝格出生于法国的博韦，他的父亲是一位印刷厂的排字员，酷爱读书。在父亲的影响下，勒贝格从小便勤奋好学。可惜好景不长，勒贝格的父亲在他童年时就因为肺结核去世，他们的家境迅速衰落。还好，在他老师的帮助下他进入了中学，后来进入了巴黎高等师范学校。

1902年，勒贝格定义了一种积分，通过将函数值相近的点放在一起划分定义域（点集），代替从左至右划分积分区间，把 $f(x)$ 的定义域分为若干个勒贝格可测集，然后同样作积分和，使积分归结为测度。这样，定义在更一般点集上的函数也可以求积分了。所有在黎曼意义下的可积函数在勒贝格的定义之下仍然可积，而且它们的值相等；但是一些勒贝格可积函数在黎曼意义下是不可积的。而且若原来分子区间情况下的黎曼积分不收敛，现在用分可测集的方法就可能会产生收敛。这样的积分现称为勒贝格积分，它减弱了积分与极限交换次序的条件，从而突破了黎曼积分的局限性，进一步发展了积分理论。

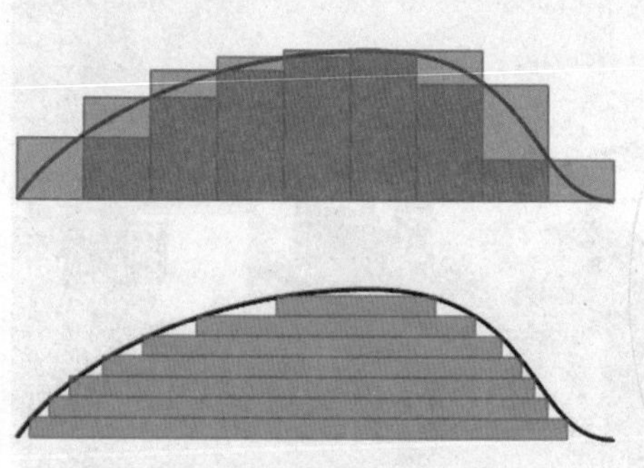

黎曼积分（蓝色）和勒贝格积分（红色）Ⓢ

1903年

罗素悖论提出

罗素Ⓦ

康托尔建立了无穷集合论之后，集合的概念渗透到众多数学分支。但1900年前后，集合论中出现了3个著名悖论，引发了第三次数学危机。其中影响最大的当属罗素悖论。

说起罗素，真是个颇具传奇色彩的人物，他是英国的数学家、哲学家和逻辑学家，不过他却在1950年获得过诺贝尔文学奖。罗素出生于1872年，当时英国正值巅峰，逝于1970年，此时英国经历两次世界大战后，帝国已经衰落。

1902年，罗素在给德国逻辑学家弗雷格的一封信中，提出了一个悖论：设S为一切不属于自身的集合（即不含自身作为元素）所组成的集合（在“朴素集合论”中这样的S是合法的）。那么，S是否属于S？若S属于S，则S是S的元素，于是S不属于自身，矛盾；反之，若S不属于S，则S不是S的元素，于是S属于自身，亦矛盾。

对于弗雷格来说，罗素的这封信无异于“重磅炸弹”。因为弗雷格的一本得意之作已拿去付印，而罗素悖论却使得弗雷格感到自己工作的一块奠基石崩塌了。

罗素故居Ⓞ

这个后来被命名为“罗素悖论”的死循环还有一种更形象的表达，那就是理发师悖论：在某个城市中有一位理发师，他的广告词是这样写的："本人的理发技艺十分高超，誉满全城。我将为本城所有不给自己刮脸的人刮脸，我也只给这些人刮脸。我对各位表示热诚欢迎！"来找他刮脸的人络绎不绝，自然都是那些不给自己刮脸的人。可是有一天，这位理发师从镜子里看见自己的胡子长了，他本能地抓起了剃刀，突然想到，自己能不能给自己刮脸呢？如果他不给自己刮脸，他就属于"不给自己刮脸的人"，他就要给自己刮脸，而如果他给自己刮脸呢？他又属于"给自己刮脸的人"，他就不该给自己刮脸。真是左右为难。

理发师悖论Ⓢ

三大悖论（另两个是布拉利—福尔蒂悖论和康托尔悖论），尤其是罗素悖论使数学家们感到很"不安全"，于是努力设法消除这个怪物，这导致逻辑主义、直觉主义、形式主义学派相继出现。逻辑主义学派的代表人物为罗素和其老师英国数学家怀特海，他们两人合著了《数学原理》（罗素写了此书的绝大部分），共三卷，在1910—1913年出版。他们的基本观点是"数学即逻辑"，即全部数学都能够从纯粹逻辑推出。这样，只要不允许使用"集合的集合"这种逻辑语言，悖论就不会发生。但这一主张后来被证明不能实现。尽管如此，《数学原理》在方法论上的意义是不可忽视的。罗素和怀特海的工作推动了大量新见解和新知识的出现，并且形成了如类型论这样的逻辑体系。这些成果对于数学的发展有很大的积极影响。

在今天，第三次数学危机仍未彻底解决，但它极大地推动了人们对数学本质的思考。

罗素和怀特海的《数学原理》Ⓟ

1906—1912年

马尔可夫过程建立

马尔可夫Ⓦ

假如你漫无目的地开车兜风行驶到一个十字路口，下一步该朝哪个方向走呢？这与之前走过的路径无关，只取决于在当前路口的情况和驾驶员瞬时的念头。在现实生活中，我们经常会遇到这样的随机过程。这种在已知“现在”状态的条件下，“将来”的演变不依赖于“过去”演变情况的独立特性称为马尔可夫性（无后效性），具有这种性质的随机过程叫做马尔可夫过程，它是由俄国著名数学家马尔可夫建立的。

马尔可夫的父亲原来是一位低级官员，因仕途不顺全家搬到圣彼得堡。父亲在一个有钱的寡妇家里当管家，后来这个寡妇的女儿嫁给了马尔可夫。中学时，马尔可夫经常离经叛道，在祈祷仪式上心不在焉，幸好因为数学能力出众，没被开除。马尔可夫在中学时期就自学了微积分，他独立发现了一种微分方程的解法，就写信给一位著名数学家，信被转到圣彼得堡大学数学系，从此马尔可夫与圣彼得堡大学的数学家们建立了联系。1874年，马尔可夫考入圣彼得堡大学数学系，之后一直在该校工作，除“十月革命”期间曾因局势动荡而短暂离开过，直到1922年去世。

马尔可夫安葬在圣彼得堡Ⓞ

在19世纪下半叶，在圣彼得堡大学教授切比雪夫的领导下，圣彼得堡数学学派迅速发展起来，成为俄国在数学领域创建最早、实力最强、影响最大的学派。马尔可夫就是切比雪夫的学生，他跟随老师在分析、微分方程、数论、概率论等方面做了非常出色的工作，其中尤以概率论为最。1906—1912年，马尔可夫做了他最重要的工作，即提出并研究了一种可以用数学分析方法研究自然过程的一般图式——马尔可夫链，这就是马尔可夫过程的原始模型。用苏联数学家辛钦的话来说，马尔可夫过程就是承认客观世界中有一种现象，其未来由现在所决定，而过去的知识丝毫不影响这种决定。假如有一只被切除大脑的白鼠，它在若干个洞穴里串来串去的过程就是一个马尔可夫链。因为它没有了记忆，瞬间产生的念头决定了它去哪一个洞穴，这一个洞穴和它之前去过的洞穴并没有关系。

切比雪夫像⓪

有趣的是，马尔可夫并没有意识到这一模型在物理世界的应用，而是用语言学方面的材料来验证。在他的著作《概率演算》第四版中，他以普希金长诗《叶甫盖尼·奥涅金》两句长诗“我不想取悦骄狂的人生，只希望博得朋友的欣赏”中元音字母和辅音字母交替变化的规律，验证了只有两种状态的简单马尔可夫链在俄文字母随机序列中的存在。经过100多年发展，马尔可夫过程不仅极大丰富了概率论的内容，而且在自然科学、工程技术和公共管理事业中也有着广泛的应用。

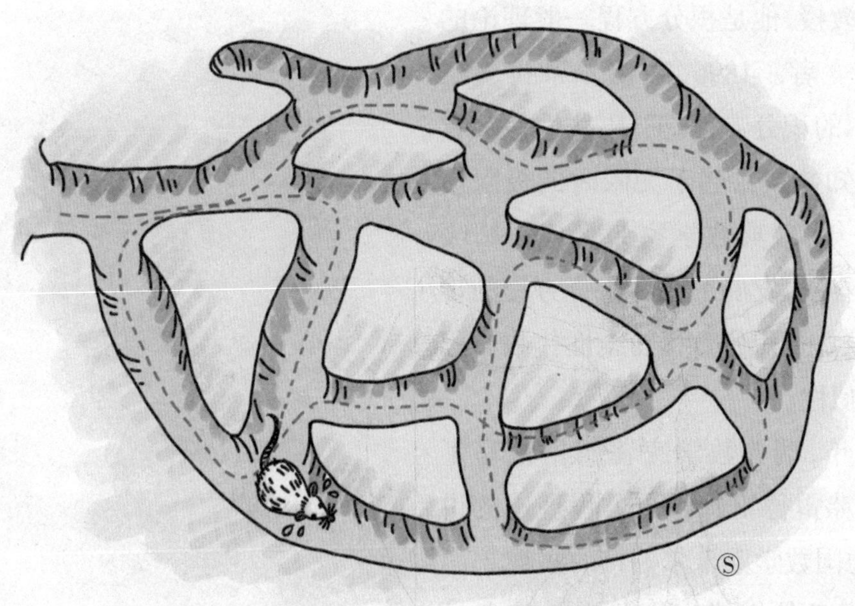

Ⓢ

1912年 希尔伯特《线性积分方程一般理论原理》出版

弗雷德霍姆Ⓦ

我们知道，当未知函数的微分出现在方程中时，就是微分方程；而积分方程，顾名思义，就是未知函数出现在积分号内的方程。积分方程的历史要比微分方程短得多。微分方程几乎是伴随着微积分的诞生而诞生。而积分方程则晚了几个世纪，拉普拉斯和傅里叶都接触过积分方程，第一个自觉地直接应用并解出积分方程的人，是19世纪初挪威数学家阿贝尔。1823年，阿贝尔在一份不出名的杂志上发表论文，文中考虑了一个力学问题，归结为求解一个简单的积分方程。1832年起，刘维尔解出了一些特殊的积分方程。刘维尔最有意义的一步，是通过积分形式的方程来解出微分方程(或确定它有解)。

阿贝尔和刘维尔的积分方程，后来被统称为沃尔泰拉方程，也分别被希尔伯特称为第一类积分方程和第二类积分方程。沃尔泰拉是意大利数学家，罗马的数学物理教授，他是积分方程一般理论的第一个创立者。1896年，沃尔泰拉观察到，阿贝尔的积分方程是有限线性代数方程组当未知数数目趋于无限时的极限情形。1900年，瑞典数学家弗雷德霍姆吸收了上述看法，发展了线性积分方程的理论，从而建立了积分方程与线性代数方程之间的相似性。

希尔伯特画像Ⓢ

1901年，瑞典数学家霍姆格伦写了一本论述弗雷德霍姆积分方程理论的讲义，引起德国数学家希尔伯特的兴趣。

“我们必须知道，我们必将知道。”

(Wir müssen wissen, wirwerden wissen.)这是1930年,希尔伯特在退休演讲时最后的六个单词,也是他的墓志铭。这句话鼓舞了一代的数学家。希尔伯特是一位名副其实的数学大师,有人将他称为“数学界最后一位全才”,他的老师是林德曼,他还有一位挚友,就是爱因斯坦的老师闵可夫斯基。

希尔伯特和闵可夫斯基的合照——前排左一闵可夫斯基,前排右一希尔伯特Ⓟ

希尔伯特有一个美满的家庭。好友闵可夫斯基在给希尔伯特的一封信中写道:“我也祝贺夫人为所有数学家太太树立了良好的榜样,她将令我们永生难忘。”希尔伯特的许多用来发表的论文是他的夫人用她那特有的娟秀笔迹抄写出的。闵可夫斯基甚至有一次责备希尔伯特在其著作前的鸣谢名单里没提到自己的夫人。

希尔伯特从1901年开始研究积分方程,并于1912年出版了《线性积分方程一般理论原理》一书。该书汇总了希尔伯特关于积分方程的研究成果,其中包括1904—1910年发表的6篇重要论文。

希尔伯特墓——上面刻有他的墓志铭“我们必须知道,我们必将知道”Ⓞ

希尔伯特通过严密的极限过程将有限线性代数方程组的结果有效地类比推广到积分方程。正是在这一过程中,他引进了无穷实数组的全体组成的集合,并在任意两个数组间定义了一种叫做内积的运算。

《线性积分方程一般理论原理》不仅发展了积分方程理论,还在现代物理学中获得了大量应用。由于希尔伯特在世界数学界的地位,积分方程在相当长的时间内成了一种世界性的“时尚”,产生了大量文献,其中多数价值不大。不过真正重要的一点是,它奠定了泛函分析的基础,有力推动了微分方程、解析函数、调和分析及群论等的发展。

1920年代—1930年代

费希尔等开创现代统计方法

假如要预测第二天的降水概率，气象台会怎么做？据说他们会找5个首席天气预测员来开会，认为会下雨的举手，结果有3个人说第二天会下雨，那么第二天的降水概率就是60%。当然，这只是一个笑话。不过，天气预报的确是用统计学方法作出的。统计是一种用途极为广泛的科学研究方法，除了气象学外，生物学、医学、经济学、心理学、社会学等各个学科都离不开它。在概率论迅猛发展的基础上，到19世纪上半叶，运用数学方法研究统计学的数理统计学已初步成型，大数学家高斯、拉普拉斯、泊松等均有贡献，但真正的奠基人则是英国数学家、哲学家皮尔逊和英国数学家、统计学家、遗传学家费希尔。

费希尔从小对数学和生物学(特别是进化论)充满了兴趣，1909年进入剑桥大学，主修农业。在这里，费希尔接触到孟德尔的遗传学，这个原本被遗忘了数十年的理论直到20世纪初才被重新发现。同生物学家不同，费希尔意识到进化论、遗传学和人口理论中的统计等数学方法的重要意义。1913年从剑桥大学毕业后，费希尔长期致力于生物统计学研究。他利用经营农场和在农业试验站工作的机会，获得了丰富的试验数据和资料。1933年，费希尔进入伦

费希尔Ⓦ

敦大学，接替皮尔逊成为优生学实验室主任。1943年，他又到剑桥大学任遗传学教授。1920年代—1940年代，费希尔提出了许多重要的统计方法，开辟了统计学的一系列分支领域，建立了推断统计学，为现代数理统计学作出了奠基性贡献。

费希尔曾就读的剑桥大学冈维尔与凯斯学院Ⓦ

费希尔发展了正态总体下各种统计量的抽样分布，将已有的相关回归理论改造为系统的相关分析与回归分析。1925年，他与英国统计学家耶茨合作创立了试验设计这一重要的统计学分支。与这种试验设计相适应的数据分析方法——方差分析，是费希尔在1923年提出的。试验设计倡导用统计方法设计试验方案，以提高试验效率，节省人力物力，因而产生了巨大的社会影响。

费希尔在1925年出版的《研究人员的统计方法》一书中提出了根据小数据样本和统计显著性精确测试进行准确推断的方法。费希尔也是另一门重要的统计学分支假设检验的先驱之一，他引进了显著性检验的概念。不过，费希尔关于检验程序的推导方法是直观的，在数学上尚不够精炼。

费希尔对数理统计学的众多贡献涉及估计理论、假设检验、试验设计和方差分析等重要领域，其影响力超过半个世纪，且遍及全世界。

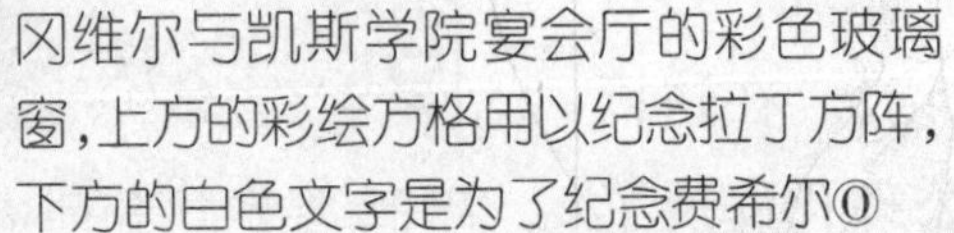

冈维尔与凯斯学院宴会厅的彩色玻璃窗，上方的彩绘方格用以纪念拉丁方阵，下方的白色文字是为了纪念费希尔Ⓞ

1921年
诺特奠定现代抽象代数学基础

诺特Ⓦ

1916年，一位才华横溢的女数学家来到德国格丁根大学。大数学家希尔伯特很器重她的才能，希望校方给她以不支薪讲师的身份讲课。但是由于对女性的传统偏见，格丁根大学有不少人文学科的学者极力反对。希尔伯特在校务会议上气愤地说：“我不明白为什么候选人的性别是阻碍她取得讲师资格的理由，我们这里毕竟是大学而不是浴池。”也许正是这番话激怒了这些学者，他们最终还是没有聘请她。希尔伯特没有办法，只好以自己的名义开班，实际上由她代课。这位女数学家就是20世纪最伟大的数学家之一诺特。

1882年，诺特出生在德国埃尔朗根的一个犹太人家庭，父亲是颇有名气的数学家。孩提时期的诺特对专为女孩子开设的钢琴、舞蹈等课程毫无兴趣，执意要学习数学。德国的大学允许女生注册后，她于1907年获得博士学位。1922年，诺特终于评上了教授，工作迈上新台阶，她走上了独立创建抽象代数学的道路。

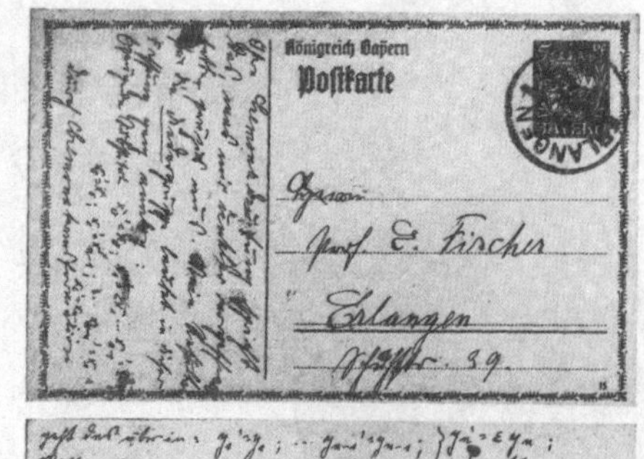
Königreich Bayern
Postkarte
Erlangen

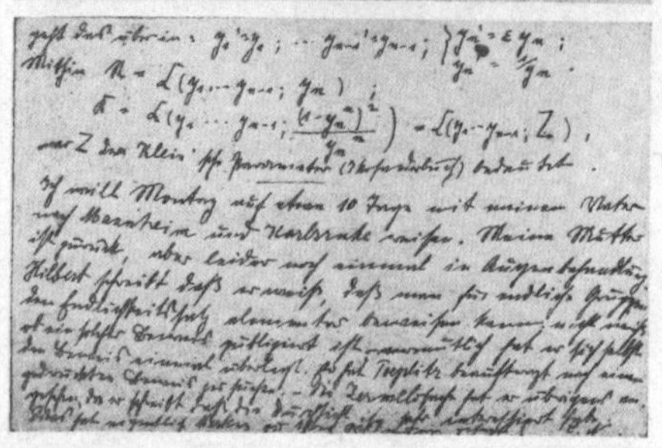
诺特写给她同事的讨论数学问题的信Ⓦ

抽象代数学是近代出现的一门重要的数学分支，它最初的发展可一直追溯到1820年代伽罗瓦对置换群的研究，这一举改变了代数学原来研究代数方程的方向。随后，离散群、连续群、有限群、无限群、域、理想等代数结构不断出现，人们对它们进行了抽象化尝试。然而，直到20世纪初，人们才给出了抽象群的公理化系统。1921年，诺特发表了《环中的理想论》。在这篇仅40多页的论文中，诺特用公理化发展了

纪念诺特的铭牌Ⓞ

一般理想论，奠定了抽象交换环理论的基础，这可以看作是现代抽象代数学的开端。

1927—1935年，诺特研究非交换代数与“非交换算术”。她把表示论、理想论及模理论统一在所谓“超复系”即代数的基础上，而后又引进交叉积的概念，并用来决定有限维伽罗瓦扩张的布饶尔群。1932年，诺特与德国数学家布饶尔、哈塞合作完成代数的主定理的证明，即代数数域上的中心可除代数是循环代数，这被德国数学家外尔称为是代数发展史上的一个重大转折。就在这一年，作为第一位被邀请在国际数学家大会上作报告的女数学家，诺特得到了许多数学家的赞扬，赢得了极高的国际声誉。一些年迈的数学家亲眼得见他们用旧式的计算方法不能解决的问题，被诺特用抽象代数方法漂亮而简捷地解决了。同年，她因在代数学方面的卓越成就，与抽象代数的另一位奠基人阿廷一起获得阿克曼·特布纳奖，声望达到了顶点。

1933年10月，因希特勒对犹太人的迫害诺特前往美国。两年后，53岁的她不幸死于外科手术。由于诺特的工作对理论物理的深远影响，大科学家爱因斯坦称赞她是“自从妇女开始受到高等教育以来最重要的、富于创造的数学天才”。诺特终身未婚，学术论文只有40多篇，但她对抽象代数学的发展影响巨大，被称为“抽象代数之母”。她深爱自己的学生，她身边形成了一个熙熙攘攘的“家庭”，这些“诺特的孩子们”中有十几位后来成为著名的数学家。

在美国的布林莫尔学院，诺特度过了生命中最后的两年Ⓦ

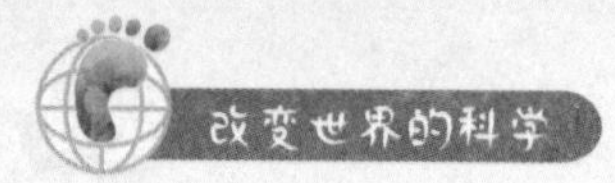

1922年 巴拿赫引进线性赋范空间

巴拿赫Ⓦ

1916年的某一天，在波兰克拉科夫的一个公园里，24岁的大学数学系毕业生巴拿赫正在和人讨论数学，引起了正在散步的波兰数学家斯坦因豪斯的注意，两人由此结识。几天后，巴拿赫解决了斯坦因豪斯的一个久思而不得其解的问题，他们俩便开始了一段长久的合作和友谊。1920年，巴拿赫获得利沃夫技术大学博士学位，1927年成为利沃夫大学教授。他和斯坦因豪斯一起成为利沃夫学派的领袖，主要研究领域是泛函分析。

泛函分析是以微积分为主体的经典分析的自然推广，泛函是函数集与数集之间的对应关系。20世纪，在集合论的影响下，空间和函数这两个基本概念进一步发生变革。“空间”被理解为具有某种结构的集合，该集合中的元素（可以是任意的抽象对象）之间受到某种关系的约束，这些关系被称为空间结构。“函数”的概念被推广为两个空间（包括一个空间与其自身）之间元素的对应（映射）关

利沃夫大学Ⓞ

系。

苏格兰咖啡馆所在地ⓞ

1906年,法国数学家弗雷歇在其博士论文《关于泛函演算的若干问题》中提出了线性距离空间的概念。希尔伯特则在研究积分方程时引进了线性内积空间。1907年,希尔伯特的学生施密特又引进了完备的线性内积空间——希尔伯特空间。1909年,匈牙利数学家里斯在研究积分方程时导出了 L^p 空间,它不是希尔伯特空间,但可以有范数。在这些空间里,强收敛、弱收敛、紧性、线性泛函、线性算子等基本概念已经得到初步研究。

1922年,巴拿赫提出了比希尔伯特空间更一般的线性赋范空间的概念,用与角度概念无关的范数替代内积去定义距离及收敛性。他建立了线性算子理论,证明了作为泛函分析基础的三个定理,概括了许多经典的分析结果。1923年,巴拿赫又提出完备线性赋范空间的概念,后人称之为巴拿赫空间。数学分析中常用的许多空间都是巴拿赫空间及其推广,这一理论迅速得到了广泛的应用。

利沃夫学派研究数学的方式很特别,他们经常到一家"苏格兰咖啡馆"喝咖啡,热烈地讨论问题,把不断提出的新问题记录在咖啡馆的一本笔记本上,由侍者保存。在第二次世界大战期间,波兰很多数学家被害或失踪,巴拿赫也被迫在一个预防伤寒病的研究所里喂养昆虫,但这些本子却不可思议地被巴拿赫夫人在战火中保存了下来,后来公开出版。

巴拿赫是波兰的伟大数学家,他幼年家贫,曾经因第一次世界大战而辍学,通过不间断地自学才最终走上数学研究的道路。他一生共发表了60多篇论文,发现了许多新的定理,这些定理后来成为数学里不同领域的基础。

波兰克拉科夫的巴拿赫雕像ⓞ

1931年

哥德尔提出不完备性定理

哥德尔与爱因斯坦在普林斯顿Ⓒ

1945年，66岁的爱因斯坦从美国普林斯顿高等研究院退休，他不再研究老问题，也不再提出新问题了。但他仍然常去办公室，用他自己的话说：“我的工作没啥意思，我来上班就是为了能有同哥德尔一起散步回家的荣幸。”哥德尔来自奥地利，直到1953年，在爱因斯坦和匈牙利—美国数学家冯·诺伊曼的鼎力相助下，才获得正教授职位。不过，他在数理逻辑方面的划时代工作早在20年前就完成了。

1900年，希尔伯特在国际数学家大会上，提出了新世纪里数学家应努力去解决的23个问题，其中第二个与几何公理化体系完备化有关，而且后来发展成著名的希尔伯特计划。

1931年，名不见经传的奥地利数学青年哥德尔发表了题为《论〈数学原理〉

哥德尔曾在维也纳大学学习数学Ⓦ

哥德尔的办公室所在的富尔德楼Ⓦ

及有关系统中的形式不可判定命题》的论文，其中给出了著名的不完备性第一定理，阐述了关于存在不可判定命题的一般结果。就算术系统来说，“任一足以包含自然数算术系统的形式系统，如果是相容的，则它一定存在一个不可判定命题，即它与它的否命题在该系统中皆不可证。”同年，哥德尔又推广了第一定理，得到了不完备性第二定理：“如果一个足以包含自然数算术系统的公理系统是相容的，那么这种相容性在该系统内是不可证明的。”这两个定理合称哥德尔不完备性定理，它们揭示了形式化方法的不可避免的局限性，使希尔伯特计划受到沉重打击，给了希尔伯特第二问题一个否定的解答。

哥德尔不完备性定理说明，数学比我们想象的要复杂，即使从原则上说，它也是不可穷尽的。在数学中“真”与“可证性”这两个曾被当作没什么区别的概念，自哥德尔之后就全然不同了。当然，这并不意味着公理化方法的消亡。相反，它带来了数学基础研究的划时代变革。人们在放宽工具限制的情况下，创造了超限归纳法等一些新方法，使数理逻辑在新的起点上获得了新的发展。

2000年，《时代》杂志公布了一份20世纪100个最有影响人物的名单，其中最有影响的数学家就是哥德尔。他在数学上的地位，就像爱因斯坦在物理学上的地位一样。1940年，哥德尔因政治避难来到普林斯顿，与爱因斯坦成为忘年交，直到爱因斯坦去世。但是，哥德尔生活中离群索居，有点怪异，晚年更为严重。最后，他因担心别人投毒而拒绝进食，瘦得不足60斤，最终因营养不良和身体机能衰竭而于1978年去世。

哥德尔墓Ⓦ

1933年 科尔莫戈罗夫建立概率论公理化体系

贝特朗Ⓦ

19世纪末，随着几何概率的逐步发展，出现了一些自相矛盾的结果。其中最著名的是“贝特朗悖论”，它由法国数学家贝特朗在1899年提出：在圆内任作一弦，求其长超过圆内接正三角形边长的概率。此问题可以有三种不同的解答。

(1) 由于对称性，可预先固定弦的方向。作垂直于此方向的直径，只有交点至圆心距离小于半径的1/2的弦，其长才大于内接正三角形的边长。设一条直径上的所有交点是等可能的，则所求概率为1/2。

(2) 由于对称性，可预先固定弦的一端。仅当弦与过此端点的切线的交角在60°与120°之间时，其长才符合要求。设由此端点出发的向着切线一侧的所有方向是等可能的，则所求概率为1/3。

(3) 弦被其中点位置所唯一确定。只有当弦的中点落在半径缩小一半的同心圆内，其长才符合要求。设中点在这个圆内的位置是等可能的，则所求概率为1/4。

这类悖论说明，当一个随机试验有无穷多个可能结果时，很难客观地规定“等可能”这个概念。这反映出几何概率的逻辑基础不严密，以及拉普拉斯古典概率的局限性。

20世纪初完成的勒贝格测度和勒贝格积分理论，以及随后发展起来的抽象测度和积分理论，为概率论公理化体系的确立提供了理论基础。1933年，苏联数学家科尔莫戈

左边为科尔莫戈罗夫Ⓞ

1912年的莫斯科大学Ⓦ

罗夫所著《概率论基础》一书出版，书中第一次给出了概率的测度论式的定义和一套严格的公理化体系。这一体系着眼于规定事件及事件概率的最基本性质和关系，并用这些规定来表明概率的运算法则。它们从客观实际中抽象出来，既概括了概率的古典定义、几何定义及频率定义的基本特性，又避免了各自的局限性，在概率论的发展中占有重要地位，对后来建立的随机过程论也提供了必要的基础。

由于科尔莫戈罗夫的贡献，概率论得到了飞速发展，尤其是21世纪这10多年里，以前一向对概率论不愿问津的菲尔兹奖，频频颁发给概率论方面的工作。概率论终于登上了数学殿堂里的主殿，科尔莫戈罗夫的影响是举足轻重的。此外，概率论也得到了广泛的应用，它为随机过程、信息论、数值计算等应用数学以及物理学、计算机科学、经济学等多门科学提供了必要的基础，在证券业、保险业、企业管理和体育竞赛、实验活动等方面也发挥了至关重要的作用。

科尔莫戈罗夫雕像Ⓞ

科尔莫戈罗夫出生于1903年4月。他一出生就陷入悲惨境地：他是非婚生子女。他父亲是一位农学家，因参加革

课堂上的科尔莫戈罗夫⑩

命被沙皇政府流放，十月革命后回来在农业部担任部门领导，1919年在一次战斗中阵亡。他母亲是在一次旅途中生的他，生下他便离开了人世。他在外祖父家由两位姨妈带大。姨妈们引导他对书本和大自然产生兴趣，开拓他的好奇心，讲述田野、星星与宇宙演化的故事。姨妈雅科夫列娜还创办了一个有十多个不同年龄段孩子的家庭学校。在这种新的教育模式下，科尔莫戈罗夫在五六岁时就领受到数学发现的乐趣。1920年，科尔莫戈罗夫进入莫斯科国立大学。最初，他曾向往冶金，因为当时人们认为工程比纯科学更为重要。后来，他又对历史产生了兴趣，还写了一篇论文，得到了著名历史学教授巴赫罗欣的赞赏。但巴赫鲁欣对他说，你为你的论点提供了一个证明，在你学习的数学中，这或许就够了，但是我们历史学家喜欢至少要有五个证明。最终，他还是选择了"只要一个证明就够了"的数学为职业。1922年，科尔莫戈罗夫写出了关于傅里叶级数和关于集合运算的两篇著名论文，震动了国际数学界。这时，他还只是一个大学三年级的学生。他就此一发不可收拾，开始了长达60多年的高强度和高创造性的数学研究工作。

科尔莫戈罗夫的贡献远不止概率论，他是与庞加莱、希尔伯特、外尔、冯·诺伊曼并列的20世纪最杰出的数学家，同时还是杰出的教育家，在数学教育方面做了许多努力，在他身边形成了强大的学派。他访问过"数学圣地"格丁根，与这里的数学家广泛交往。苏联数学和西方数学曾在相当长的一段时间内独立地、平行地发展着。1960年代，一切开始慢慢解冻。西方数学家惊讶地发现，苏联数学并未落后，甚至很大一部分数学超越了西方同行的工作，其中科尔莫戈罗夫建立概率论公理化体系被公认为是苏联数学最杰出的工作。

1936年 第一届菲尔兹奖颁发

菲尔兹奖是加拿大数学家和教育家菲尔兹倡议设立的，这是世界范围内第一个数学大奖，被誉为数学界的“诺贝尔奖”。

菲尔兹Ⓟ

本来，数学就应该是全人类共同的智力财富，至少对纯数学是这样。然而，由于第一次世界大战的影响，敌对国的某些数学家也互相敌对起来，这在四年一度的国际数学家大会上充分体现。1920年，因为大会在法国斯特拉斯堡（战前属德国）举行，德国拒绝参加。1924年，在加拿大举行的国际数学家大会就没有邀请德国等国家的数学家。1928年的那届在意大利博洛尼亚举行，由于希尔伯特坚持，德国才得以参加。这很可能触发了菲尔兹建立一项国际性奖金的念头，因为菲尔兹强烈地主张数学发展应该是国际性的。此外，众所周知的诺贝尔奖中没有数学奖项，这或许也是菲尔兹考虑设置菲尔兹奖的重要原因之一。

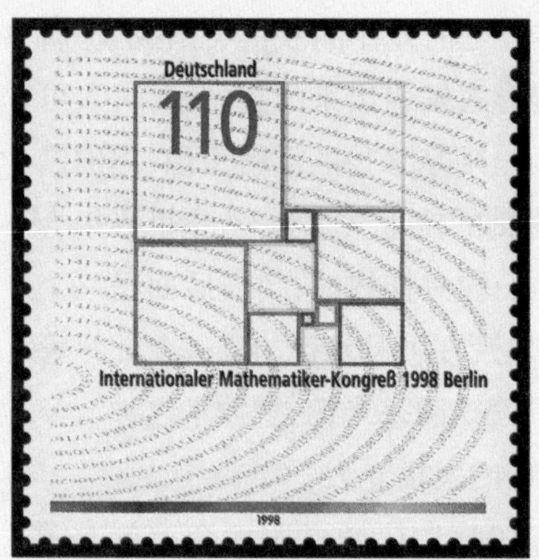

1998年柏林国际数学家大会纪念邮票Ⓦ

菲尔兹从小父母早逝，家境不太好。后远渡欧洲，通过自己的刻苦努力，终于成为一位数学家兼教育家。他曾任多伦多大学教授，1907年当选为加拿大皇家学会会员。为了使北美洲的数学迅速发展，他率先在加拿大推进了研究生教育。菲尔兹的工作兴趣集中在代数函数方面，成就不算突出，但作为一名数学事业的组织、管理者，菲尔兹却是功绩卓著的。1924年，菲尔

菲尔兹奖奖章的正反面Ⓦ

兹任于多伦多举行的第7届国际数学家大会主席，会后他建议利用这次会议的经费余额设立一项国际性数学奖。但是由于工作过度劳累，他的健康状况开始下降，而且再也没有恢复。

在菲尔兹的努力下，1932年于瑞士苏黎世举行的第9届国际数学家大会设立了该奖项。但菲尔兹本人在这次会议前已不幸病故，他临终时立下遗言，将他个人遗产捐赠为奖金的经费。菲尔兹本来要求奖金不要以个人、国家或机构来命名，而用“国际奖金”的名义；但是，参加国际数学家大会的数学家们为了赞许菲尔兹的远见卓识和组织才能，缅怀他为促进数学事业的国际交流而无私奉献的伟大精神，一致同意将该奖命名为菲尔兹奖。

菲尔兹奖只授予纯粹数学方面的工作者，在每4年一次的国际数学家大会上颁发，每次的获奖者为2—4名在当届大会召开之前几年间获得突出成就、所做工作能够反映当时数学的重大进展并以确定形式发表出来的数学家，每人可获得一枚金质奖章和1500美元奖金。奖章正面是阿基米德的浮雕头像，周围镌刻的拉丁文意为“超越自身并掌握世界”；背面镌刻的拉丁文意为“从全世界集合到此的数学家为非凡的工作奉上赞颂”，背景是一段月桂树枝，树枝后面是一个球内接于圆柱的几何图形。这个几何图形也曾出现在阿基米德的墓碑上。尽管在阿基米德之前也出过几位大数学家，但数学界公认阿基米德是“数学之神”，今天的数学家对数学和自然的探索是阿基米德精神的发扬光大。

1936年，菲尔兹奖在挪威奥斯陆举办的第10届国际数学家大会上首次颁发，获奖者是芬兰—美国数学家阿尔福斯和美国数学家道格拉斯，他们的研究领域分别是复分析和极小曲面。正是由于菲尔兹以及其他一些坚持数学无国界的数学家的不懈努力，在第二次世界大战之后数学界没有出现一战刚结束时面临四分五裂之危险的情况。1950年，战后的第一次数学家大会召开。1954年，菲尔兹奖颁给了日本的小平邦彦等。1974年于加拿大温哥华举办的第17届国际数学家大会上明确规定，该奖项专门用于奖励40岁以下(含40岁)的年轻数学家，迄今已有50多位杰出数学家获此殊荣。1998年，时年45岁的英国数学家怀尔斯因为在数论及相关领域的重大贡献，特别是证明了费马大定理，获得了菲尔兹特别贡献奖。他是迄今为止唯一荣获此奖的40岁以上的数学家。

小平邦彦——为数不多的菲尔兹奖和沃尔夫奖双料得主⓪

从获奖者的工作来看，菲尔兹奖早年比较关注的领域有拓扑学、代数几何等，近年来则比较重视方程、分析和概率方面的工作。特别值得一提的是，1982年，丘成桐成为第一位获得菲尔兹奖的华裔数学家，他的贡献主要在微分方程和微分几何，有关成果对理论物理有重大影响。2006年，另一位华裔数学家陶哲轩获得了菲尔兹奖，他也是一位数学奇才，研究领域十分广阔。

31岁时的陶哲轩⓪

1939年 布尔巴基学派《数学原理》开始出版

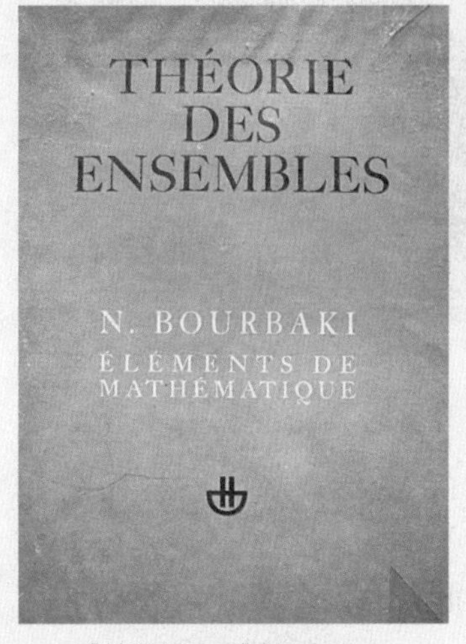

《数学原理》第1卷Ⓟ

1930年代中后期，法国数学期刊上陆续发表了若干数学论文，署名均为尼古拉·布尔巴基。1939年，神秘的布尔巴基又开始出书了，这就是著名的《数学原理》第一卷。但由于第二次世界大战很快爆发，当时并不十分引人注意。战争结束后，《数学原理》一卷接着一卷出版。人们渐渐发现，布尔巴基可不简单，“他”的《数学原理》体系严密、博大精深，还真配得上如此狂妄的书名。这个布尔巴基究竟是何方大牛？

不过，数学家并不像警察探案那么迫切想知道布尔巴基究竟是谁，他们也就是在午后的咖啡时间随便聊聊而已。因此，1950年，布尔巴基又在《美国数学月刊》上继续“造假”（此时“他”已有些名气），声称自己是波尔达维亚皇家学院（这个机构也是杜撰的）教授，现住在南希。此时，终于有数学家猜测：这很可能是一个数学家群体，具体包括某某某、某某某……但某某某们就是死不承认。直到1968年，布尔巴基的成员、法国数学家迪厄多内才将真相大白于天下。

巴黎高等师范学校乌尔姆路入口Ⓞ

原来在第一次世界大战时，德国把数学家安排在技术岗位，而法国却把很多大学生送上前线当炮灰，以至于数学事业出现了断层。有一批年轻人再也坐不住了，为了恢复昔日法国数学的辉煌，他们如饥似渴地学习德国和东欧的先进数学。1935年的一个夏天，在巴黎的一家饭店里，7位在巴黎高等师范学校读书的年轻的法国数学家，主要代表人物有亨利·嘉

布尔巴基学派1951年会议，左二为迪厄多内，左四为韦伊(曾获沃尔夫奖)Ⓟ

当、迪厄多内、韦伊等，成立了一个定期开会的研究组织。他们决心像荷兰数学家范德瓦尔登整理代数学那样，把整个数学重新整理一遍，最终以丛书的形式来概括现代数学的主要思想，并把数学结构作为数学分类的基本原则。

在会上，他们决定了写某一专题后，便把起草的任务交给某个想要担当此任务的人。此人尽可以随心所欲地写，但写出的东西必须经过会议审查，并且经常会被批得体无完肤。会上所有的人都在大喊大叫，初出茅庐的小伙子能和久负盛名的数学家吵得不可开交。如果谁在讨论班上一言不发，那么他就不用指望被邀请参加下一次会议。最后争吵的结果通常是原稿被撕得粉碎，然后找出一位新成员重头开始。这样一次次地接力下去，当进行到第六、第七甚至第十次的时候，大家终于都受不了了，于是一致同意付印。这时候的定稿已很难看出到底是谁写的了，为方便起见，便署上一个集体笔名：尼古拉·布尔巴基。据说"布尔巴基"是韦伊想出来的。在南希，有一座19世纪法国将军夏尔·布尔巴基的雕像，此人战功显赫。"尼古拉"则是后来成为韦伊太太的埃夫利娜想到的。布尔巴基有一条不成文的规定：到50岁必须退出，至少不再发表议论。这就使得布尔巴基学派有新鲜血液不断注入。直到今天，他们仍然在活动。

来源于公理化思想方法的"数学结构"观念是布尔巴基学派的一大发明，它极大推动了数学的进展，加强了人们对数学的认识，同时对世界各国的数学教育产生了一定影响。

1939年

坎托罗维奇创立线性规划

1976年的坎托罗维奇⑩

假如在工厂里，需要运行多台不同型号的机器来生产多个不同类型的产品，最优的作业方式是什么样的？这就要用到线性规划。线性规划是一门极其重要而有用的数学分支，也算是经济学的一个主题，但它的创立过程却有些曲折。

1938年，苏联数学家坎托罗维奇从实际问题出发，寻求用8种型号的机床加工5种类型产品的最合理运行计划，从而创建了最优规划作业和带有相应价值指标的作业之间的客观联系，并首次提出求解线性规划问题的方法——解乘数法，从此打开了解决优化规划问题的大门。随后，坎托罗维奇又陆续研究了一系列涉及如何科学地组织和计划生产的问题，比如怎样最充分地利用机器设备、最大限度地减少废料、最有效地使用燃料，以及如何最合理地组织货物运输、最适当地安排农作物布局等。解决这类问题的一般程序是：首先建立数学模型，即根据问题的条件，将生产的目标、资源的约束、所求变量之间的数量关系用线性方程式表达出来，然后求解计算。

1939年，坎托罗维奇在列宁格勒大学和列宁格勒工业建筑工程学院作了最优生产计划基本理论的报告，并出版了《组织和计划生产中的数学方法》，创立了线性规划这一新的研究方向。有意思的是，来自苏联的线性规划，先是在美国开花结果，之后才在苏联推广。1975年，坎托罗维奇因建立和发展了现代经济学中应用数学的重要分支——线性规划——而获得了诺贝尔经济学奖。

1966年，奈曼在布达佩斯⓪

值得一提的是两位在线性规划方面作出杰出贡献的美国数学家库普曼斯和丹齐克。库普曼斯出生于荷兰，1940年为躲避战乱而移民美国。他与坎托罗维奇一起获1975年的诺贝尔经济学奖。他的成就主要是创立现代经济计量学和将线性规划应用于经济分析。丹齐克则是著名统计学家奈曼的学生。他有一件趣事让人津津乐道。有一次，丹齐克上课迟到了，他看见奈曼在黑板上写了两道统计题，以为是老师布置的作业，就抄回去做了。他发现题目特别难，但花了几天工夫后还是做了出来。后来奈曼告诉他，这是当时的未解决问题！于是，丹齐克把他的解答进行了整理，后来成为他博士论文的主要内容。

这两人在第二次世界大战期间都意识到资源最优分配的重要性。比如，丹齐克遇到了士兵配餐问题：如何从几百种食物中给士兵配出最合适的食物，使得他们能获得均衡、充足的营养？这个问题以及其他一些问题，促使丹齐克于1947年建立了单纯形法。

1990年的丹齐克Ⓢ

丹齐克的单纯形法因为比较有效而得到广泛流传，因此他被称为“线性规划之父”。后来，许多人（包括库普曼斯在内）为1975年诺贝尔经济学奖只颁给坎托罗维奇和库普曼斯而未给丹齐克而表示不满。不过，丹齐克后来总算还是获得美国国家科学奖、冯·诺伊曼理论奖等诸多荣誉。

1944年 陈省身给出高斯—博内公式的内蕴证明

博内Ⓦ

众所周知，平面上任一三角形的三内角之和恒等于π。对于一般曲面上由三条测地线构成的三角形，其内角和等于π加上一个由该曲面的高斯曲率所决定的数。这个公式是高斯在1827年证明的，他表明，在负曲率曲面上的三角形，内角之和小于π，而在正曲率曲面上的三角形，内角之和则大于π，平面的曲率为零，故三角之和等于π。1844年，法国数学家博内将这一公式推广到一般曲面上由任一闭曲线所围成的单连通区域，形成了著名的高斯—博内公式。也就是说，他使得高斯的结论不再局限于"三角形"，而是任意单连通区域。

这一个例子说明，简单的东西，其背后往往隐藏着一条深刻的一般性原理。

这还没完。既然高斯—博内公式在二维平面上得到了完美的表现，并因此而成为经典微分几何的一个高峰，那么不安分的人类大脑就要琢磨着如何将之推广到高维空间。在这方面首先获得成功的是法国—美国数学家韦伊。1942年，他和美国数学家艾伦多弗证明了任意黎曼流形上的高斯—博内公式。但他们的证明依赖于球丛结构，这是非内蕴结构。高斯—博内公式的第一个内蕴证明

陈省身Ⓒ

是美籍华裔数学家陈省身给出的。1944年，陈省身发表论文《对闭黎曼流形高斯—博内公式的一个简单的内蕴证明》，率先采用了内蕴丛，即长度为1的切向量丛，攻克了这个几何学中极为重要而困难的问题。

南开大学的陈省身数学研究所Ⓦ

高斯—博内公式依赖于两个变量——欧拉示性数和高斯曲率，其中欧拉示性数是黎曼流形的整体拓扑不变量，高斯曲率则是黎曼流形的微分几何不变量。高斯—博内公式将黎曼流形的整体拓扑不变量和微分几何不变量联系了起来，因此具有十分重大的意义，整体微分几何的许多工作就是以此为出发点展开的。高斯—博内公式的内蕴证明像一把钥匙，打开了示性类进入微分几何的大门。示性类作为联系微分几何和代数拓扑的基本不变量，几乎主宰了20世纪后半叶微分几何的发展。

陈省身1911年出生于浙江嘉兴，1926年进入南开大学学习数学，1936年在德国获得博士学位。1943年，受普林斯顿高等研究院的邀请去美国。正是在美国的两年，他完成了高斯—博内公式的内蕴证明这个他一生中最重要的工作。1984年，陈省身获沃尔夫奖。1985年，退休后的陈省身回到中国，在南开大学建立南开数学研究所，培养了很多数学人才。2004年，陈省身在天津去世。陈省身的工作开辟了微分几何的新纪元，他本人也因此被数学界尊为“整体微分几何学之父”。

位于天津南开大学校园内的陈省身墓园Ⓞ

1944年 冯·诺伊曼、摩根斯坦奠定博弈论理论体系

或许你玩过这样一种游戏：你伸出一根或两根手指，嘴里喊“1”或“2”表示你猜测对手会与你同时伸出几根手指。如果你们都错或都对，这一局就无效；如果只一个人猜对了，伸几根手指就得几分。在这种游戏中，你既要预测对方的行为，又要让自己的行为不让对方预测到。考虑这种游戏中个体的预测行为和实际行为，并研究他们优化策略的理论，就叫博弈论，也叫对策论、赛局理论。最初，人们主要研究国际象棋、桥牌和赌博中的胜负问题，对局势的把握只停留在经验上，得到了一些结果，并没有形成理论体系。

1928年，年轻的匈牙利天才数学家冯·诺伊曼证明了博弈论的基本原理，提出了极小极大定理。1939年，冯·诺伊曼遇到美国经济学家摩根斯坦，两人很快就深入交流起博弈论的问题，并讨论怎样使博弈论进入经济学的广阔领域。一开始两人只是设想写一篇论文，随着研究的深入，一部两卷本的巨著《博弈论与经济行为》于1944年出版。该书在总结以往关于博弈的研究成果的基础上，提出了博弈论的概念、术语、一般框架和表述方法，奠定了博弈论的理论体系。书中不仅完全解决了二人零和博弈问题，还对合作博弈问题也进行了研究。《博弈论与经济行为》被看作博弈论的开山之作。

《博弈论与经济行为》极大促进了博弈论和经济学的联系。不过，或许是因为冯·诺伊曼在书中说许多数学知识“甚至可能以一种夸张的方式应用于经济学中”，但“并不十分成功”，因此经济学家不喜欢他对他们的学科如此苛刻。但或许是因为经济学确实需要一种新的数学这一点慢慢被证明，或许是因为受商业利益的驱使，博弈论最终被经济学家所接受，这对博弈论的发展起了推动作用。

冯·诺伊曼和摩根斯坦将竞争的数学模型应用于经济问题，这不仅是经济学研究的数学化，而且成为现代数理经济学的开端。事实上，冯·诺伊曼对经济学的贡献不止博弈论。1950年代以来，数学方法在西方经济学中占据重要地位，以至于大部分诺贝尔经济学奖都授予了与数理经济学有关的工作，尤其是1994年以来，因博弈论（或至少与之密切相关）获奖的人数已达到16人。著名经济学家、1970年诺贝尔经济学奖得主萨缪尔森曾说："……无与伦比的冯·诺伊曼，在我们的领域不过是蜻蜓点水，就引起了天翻地覆的变化。"

1946年的冯·诺伊曼(右)与摩根斯坦Ⓢ

冯·诺伊曼是信息时代的科学巨人。他1903年出生于匈牙利的一位银行家家庭，在德国受数学教育和做研究，28岁就成为美国普林斯顿高等研究院正教授，参加过美国研制原子弹的曼哈顿计划，对世界上第一台计算机的设计提出了重要建议。天才的许多特征都在他身上有体现：心算能力超强，掌握多门外语，看书过目不忘，有着如照相机般的记忆力。在短短50多岁的生命里，冯·诺伊曼在算子代数、集合论、测度论、量子理论、博弈论、电子计算机、原子弹、天气预报、人工智能等领域都是一流专家或开山宗师。人们常称他为"电子计算机之父"，但"博弈论之父"这个称号他恐怕也当之无愧。或许是参与曼哈顿计划的缘故，1957年，冯·诺伊曼因癌症去世。

布达佩斯大学，冯·诺伊曼22岁时在这里获得数学博士学位Ⓞ

1944 年

伊藤清创立随机分析

2008年11月24日,《纽约时报》刊登了一则讣告,宣告创立随机分析的日本数学家伊藤清于93岁时去世了。不同寻常的是,这则新闻并没有出现在科技版面,而是商业版面。事实上,伊藤清并不是商人,他是一位地地道道的数学家。他的名字出现在商业版是因为,他的工作极大地影响了人们对一切随机现象的理解,包括金融现象。金融数学中用于计算金融衍生工具的布莱克—斯科尔斯公式就是在伊藤清的工作基础上发展起来的,他本人因此被戏称为"华尔街最有名的数学家"。

1985年的伊藤清©

随机过程是对随时间推进的随机现象的数学抽象。研究随机过程的方法主要有概率方法和分析方法两大类,但许多重要结果往往是两者并用而取得的。1942年,伊藤清率先对布朗运动引进随机积分,开辟了随机过程研究的新道路。1944年,他又连续发表了6篇有关的论文,创立了随机分析这一新的分支。1951年,他引进计算随机积分的伊藤公式,后推广成一般的变元替换公式,成为随机分析的基础。此外,伊藤清还定义了多重维纳积分和复多重维纳积分,发展了一般马尔可夫过程的随机微分方程理论,由此得到随机微分的链

1997年诺贝尔经济学奖得主斯科尔斯ⓒ

式法则，导致了1970年随机微分几何学的创立。

由于对概率论和随机分析作出的重要贡献，伊藤清获得了1987年沃尔夫数学奖。他的理论被应用于很多领域，包括自然科学和经济学，他的公式被誉为“随机王国的牛顿定律”。

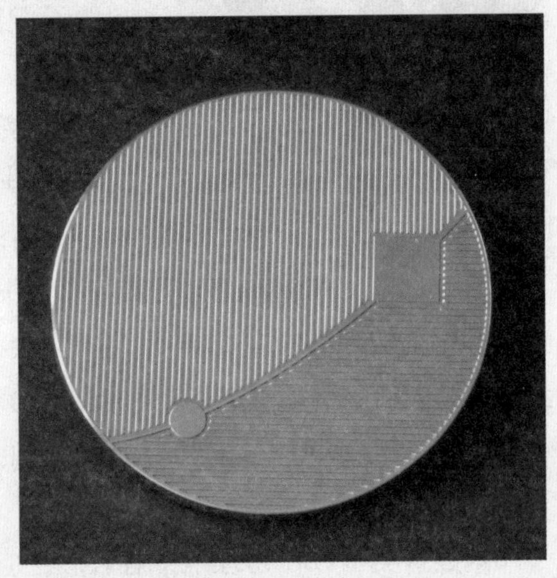

高斯奖章的正反面Ⓦ

1915年9月7日，伊藤清出生于日本三重县北势町，他是20世纪贡献卓越的日本数学家之一。很长一段时间中，人们普遍认为数学是“确定性”的科学，研究的是精确的数和形。不过另一方面，数学家也注意到现实生活中的随机事件也可以用数学来表现。到20世纪初，爱因斯坦等物理学家开始借助传统的数学工具讨论随机的物理过程，数学家也试图从公理化的角度重新建立概率论和随机数学。伊藤清在学生时代就被看起来完全随机的现象中存在客观的统计规律这一事实所吸引，他经过艰难而孤独的努力，最终成功建立了随机分析。在他心中，数学和艺术一样美，但又有所不同。不懂乐理的人也能被莫扎特的音乐深深感染，不了解基督教的游客也会为科隆大教堂的辉煌而惊叹，但数学结构之美很难被不理解数学公式背后的逻辑的人们所欣赏。

伊藤清后来在美国居住并任教过一段时间，晚年回到日本。据说有一次，布莱克—斯科尔斯公式创立者之一、美国经济学家斯科尔斯遇到了伊藤清，他马上冲上去，与伊藤清握手，并高度称赞他的理论。2006年，伊藤清荣获第一届高斯奖，这个奖项的宗旨在于表彰“工作在数学外领域的影响深远的数学家”，也可以认为是应用数学的最高奖。

1945年 施瓦兹创立广义函数

施瓦兹©

函数的概念在古希腊已有萌芽，那是曲线的运动轨迹。17世纪开始有了函数的明确定义，但直到19世纪初人们仍认为函数必须用解析式子表示。

德国数学家狄利克雷大概是第一个运用描述法则定义函数的数学家，他还构造了一个极端例子：当x是有理数时函数值取1，当x是无理数时取0。这例子不能用简单的式子表示(其实表示它的复杂的式子也是有的)。更不可思议的是，英国物理学家亥维赛在研究电磁学过程中，于1893年引进一个函数δ：在0点外，其值为0；而在0点，值为∞，且对它从$-\infty$到$+\infty$积分的值(即通常情况下函数图像下方区域的面积)等于1。亥维赛由于犯了“理论上的罪”被排除出英国皇家学会，结果这δ函数不是用亥维赛的名字而是用另一位英国物理学家狄拉克的名字命名。由于狄拉克的名声，δ函数立即得到物理学家的欢迎，随后也被数学家接受。

δ函数这类函数在物理学中有着广泛应用，但却不能按已有的数学概念来理解，这促使人们要为这类函数建立严格的数学基础。1945年，法国数学家施瓦兹在综合前人大量研究工作的基础上，将这些函数解释为函数空间上的连续线性泛函，即广义函数。这一理论不仅提供了用于数学物理的形式方法的数学基础，而且给出了微分方程和傅里叶变换的新的有力工具。施瓦兹为此于1950年荣获第二届菲尔兹奖。

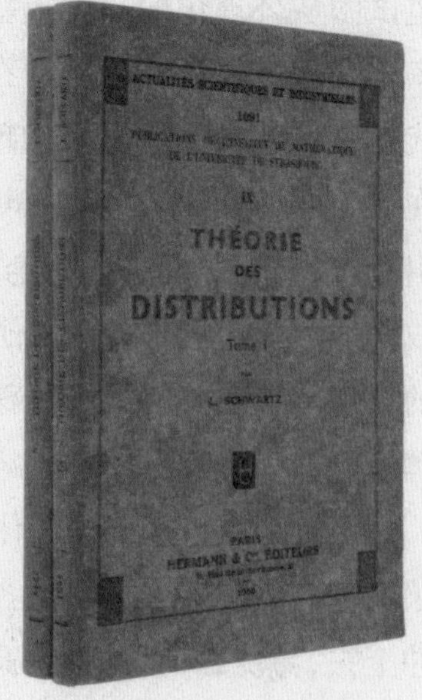

施瓦兹的著作《分布论》Ⓟ

1946年

韦伊《代数几何学基础》出版

代数几何学是用代数方法研究几何的学科，是继解析几何之后发展出的几何学的另一个分支，在数学中以特别艰深和抽象而著称。代数几何学研究的对象是代数方程的零点的集合，在直观上，它们是平面的代数曲线、空间的代数曲线和代数曲面。在任意维数的(仿射或射影)空间中，由若干个代数方程的公共零点所构成的集合通常叫做代数簇。随着数学的发展，人们对高维空间的认知需求越来越明显，代数几何学中对高维代数簇的研究也不可避免。

韦伊Ⓦ

1940年代，法国数学家安德烈·韦伊利用抽象代数的方法建立了抽象域上的代数几何理论，第一个建立起完整的代数几何学体系。1946年，韦伊出版了《代数几何学基础》。该书完全避开了古典分析的语言及方法，充分使用了诺特及其学派所发展的交换代数理论和语言，提出了代数几何学的一些重要概念。《代数几何学基础》这一经典著作为代数几何学的发展奠定了严格的抽象代数基础，大大推动了代数几何理论及其应用的发展，是代数几何学发展中的一个里程碑。

韦伊是著名的布尔巴基学派的第一代创始人，也是这个学派的精神领袖。他还被认为是20世纪下半叶最伟大的数学家之一。他的家庭背景很好，妹妹西蒙娜·韦伊是比他名气更大的宗教哲学家。他们从小就互相激励，在文科和理科方面打下了深厚的基础。16岁时，天才少年韦伊即考入巴黎高等师范学校。19岁毕业后，他到世界各国游学，眼界大开。回到法国后，韦伊便与其他几位志同道合的年轻人创立了布尔巴基学派。

韦伊的著作《代数几何学基础》Ⓟ

布尔巴基学派1937年合影，左一为西蒙娜·韦伊，左三为安德烈·韦伊Ⓟ

随着第二次世界大战的临近，法国开始扩军备战，韦伊不愿服兵役，跑到了芬兰。这时苏联和芬兰的关系很紧张，警察在韦伊的住所发现苏联数学家写给他的信，于是他被投入监狱，不久被驱逐出境。回到法国后，韦伊又被关进了军事监狱。他在监狱里继续研究，并与亲友通信。等到他于1941年出狱后，法国很快便被德国人占领了。于是他几经周折到达美国，在芝加哥大学等处任教，其间去过巴西，最后于1958年加入了普林斯顿高等研究院。由于在数论、代数几何、微分几何、拓扑学等许多领域中的开拓性工作，韦伊获得1979年度沃尔夫数学奖。与布尔巴基学派不少成员一样，韦伊也是个性比较强的人，所以他的荣誉总是姗姗来迟。代数几何学在数学领域发挥了巨大威力，尤其是对1994年费马大定理的证明：日本数学家谷山丰和志村五郎根据《代数几何学基础》几经钻研提出了谷山—志村猜想，这个猜想得到了韦伊的肯定，因此又被称为谷山—志村—韦伊猜想；1994年，怀尔斯通过证明这个猜想的主要情形从而证明了费马大定理。1998年韦伊去世，终年92岁。

巴黎高等师范学校校园Ⓞ

1948年 维纳创立控制论

1948年，一本题为《控制论——关于在动物和机器中控制和通信的科学》出版，宣告了控制论这门新兴学科的诞生。作者是美国数学家维纳，他给此书所起书名的原文是Cybernetics，当时词典上没有这个词，但在希腊语中有个相近的词，意为“舵手”。

维纳Ⓢ

维纳是一位神童，他14岁大学毕业，19岁获得博士学位。他的父亲是大学教授，对他十分严格，维纳从小就如饥似渴地吸收包括数学、语言、哲学、生物学等大量学科的知识，这对他来说是有利有弊。利在这为他后来建立与数学、工程、电子、逻辑、计算机、心理学、经济学等领域均有广泛联系的控制论打下了坚实的基础；弊在有很多神童由于类似经历导致情商不高等性格缺陷而到成年一事无成之可能。事实上，维纳成年后一直甩不掉幼稚的一面，但他是幸运的，总算功成名就，青史留名。

维纳著作《控制论》Ⓟ

1920年，维纳来到麻省理工学院任教，遇到了中国留学生李郁荣。维纳当时在研究滤波器，他们展开了合作。后来李郁荣回清华大学任教，并于1935年请维纳到清华大学访问。在此后一年多的时间里，维纳继续和李郁荣合作，直到抗日战争全面爆发，维纳不得不回到美国。

第二次世界大战期间，维纳接受一项与火力控制有关的研究工作。这问题促使他深入探索用机器来模拟人脑的计算功能，建立预测理论，并将之应用于防空火力控制系统的预测装置。

在这些研究的基础上，维纳觉得有必要建立

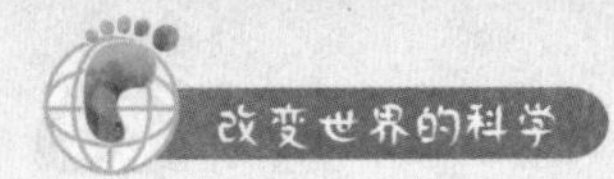

一门新学科，那是以数学为纽带，把自动调节、通信工程、计算机和计算技术及生物科学中的神经生理学和病理学等学科共同关心的问题联系起来而形成的一门交叉学科。于是，他把各领域专家召来，定期聚会，通常是围着圆桌吃饭，大家无拘无束地讨论。就这样，控制论诞生了。

维纳把控制论看作一门研究机器、生命、社会中控制和通信的一般规律的科学。他曾以下述方式定义控制论："设有两个状态变量，其中一个是能由我们进行调节的，而另一个则不能控制。这时我们面临的问题是如何根据那个不可控制变量从过去到现在的信息来适当地确定可以调节的变量的最优值，以实现对于我们最为合适、最有利的状态。"

控制论揭示了机器中的通信、控制机能与人的神经、感觉机能的共同规律，为现代科学技术研究提供了崭新的科学方法。它从多方面突破了传统思想的束缚，有力地促进了现代科学思维方式和当代哲学观念的一系列变革。

1960年，控制论发展到了第二代，即所谓"现代控制论"，主要代表人物有美国数学家卡尔曼、苏联数学家庞特里亚金等。1970年代，控制论又进入了第三代，它将第一代和第二代控制论的方法统一了起来。

1964年，维纳因心脏病突发去世。但他亲眼看到了控制论在世界各数学强国生根开花，并发展到第二代，因而备感欣慰。

麻省理工学院◎

1948年
香农创立信息论

20世纪人类进入了信息时代。人们认为，除了物质和能量，信息成为科学关注的第三个要素，其重要性甚至超过了物质和能量。那么，究竟什么是信息？如何对它进行研究？早在19世纪就有人思考过这问题，而它真正的理论奠基者，是20世纪的美国数学家香农。

香农Ⓞ

第二次世界大战期间，香农加入贝尔实验室，参与了数字密码系统的研究。1945年，他完成了《密码学的数学理论》的报告。正是对密码学的思考，促进了他对通信理论的研究。1948年，香农在《贝尔系统技术杂志》上发表了244页的长篇论文《通信的数学理论》。次年，他又在同一杂志上发表了另一篇论文《保密系统的通信理论》。在这两篇论文中，他作出了许多重大的贡献：经典地阐明了通信的基本问题，提出了通信系统的模型，给出了信息量的数学表达式，解决了信道容量、信源统计特性、信源编码、信道编码等有关精确地传送通信符号的基本技术问题。这两篇论文成了现代信息论的奠基之作。在这些研究中，概率论是香农使用的重要工具。香农同时提出了信息熵的重要概念，用于衡量消息的不确定性。香农被称为"信息论之父"，受到学界普遍的赞誉。2001年，香农以85岁高龄去世。

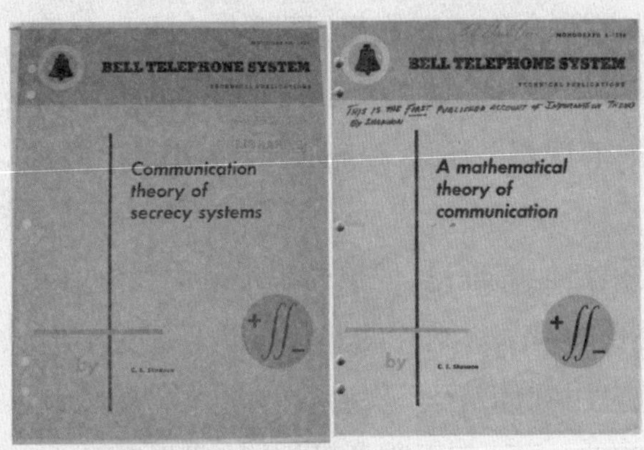

《保密系统的通信理论》(左)与香农著作《通信的数学理论》(右)Ⓟ

目前，信息论已广泛应用于编码学、密码学、数据传输、数据压缩及检测理论等领域，推动了许多新兴学科的发展。

1950年
纳什提出非合作博弈理论

纳什⓪

冯·诺伊曼和摩根斯坦的《博弈论与经济行为》在数学上具有创新意义，其中包含令人赞叹的极小极大定理。书中最完善的部分是二人零和博弈，占了全书三分之一篇幅。但二人零和博弈是完全冲突的博弈，在社会科学中显然没有多少用武之地。而且该书对非零和博弈的处理并不完全恰当。如果要让博弈论有效应用于现实生活，就必须同时考虑合作博弈与冲突的博弈。

1948年，纳什作为数学博士生进入普林斯顿大学。他的第一篇论文就选择了一个完全不同的角度来考察经济学中的一个古老问题。这篇名为《讨价还价问题》的论文已成为现代经济学的重要经典文献之一。后来，纳什找到了一个将极小极大定理加以普遍化的方法，这一研究成果见于他1950年题为《非合作博弈》的博士论文。这一切为非合作博弈理论以及合作博弈的讨价还价理论奠定了坚实的基础，同时为博弈论在1950年代成为一门成熟的学科作出了创始性的贡献。

纳什在论文中引入了著名的"纳什均衡"概念，对有混合利益的竞争者之间的对抗进行了数学分析。纳什均衡又称为非合作博弈均衡，是博弈论的一个重要术语。纳什证明，每个非合作博弈，只要局中人的数目和他们可选择的策略数目都有限，就都有至少一个纳什均衡点。纳什在上述论文中提出了与冯·诺伊曼的合作博弈论相对立的观点。

值得一提的是，纳什曾向冯·诺伊曼提出他的理论，但被简单地认为是"对已完善定理的新译法"。这一回冯·诺伊曼真的错了。纳什的非合作博弈理论不但奠定了博弈论的数学基础，而且成功地应用到经济学、政治学、社会学等领域。在现实生活中，非合作博弈比合作博弈更为广泛，正因为此，纳什的成果甚至取代了冯·诺伊曼原来的研究方向。

囚徒困境Ⓢ

“囚徒困境”就是一个典型的非合作博弈的例子。这个所谓“现代最伟大的寓言”说的是：警察捕获了两个犯罪嫌疑人，并把他们关在不同的房间审讯。如果只有一个嫌疑人承认罪行，那么这个承认者就会被无罪释放，另一个否认罪行的嫌疑人则被判刑5年。如果两人都认罪，他们就都被判刑3年。但如果两人都不认罪，便能被同时无罪释放。纳什均衡在这种情况下就是犯罪嫌疑人都认罪，但这并不合理，因为最好的结果来自他们都不认罪。所以，纳什均衡是合理行为的一个必要条件，但不是充分条件，因为在有些博弈中纳什均衡完全不合理。

纳什主要是一位数学家，他在微分几何、微分方程中的工作甚至比博弈论还要棒。就在风华正茂的30岁，纳什精神病发作，幸运的他得到了前妻(后复婚)的悉心照料，普林斯顿大学也尽力关照。整整30多年过去了，最终他得到基本康复，并获得1994年度诺贝尔经济学奖和2015年的阿贝尔奖。2001年获奥斯卡最佳影片奖的《美丽心灵》就是以纳什为原型的。2015年，就在纳什领完阿贝尔奖与妻子回美国途中，两人因车祸而去世，结束了传奇的一生。

2014年出版的《美丽心灵——纳什传》Ⓢ

1960年 鲁宾逊创立非标准分析

鲁宾逊Ⓢ

17世纪微积分发明后，应用日益广泛。19世纪分析严格化完成，应该说是万事大吉了。然而人们心里总还有什么放不下。怎么回事？问题还是出在“无穷”这个概念。

微积分是建立在极限概念的基础上的，而对极限概念的讨论就不能回避无穷大和无穷小。历史上的数学家分为两派：莱布尼茨及后来的康托尔等人承认实无穷，将无穷小看作一个存在的量，但出现了贝克莱悖论(即在微积分运算中，有时不能把无穷小看作零，有时却又当作零)，导致“第二次数学危机”；而柯西与魏尔斯特拉斯等人只承认潜无穷，认为无穷小只是一个变化的过程，这样便使微积分理论严格化，解决了第二次数学危机。魏尔斯特拉斯还发明了 $\varepsilon-\delta$ 语言，成功解释了极限的概念，构造了微积分的基础，最终成为数学主流。莱布尼茨的“无穷小”则被排斥在数学大门之外。

20世纪以来，随着对数学基础讨论的深入及物理学中狄拉克函数等数学新对象的刺激，人们又开始认识到莱布尼茨思想的重要性。

其实，从某种意义上说，魏尔斯特拉斯的 $\varepsilon-\delta$ 语言就是一种“语言”，它是用来严格地表达有关“无穷”的论证过程的。人们在实际思考“无穷”时，还是莱布尼茨的“无穷小”用起来直观、方便。

此外，希尔伯特的《几何基础》指出了数学的公理化方向，非欧几何模型也启发了逻辑学的另一个发展方向——模型论。

在这些背景下，1960年，美国数学家鲁宾逊创立了一门崭新的学科：非标准分析。其基本思

鲁宾逊著作《非标准分析》⓪

想是,可以一种合适的方式将无穷小和无穷大作为“数”进入微积分。

鲁宾逊一生经历可谓丰富。他1918年生于德国瓦尔登堡(现波兰瓦乌布日赫),父亲是犹太人,在他出生前不久便去世。他有一个哥哥比他大两岁。鲁宾逊跟着母亲在外祖父家度过童年。外祖父家藏书很多。有一个叔叔是维也纳的著名医生,常把他和哥哥接去度夏。这使小鲁宾逊开始受到科学的熏陶。

1933年,鲁宾逊全家移居巴勒斯坦,兄弟俩在那里完成了中学和大学的学业。在中学时,他对数学已经十分喜爱。1939年,鲁宾逊来到法国巴黎大学打算继续学习,不料第二次世界大战很快爆发。为了躲避战乱,鲁宾逊只好一路逃亡到伦敦,加入法国空军。他自学空气动力学并成为战斗机翼型研究专家。战争结束后,鲁宾逊又辗转到加拿大多伦多大学和耶路撒冷希伯来大学任教。1960年,鲁宾逊首次提出了非标准分析的想法。1962年,鲁宾逊来到美国加州大学洛杉矶分校任教,他非常认真地指导每一个博士生,根据每个学生的专长为他们安排合适的研究方向,受到了学生和同事的广泛好评。1965年,他的代表作《非标准分析》出版。1967年,鲁宾逊执教耶鲁大学,直至1974年去世。

鲁宾逊对于数学史和数学理论非常感兴趣,对莱布尼茨的实无穷思想尤为推崇。他最著名的成就便是运用数理逻辑严谨地论证了无穷小的存在性,支持了莱布尼茨等人的实无穷思想,将无穷大和无穷小作为“数”加入实数系,构造了超实数系R*,并证明了R*与R的相容性。鲁宾逊通过模型论的方法给出了R*的模型,并建立了转换公理,将R中的问题转换到R*中处理。此后,非标准分析蓬勃发展起来,形成了诸如非标准微积分、非标准泛函等诸多学科。

希伯来大学Ⓦ

1963年 科恩证明连续统假设与ZF公理系统相互独立

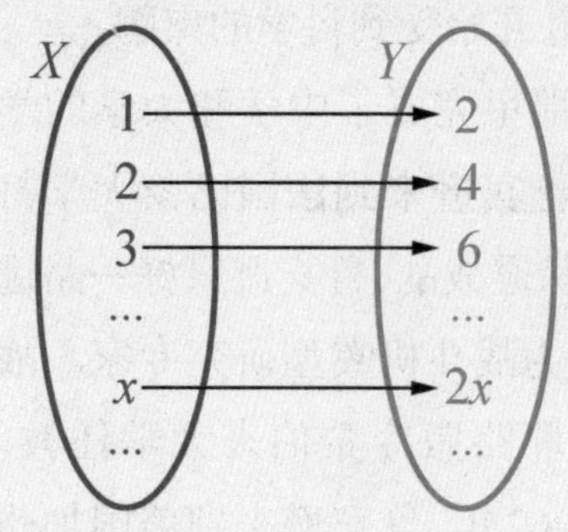

用一一对应比较整数集与偶数集的基数Ⓢ

连续统假设是现代数学中的一大难题，起源于集合论的创立者康托尔。我们知道，有限集合有一个最基本的指标，就是它元素的个数，比如初二(1)班共40个同学，那么初二(1)班的元素个数就是40。显然，根据元素的个数，有限集是可以“比大小”的；人们通常以为，无限集不能比大小。

可是，康托尔却说“不”。他认为无限集也可以比大小，这要用一一对应的方法。这时奇特的现象出现了，比如由于全体偶数与全体整数可以一一对应，即n与$2n$对应，所以根据康托尔的观点，作为整数一部分的偶数的个数与整数的个数一样多！或者说，偶数集与整数集的基数相等。事实上，整数集与有理数集也是基数相等的。康托尔还引进了“可数”这个概念，把凡是能和正整数集形成一一对应的任何一个集合都称为可数集。接下去就要考虑实数集了。通常称实数集(直线上点的集合)为连续统，把连续统的基数记作C。1873年，康托尔又出人意料地证明了一个匪夷所思的结论：全体实数是不可数的。

1878年，康托尔提出了著名的连续统假设(CH)，通俗地说，康托尔认为不存在一个集合，它的基数大于正整数集的，而小于实数集的。在此基础上，他又进一步提出了广义的连续统假设。康托尔在后半生花费大量精力研究这个问题，但一直没能解决。康托尔因为种种因素而精神出了问题，最后死在精神病院里，据说与研究连续统假设导致的困惑也有一点关系。

科恩Ⓞ

1900年，希尔伯特提出23个著名数学问题时，把连续统假设置于榜首，引起了数学家们的多方研究。1938年，侨居美国的奥地利数学家哥德尔证明了广义连续统假设与策梅

THE INDEPENDENCE OF THE CONTINUUM HYPOTHESIS

BY PAUL J. COHEN*

DEPARTMENT OF MATHEMATICS, STANFORD UNIVERSITY

Communicated by Kurt Gödel, September 30, 1963

This is the first of two notes in which we outline a proof of the fact that the Continuum Hypothesis cannot be derived from the other axioms of set theory, including the Axiom of Choice. Since Gödel[3] has shown that the Continuum Hypothesis is consistent with these axioms, the independence of the hypothesis is thus established. We shall work with the usual axioms for Zermelo-Fraenkel set theory,[2] and by Z-F we shall denote these axioms without the Axiom of Choice, (but with the Axiom of Regularity). By a model for Z-F we shall always mean a collection of actual sets with the usual ϵ-relation satisfying Z-F. We use the standard definitions[3] for the set of integers ω, ordinal, and cardinal numbers.

THEOREM 1. *There are models for Z-F in which the following occur:*

(1) *There is a set a, $a \subseteq \omega$ such that a is not constructible in the sense of reference 3, yet the Axiom of Choice and the Generalized Continuum Hypothesis both hold.*

(2) *The continuum (i.e., $\mathcal{P}(\omega)$ where $\mathcal{P}$ means power set) has no well-ordering.*

(3) *The Axiom of Choice holds, but $\aleph_1 \neq 2^{\aleph_0}$.*

(4) *The Axiom of Choice for countable pairs of elements in $\mathcal{P}(\mathcal{P}(\omega))$ fails.*

Only part 3 will be discussed in this paper. In parts 1 and 3 the universe is well-ordered by a single definable relation. Note that 4 implies that there is no simple ordering of $\mathcal{P}(\mathcal{P}(\omega))$. Since the Axiom of Constructibility implies the Generalized Continuum Hypothesis,[3] and the latter implies the Axiom of Choice,[5] Theorem 1 completely settles the question of the relative strength of these axioms.

Before giving details, we sketch the intuitive ideas involved. The starting point is the realization[1, 4] that no formula $\mathfrak{a}(x)$ can be shown from the axioms of Z-F to have the property that the collection of all x satisfying it form a model for Z-F in which the Axiom of Constructibility ($V = L$,[3]) fails. Thus, to find such models, it seems natural to strengthen Z-F by postulating the existence of a set which is a

科恩的论文《连续统假设的独立性》的首页Ⓟ

洛—弗兰克尔公理系统(ZF)的相容性,这是该问题研究上的第一次突破。ZF公理系统是集合论最常见的公理系统,哥德尔所证明的是,ZF公理系统无法推出连续统假设是错误的。

1963年,美国斯坦福大学的数学家科恩开创了用于构造集合论公理独特模型的力迫法,证明了CH与ZF系统相对独立。这样一来,ZF公理系统也不能推出连续统假设正确。ZF系统如果无矛盾,那么加上CH或CH的否定均无矛盾,即在ZF系统中CH不可判定,既不能证明也不能否定,从而可以建立不含连续统假设的集合论。有人戏称说,1900年希尔伯特问道:“是否存在介于可数集基数与实数集基数之间的基数?”数学家花了60多年才回答:“不知道!”

科恩的著作《集合论与连续统假设》Ⓞ

尽管还有一些数学家持不同意见,但大家一致认为科恩在这一问题上取得了巨大成就。科恩因此于1966年获得菲尔兹奖,是目前唯一因在数学基础领域有成就而获奖的数学家(虽然科恩原本是分析学家)。目前,对连续统假设问题的研究仍在进行之中。

1965年 扎德创立模糊数学

扎德Ⓢ

现代数学建立在集合论的基础上。经典集合论限定每一个集合必须由确定的元素构成，不能模棱两可。但从差异的一方到差异的另一方，中间经历了一个逐步过渡的过程，处于过渡过程中的事物显示出亦此亦彼的性质，这种判断、划分上的不确定性就叫模糊性。语言具有一定的精确性，同时也具有模糊性，这种模糊性同精确性一样是自然语言本身的固有特征之一。1965年，人称"模糊理论之父"的美国控制论专家扎德在《信息和控制》杂志上发表了题为《模糊集合》的论文，引起了诸多学者和专家的广泛关注与研究，从而也标志着模糊数学的诞生。

扎德于1921年出生在苏联巴库，父亲是伊朗一家主流报纸驻巴库的记者，同时也是一名商人，母亲是医生。作为富裕家庭的独生子，扎德却没有一点"富二代"的习气，他不拼爹，从小就立志成为一名科学家。他分别在伊朗德黑兰大学、美国麻省理工学院和哥伦比亚大学获得本科、硕士和博士学位。1959年加入加利福尼亚大学伯克利分校，1963年成为终身教授，可以说是一位有着传奇人生的科学家。

有一个著名的"秃头悖论"：到底几根头发算秃？一个人有10万根头发当然不能算秃头，他掉了一根头发仍不是秃头，再掉一根也不是秃头，照如此下去，让此人一根根地掉头发，就得出一条荒谬的结论：没有一根头发的光头也不是秃头！这个时候，就需要模糊数学来解释了。

模糊数学是一门研究和处理模糊性现象的数学分支。模糊数学用精确的数学语言去描述模糊性现象，"它代表了一种与基于概率论方法处理不确定性和不精确性的传统不同的思想，不同于传统的新的方法论"。扎德从实践中总结出这样一条互克性原理："当系统的复杂性日趋增长时，我们作出系统特性的精确而有意义的描述的能力将相应降低，直至达到这样一个阈值，一旦超过它，精确性和有意义性将变成两个几乎互相排斥的特性。"从数学的角度看，集合概念的扩

美国加利福尼亚大学伯克利分校Ⓞ

展使许多数学分支都增加了新的内容。模糊性数学就是把经典集合扩展为模糊集合，从而产生了模糊拓扑学、模糊代数学、模糊分析学、模糊测度与积分、模糊群、模糊范畴、模糊图论等。其中有些领域已有了比较深入的研究，尤其是模糊拓扑学。1960年代，系统科学推动了模糊数学的发展。模糊数学发展的主流表现在它的应用方面。人们在运用概念进行判断、评价、推理、决策和控制的过程均可采用模糊数学的方法来描述。模糊聚类分析、模糊模式识别、模糊综合评判、模糊决策与模糊预测、模糊控制、模糊信息处理等方法已被广泛应用。这些方法在医学、气象、心理、经济管理、石油、地质、环境、生物、农业、林业、化工、语言、控制、遥感、教育、体育等方面取得了丰硕的成果。最为突出的是，模糊数学为计算机智能的进一步研究提供了新的方法，已被用于专家系统和知识工程等方面。

“秃头悖论”Ⓢ

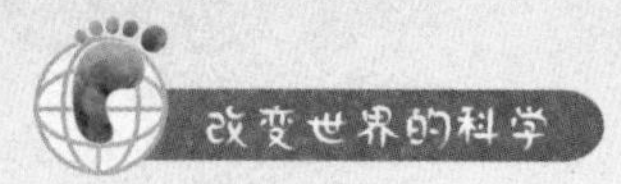

1966年 陈景润等推进哥德巴赫猜想的研究

数学界流传着这么一句话："数学是科学的皇后，数论就是皇后的皇冠，而在这顶皇冠上，镶着一颗明珠，那就是哥德巴赫猜想。"哥德巴赫猜想是数论中的著名难题之一，它的内容虽然连学生都看得懂，但其证明却难以想象地困难。

1742年，德国数学家哥德巴赫在给欧拉的信中提出了这个猜想：每个不小于6的偶数都可以表示为两个奇素数之和；每个不小于9的奇数都可以表示为三个奇素数之和，例如12 = 5 + 7，17 = 3 + 7 + 7。尽管有无数数学家参与研究这个猜想，但到目前为止尚未得到证明。不过，这一猜想的证明极大地推动了相关数学理论的发展，其收获远远超过证出哥德巴赫猜想本身。

同其他猜想一样，数值上的验证也是必不可少的。到2012年2月为止，数学家已经验证了3.5×10^{18}以下的偶数，哥德巴赫猜想对它们都成立。但由于数有无穷多个，我们永远也无法断定对下一个偶数是否成立。若是能找出一个反例，那也算是对这一猜想的解决，但目前看来，这条路很难行得通。

中国数学家陈景润在念高中时，有幸聆听了后来成为清华大学航空工程系主任的沈元的讲课，从此迷上了哥德巴赫猜想，并立志要去破解这道困扰了数学家几百年的世界数学难题。1953年从厦门大学毕业后，陈景润做了一段时间的

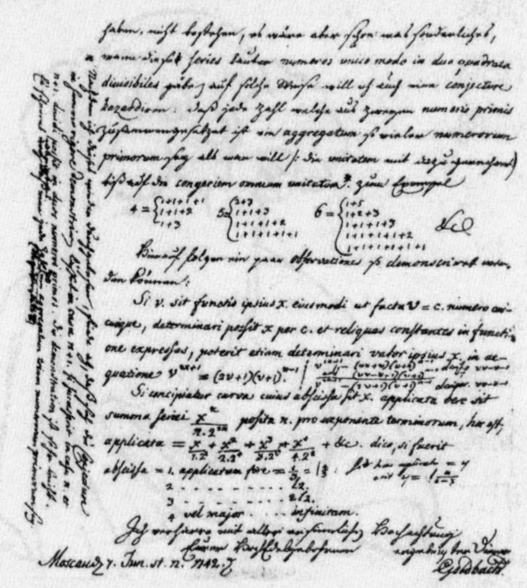
$4 = \begin{cases} 1+1+1+1 \\ 1+1+2 \\ 1+3 \end{cases}$ $5 = \begin{cases} 2+3 \\ 1+1+3 \\ 1+1+1+2 \\ 1+1+1+1+1 \end{cases}$ $6 = \begin{cases} 1+5 \\ 1+2+3 \\ 1+1+1+3 \\ 1+1+1+1+2 \\ 1+1+1+1+1+1 \end{cases}$ &c.

Si v. sit functio ipsius x. eiusmodi ut facta v = c. numero cuicunque, determinari possit x per c. et reliquas constantes in functione expressas, poterit etiam determinari valor ipsius x. in aequatione ...

Si concipiatur curva cuius abscissa sit x. applicata vero sit summa seriei $\frac{x^n}{n \cdot 2^{n}}$ posito n. pro exponente terminorum, hoc est, applicata $= \frac{x}{1 \cdot 2} + \frac{x^2}{2 \cdot 2^2} + \frac{x^3}{3 \cdot 2^3} + \frac{x^4}{4 \cdot 2^4}$ + &c. dico, si fuerit abscissa = 1. applicatam fore ...
2 . . . . l2.
3 . . . . 2l2.
4 vel major . . . . infinitam.

Moscau d. 7. Jun. st. n. 1742.
Goldbach

1742年6月7日哥德巴赫给欧拉的信Ⓟ

欧拉Ⓟ

陈景润ⓢ

中学教师后，回厦门大学任资料员。1957年进入中国科学院数学研究所，在华罗庚教授指导下从事数论方面的研究。

为攻克哥德巴赫猜想，陈景润全身心投入其中，废寝忘食，达到忘我的境界。1966年，陈景润在对筛法进行了新的重要改进后，在《科学通报》上发表了论文《表达偶数为一个及一个不超过两个素数的乘积之和》，这是哥德巴赫猜想研究上的里程碑。这个结果被形象地称为“1+2”，也就是一个偶数可以表达为一个素数和两个素数的乘积之和。相应地，哥德巴赫猜想本身就被记为“1+1”。“1+2”是迄今为止该领域的最佳成果，在世界数学界引起了轰动。而他所得到的结论也被誉为“陈氏定理”。这项工作还使他与王元、潘承洞在1978年共同获得国家自然科学奖一等奖。而且，陈景润还因此分别在1978年和1982年两次收到在国际数学家大会上作45分钟报告的邀请。

从“1+2”到“1+1”，还剩“最后一步”，这所谓的“最后一步”异常困难，如今离陈景润的结果发表已经近半个世纪，哥德巴赫猜想的研究毫无进展。这并非说陈景润的工作价值不大，实在是哥德巴赫猜想的难度超乎想象。实际上，陈景润的工作得到了众多国内外数学界的一致好评。华罗庚曾说：“景润的工作是建国以来，我们在数学领域最好的成果。”韦伊曾这样称赞他：“陈景润先生做的每一项工作，都好像是在喜马拉雅山山巅上行走，危险，但是一旦成功，必定影响世人。”

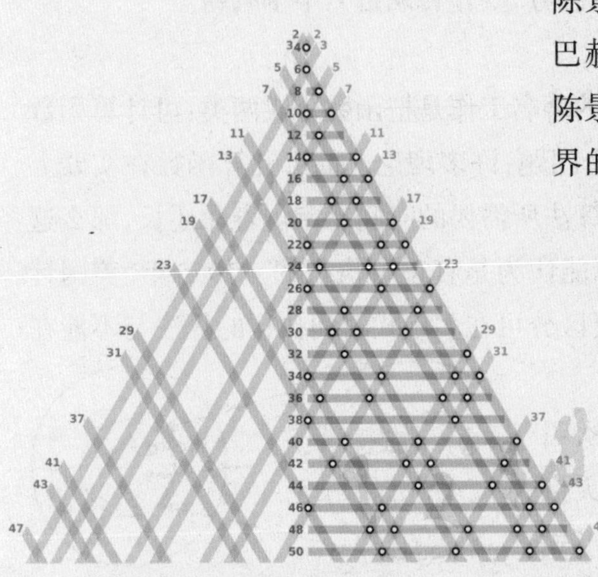

偶数从4到50都为两个素数之和ⓞ

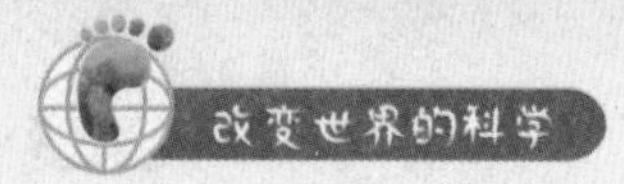

1971年 库克提出NP完全性问题

库克(右)和他的朋友⑩

“算法”无处不在,人生中的很多决策都是(广义的)算法,就连真正在数学上严格定义的算法其实我们也会遇到。还记得小学里玩过的一个游戏吗?老师让一个同学先到教室外站一会,这时选择一个同学躲在讲台后,然后让其余几十个同学顺便乱坐,之后请外面那位同学进来,让他在有限时间内判断谁躲在讲台后面。这时其实就需要那位同学通过一个算法(虽然他本人不一定意识到)快速地把躲在讲台后的同学“算”出来。更典型的例子是,单位里每月300元的交通费报销要求刚好凑满300元的规定发票,这是一个非常典型的算法问题,因为数目不大,可以试着凑,如果数目巨大,那就是数学上非常值得研究的难题了。系统地研究算法是20世纪数学的亮点。21世纪的任务是把算法广泛地应用到各个领域。难怪有专家呼吁,要让算法进入中学教材。

在历史上,英国数学家图灵做过的著名工作是把函数分成两类:可计算函数和不可计算函数。不过这里存在一个问题:许多理论上的可计算函数在实践上完全不能计算。例如,要是执行一个算法所需要的时间比宇宙寿命还长,那么这个算法即使从原则上说可计算,也不能认为是真正可执行的。1965年,美国计算机科学家埃德蒙兹、科巴姆提出,要区分可在多项式时间执行的算法与不能在多项式时间内执行的算法。

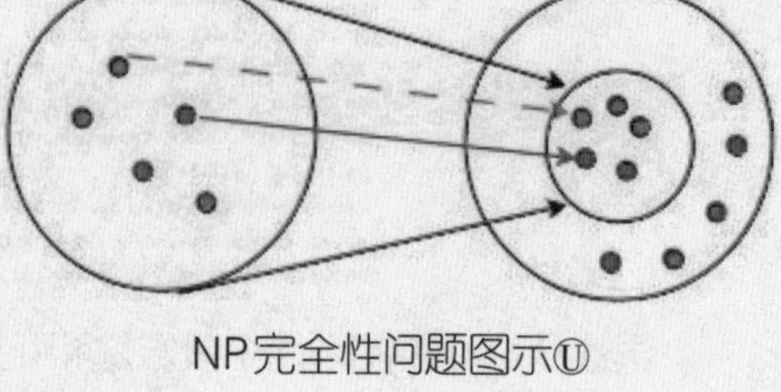

NP完全性问题图示①

1971年5月,美国数学家库克首次明确提出了NP完全性问题。在采用图灵机作为标准计算工具的情况下,可以非形式化地定义三类计算问题:P类问题、NP类问题和NP完全类问题。P类问题是由确定型图灵机在多项式时间内可解的一切判定问题组成的集合;NP类问题是由非确定型图灵机在多项式时间内可计算的判定问题组成的集合。由于一些NP类问题后来被发现其实是P类问题,因此人们问:P=NP?但是这个问题无人解决。

由于“P=NP?”问题难以解决,库克就另辟蹊径,从NP类问题中分出复杂性最高的一个子类,把它叫做NP完全类。库克证明,任取NP类中的一个问题,再任取NP完全类中的一个问题,则一定存在一个确定性图灵机上的具有多项式时间复杂性的算法,可以把前者转变成后者。这就表明,只要能证明NP完全类中有一个问题是属于P类的,也就证明了NP类中的所有问题都是P类的,即证明了P=NP。库克的这一研究成果为研究“P=NP?”的科学家指明了一条捷径,不必再像大海捞针似地去盲目探索了。

上海科技教育出版社出版的《千年难题》Ⓢ

2000年5月24日,美国克雷数学促进会宣布:对7个“千僖年数学问题”每个悬赏100万美元征解,其中包括“P=NP?”问题。有意思的是,该促进会还特别规定:另外6个问题中的任何一个如仅仅举出反例从而否定该问题的结论,不能得到全部的100万美元,唯独“P=NP?”问题例外。也就是说,对于这个问题只要举得出反例,也可以获得100万美元。因此,从某种意义上说,“P=NP?”问题即使在7个问题中其重要性也是位于前列的。

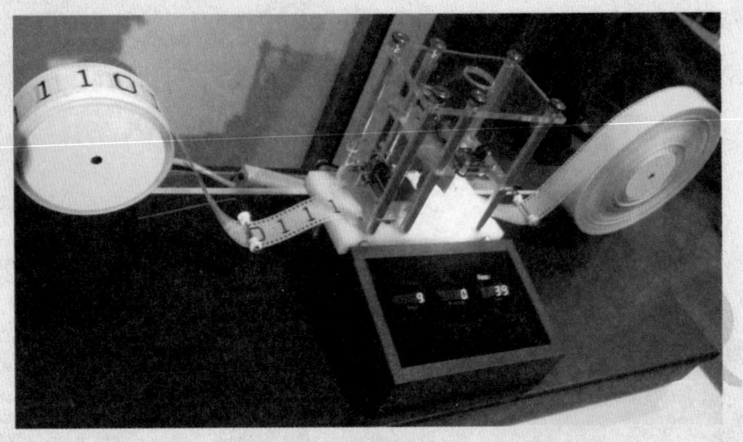
图灵机模型Ⓞ

1975年 芒德布罗创立分形几何

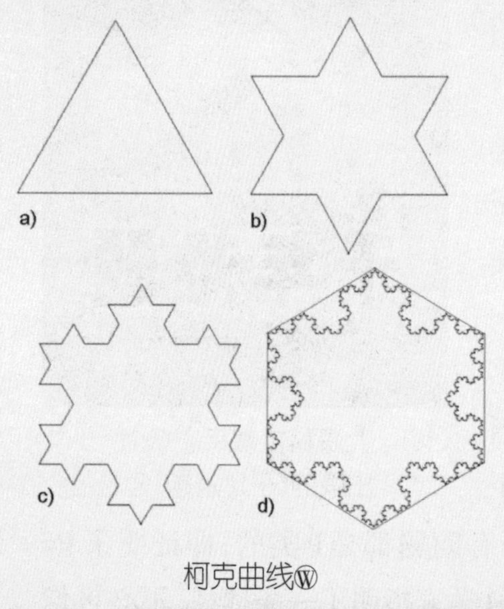

柯克曲线Ⓦ

1904年，瑞典数学家柯克思考了海岸线的模型。假设从空中看一个等边三角形岛屿。飞近些后，逐渐看清三角形每条边上有一个海岬，即每条边中央三分之一处有一向外突出的小等边三角形。再飞近一些，又发现新图形每条边中央三分之一处各有一个向外突出的更小的等边三角形。这样无限继续下去，所得的极限曲线被称为柯克曲线。令人惊异的是，柯克曲线所围的面积是有限值，而其本身的长度为无穷大。这说明，它应该是介于一维和二维之间，用一维的尺子去量是不够的，而它在平面上，显然不可能达到二维。

1919年，数学家从测度的角度引入了维数概念，将维数从整数扩大到分数，从而突破了维数为整数的界限，为柯克曲线等一大类怪异曲线找到了“量身定做”的方法。

1967年，一篇独特的论文《英国的海岸线有多长》指出，海岸线的长度依赖于所选取的尺度，尺度越小则测得的海岸线长度就越大。由此作者芒德布罗提出了分形和分数维的概念。1975年，芒德布罗正式将具有分数维的图形称为“分形”，并创立了以这类图形为对象的数学分支——分形几何。同年，他出版了

美丽的分形Ⓒ

《分形:形状、机会与维数》,指出大量的物理与生物现象都产生分形。芒德布罗强调分形思想可用于构造实际可行的模型,来模拟真实世界中的很多“粗糙的”现象。他有一句名言:“云不是球体,山不是圆锥体,海岸线不是圆,树皮不是光滑的,闪电传播的路径也不是直线。”

自然界中的分形©

从1978年开始,芒德布罗等人又研究了在非线性变换下保持不变的分形。他们利用计算机来产生这样的图形,从中发现了所谓的“混沌”现象。如果一个接近实际而没有内在随机性的模型仍具有貌似随机的行为,就可以称这个系统是“混沌”的。混沌系统虽然从局部来说不可预测,但从更大的视角来看还是有其规律的。“混沌吸引子”就是规律之一,其内部运动非常不稳定,但外部形状却相当稳定,而且形状往往是分形。

芒德布罗1924年生于波兰华沙的一个犹太人家庭。他们家有着浓厚的学术气氛。芒德布罗的数学启蒙则是得益于他的数学家叔叔。11岁时,因纳粹德国对犹太人的威胁日益加剧,他们全家移居法国巴黎,第二次世界大战爆发后,全家再次逃往法国蒂勒。虽然芒德布罗的叔叔是一位有名的数学家,但是芒德布罗的研究风格却和他叔叔完全不同,这也意味着他的道路将与众不同。

在正统数学家眼里,芒德布罗显然是一位“离经叛道者”,有意思的是,他获得的最高荣誉是沃尔夫物理学奖。此外在IBM供职之际,他把自己的分形思想运用到金融学之中,影响了一位经济学家法马。法马获得了2013年的诺贝尔经济学奖。

演讲中的芒德布罗©

©

1976年 阿佩尔和哈肯证明四色定理

传说以前有位英明的国王，在他的治理下国泰民安。可随着自己年事已高，老国王不禁为一件事担忧起来。原来，他的五个儿子互相之间有点不买帐。于是，老国王就想了一个办法，他当着五位王子及数位大臣的面公布了一道遗嘱：如果五位王子欲瓜分国家，则任何两个国家之间必须相邻(所谓“相邻”，指的是两块区域之间有一条边界，而不能是一个点)。如果想不到分法，则可看一看老国王的一封信，里面有解决的方案。不久，老国王去世了，五位王子想尽了方法，也无法满足遗嘱中的要求，于是只得打开信看一看，里面只有一句话：“你们要齐心协力治理国家，勿生他念”。王子们这才恍然大悟，理解了老国王的意图。

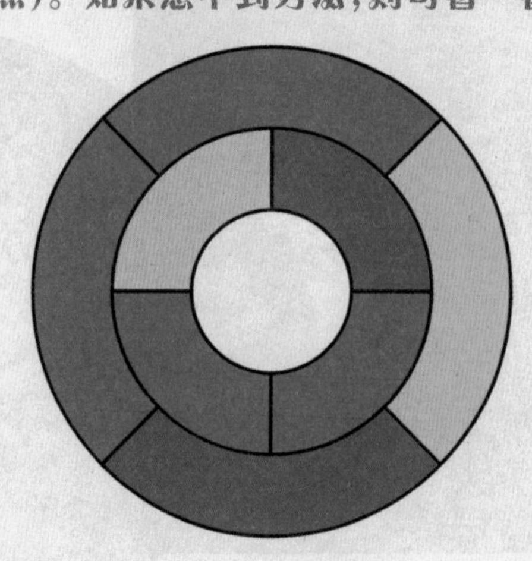

五色问题示意图Ⓢ

老国王提出的问题，可以归结为这样一个结论：如果对地图上的五个国家染色，规定相邻国家之间必须不同色，那么至多只需四种颜色就可以做到。

阿佩尔Ⓢ

那么，如果多于五个国家，四种颜色够不够呢？直觉告诉我们，可能五、六种颜色就够了吧。直觉还告诉我们，这似乎是道平淡无奇的初等小问题。果真如此吗？

1852年，是数学界开始关注这一问题的年份。英国数学家格思里在给地图着色时提出了一个猜想：给球面（或平面）地图着色时，至多用四种颜色就可以使得任两个相邻的国家拥有不同的颜色。这就是著名的四色猜想，它是一个拓扑学问题。

1878年6月13日，英国数学家凯莱在伦敦数学会上正式提出这一猜想。英国数学家肯普在凯莱的启发下，1879年发表论文声称自己证明了四色猜想。1890年，英国数学家希伍德指出肯普证明中的错误，但他利用肯普的证明技巧证明了五色定理，即任何地图都可以用五种颜色进行染色。

接下去是长时期的沉寂。难道，“五”降到“四”这一步就这么难吗？

一部分数学家考虑对有限个国家四色猜想是否成立。可直到1968年，挪威数学家奥尔才证明了：对于国家数不超过40的地图，四色猜想是正确的；后来又有人改进到52。进展实在太慢。最终的解决看似遥遥无期。

计算机一参与，转机终于出现了。1976年，美国数学家阿佩尔和哈肯根据肯普的思路，借助于计算机，终于证明了四色猜想。1976年9月，两人在《美国数学会通报》上以《任一平面地图可四染色》为题宣布了这一消息，并在1977年9月将论文发表在《伊利诺伊数学杂志》上。据说当地邮局曾在某天发出的所有邮件上都加盖了“四色足矣”的特制邮戳，以庆祝这一难题获得解决。由于机器参与了数学难题的解决，这个证明引起数学界的极大震惊和争论。而获得四色定理的非机器证明，仍是许多数学家的追求目标。

1970年代的阿佩尔和哈肯Ⓢ

1976年 丘成桐证明卡拉比猜想

丘成桐Ⓢ

1970年夏天，美国数学教授萨拉夫怀着忐忑的心情向美国加州大学伯克利分校推荐了一名中国留学生，参加博士研究生的学习。说他心情忐忑一点都不夸张。当时，加州大学伯克利分校是世界微分几何研究的中心，这里云集许多优秀且年轻的几何学家。萨拉夫推荐的这名留学生不但其貌不扬，个人经历也很平凡。他少年丧父，家境不好，中学时还逃过学，唯一让人欣慰的就是数学成绩特别好。"在这个掉块砖都能砸中科学家的地方，他能出人头地吗？"萨拉夫的信心一度有些动摇。但经过深思熟虑后，他还是义无反顾地递上了推荐票。

幸好，事实证明，萨拉夫的眼光没有错。10年之后，这位年轻的留学生不但证明了让世人瞩目的卡拉比猜想、正质量猜想，并开创了一个新的领域：几何分析。他就是美籍华裔数学家丘成桐。

丘成桐出生于广东汕头，兄弟姐妹八人，1949年在他只有几个月大时，就随全家移居香港。童年时，因为家境优越，他过得无忧无虑。但是在14岁时，因为父亲病逝，家庭生活开始拮据。中学时由于实在没钱交学费，他还逃学一年，是母亲的感召和辛苦劳作让他重新回到校园。1966年他进入了香港中文大学崇基学院数学系。大学三年级时，他被推荐前往美国加州大学伯克利分校深造，师从"微分几何之父"陈省身。1971年他就获得了博士学位，1976年因证明卡拉比猜想

陈省身Ⓒ

而声誉鹊起。卡拉比猜想属于微分几何领域，它是1954年由意大利—美国数学家卡拉比提出的。

卡拉比⓪

粗略地讲，卡拉比猜想的物理意义是：是否存在一个封闭的空间，没有物质分布，但是有引力场？卡拉比猜想提出后，一来当时知道有这个猜想的数学家就不多，知道的数学家们都觉得如此美丽的时空简直令人不敢相信它会存在，几乎一致认为这个猜想是不成立的，但同时又没有找到不成立的证据。丘成桐也一样，最初也是认为卡拉比猜想是不成立的。1974年，丘成桐向一些数学家朋友介绍了自己构造的一个反例及其证明。卡拉比获悉后给丘成桐写了一封信，希望得到这个反例的严格证明。丘成桐又作了一番仔细推敲，结果发现在一个很小的地方通不过。他竭力试图补上这个漏洞，但是没有成功，"接连两周，我夜以继日地证明，但几十次证明均以失败告终，这使我寝食不安。那是我一生中最痛苦的两周。"丘成桐说。最后写信给卡拉比，坦率地承认自己的反例是错的。

丘成桐决心把问题弄个水落石出，既然构造反例不成，那么这个猜想本身很可能是成立的。这一猜想需要求解一个非常难的微分方程，丘成桐运用娴熟的先验估计等技巧，经过了近三年的刻苦钻研，终于在1976年解决了这个难题，此时的丘成桐，年仅27岁。这一问题的解决，使得一大批同类方程得到解决，进而催生了代数几何学、复解析几何学、微分几何学甚至广义相对论中的一系列重要定理。卡拉比猜想就像一把钥匙，它的解决，使得一大批老大难问题相应地得到了盖棺论定。

卡拉比-丘流形的3维投影⓪

丘成桐由于这一成果，以及此后的诸多重大成就，在1982年获得了具有"数学界诺贝尔奖"之称的菲尔兹奖（1983年颁发），他是第一个获得该奖项的华裔数学家。不仅如此，丘成桐后来还囊括了当今世界的三大数学奖项：菲尔兹奖、沃尔夫奖和克莱福特奖。他也是继他的导师陈省身后，第二位获得沃尔夫奖的华裔数学家。

1977年 吴文俊发展定理机器证明

吴文俊©

出生于1919年的吴文俊，在1947年至1970年代，其主要研究领域是代数拓扑。在这个领域，吴文俊在示性类、示嵌类等方面获得一系列研究成果。这些成果被国际数学界称为“吴公式”、“吴示性类”和“吴示嵌类”，至今仍然被国际同行采用。

1970年代后期，在计算机技术大力发展的背景下，吴文俊受到中国古代算术思想的启发，开始从事自动推理领域中机器证明与数学机械化的研究。

吴文俊先在几何定理的证明上进行了尝试。他仿造机器的动作，依靠手算，一步一步进行了定理的证明。1977年，吴文俊及其学生对平面几何定理的机器证明首先取得成功，翌年又推广到对微分几何定理的机器证明。1984年，吴文俊完成专著《几何定理机器证明的基本原理》(初等几何部分)。该书出版后引起了国际数学界的关注和肯定。吴文俊提出的用计算机证明几何定理的方法，显现了强大的优越性，改变了国际上自动推理研究的面貌，被称为自动推理领域的先驱性工作。

《几何定理机器证明的基本原理》©

在几何定理机器证明取得成功之后，吴文俊把研究重点转移到数学机械化的核心问题上来，创立了在机器证明领域有巨大影响力的“吴方法”，建立了数学机械化证明的基础。吴文俊的研究取得了一系列国际领先成果，现在已应用于国际上当前流行的符号计算软件方面。

1978年
第一届沃尔夫数学奖颁发

盖尔芳德©

出生于德国的里卡多·沃尔夫是富有的犹太工业家，移居古巴后曾任古巴驻以色列大使，后定居以色列。他用了近20年的时间，经过大量试验，历尽艰辛，成功地发明了一种从熔炼废渣中回收铁的方法，从而成为百万富翁。1976年，沃尔夫及其家族捐献1000万美元成立了沃尔夫基金会，其宗旨是促进全世界科学、艺术的发展。

沃尔夫基金会设有数学、物理、化学、医学、农业五个奖项，1981年又增设艺术奖，评奖委员会由世界著名科学家组成。沃尔夫奖每年由以色列总统亲自颁发。它被认为是诺贝尔奖的前哨。在沃尔夫奖中，数学奖的份量和影响是最大的。

西格尔©

沃尔夫奖1978年开始颁发，通常每年颁发一次(可空缺)，每个奖项的奖金可以由几人分得。第一届沃尔夫数学奖授予苏联数学家盖尔芳德和德国数学家西格尔，两位确实属于当时世界上最杰出的数学家之列。特别还要提到的是1979年的获奖者之一、法国数学家韦伊，1980年获奖者之一、苏联数学家柯尔莫哥洛夫，这些人都是当时最顶尖的数学大师。1981年的得主之一阿尔福斯，则是第一位还获得菲尔兹奖的大数学家。

陈省身是第一位获得沃尔夫数学奖的华裔数学家，时间是1984年。2010年，另一位华裔数学家丘成桐获得了沃尔夫数学奖。

沃尔夫奖的评奖标准不是单项成就而是终生贡献，获奖的数学大师不仅在某个数学分支上有极深的造诣和卓越贡献，而且都博学多能，在多个分支均有建树。因为菲尔兹奖只授予40岁以下的年轻数学家，不足以代表一位数学家的全部成就，而且年纪较大的数学家没有获奖的可能，所以沃尔夫奖的设置是很有意义的，它代表了一位数学家的终生成就。

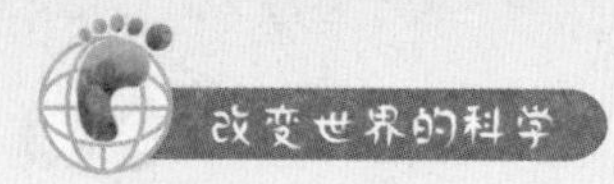

1980年
弗里德曼证明4维庞加莱猜想

19世纪末的法国数学家庞加莱是世界数学史上“最后一位通才”。1904年，庞加莱提出一个问题，标准说法是：一个单连通的3维闭流形是否一定同胚于3维球面？这便是日后被称为拓扑学第一猜想的庞加莱猜想。

甜甜圈不是单连通的©

下面来作一些解释。流形是曲线、曲面等直观几何概念的高维推广。单连通则是指在流形中任何一条闭曲线都可在流形中连续变形后缩为一点。比如球面就有这个性质，而环面则不行。同胚的大致意思是，两个图形在连续变换下是一回事，比如照片上的卓别林与哈哈镜里的卓别林就是同胚的。

自微积分发明以来，“连续性”就成为数学的一个核心概念。让人们日益感兴趣的是，图形在连续变换下什么性质保持不变？事实上，即便是“不变量”也有强弱之分。打个比方，要确定一个人，血型、姓名、DNA测试……一个比一个细。就像一个人的血型、姓名、DNA一样，拓扑中的不变量由弱到强可分为三个层次：同调不变量（例如欧拉—庞加莱示性数）、同伦不变量（例如基本群）、同胚不变量（如维数、某些示性类，也称拓扑不变量）。

拓扑学家对每个流形都配上了这些不变量，它们构成这个流形的“身份证明”。拓扑不变量就好比是对流形的“DNA测试”。只要两个流形的“DNA信息”不同，就足以断定两者不同胚；但如某些“DNA信息”相等，并不足以证明两者同胚（其实这一比

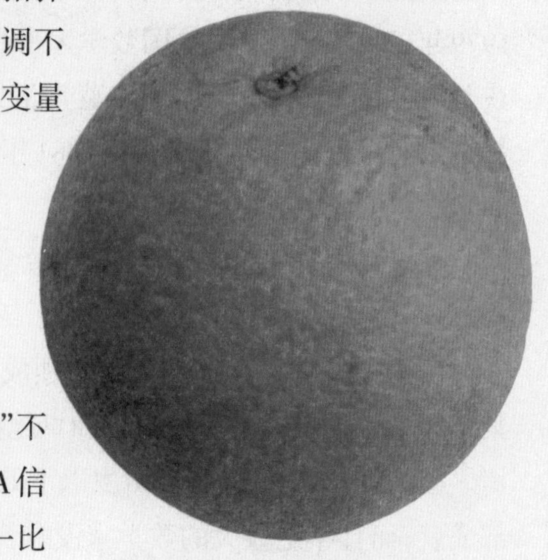
橙子是单连通的©

流形身份证Ⓢ

喻还不十分准确，因为DNA测试一般比拓扑不变量有效得多），这时就需要加入更强的不变量，直到足以刻画流形的拓扑性质为止。2维闭流形最简单，一个同调不变量就足以区分它们。1900年，庞加莱猜想，每个3维闭流形，如果与3维球面具有相同的同调不变量，则与3维球面同胚。庞加莱不愧为大家，他很快就发现了一个反例。于是在1904年，他把单连通的条件加进去，得出前面所说的庞加莱猜想。

但是，庞加莱写下的这段话却沉寂了几十年。然而在1961年夏天，当美国数学家斯梅尔采用"换柄术"，神不知鬼不觉地公布5维和5维以上的广义庞加莱猜想的证明时，立刻引起了轰动，他因此而获得1966年度菲尔兹奖。人们原以为高维的情形更难，事实上恰好相反。于是，剩下的就是4维和3维的情形了，为什么这两种情形非常棘手，比斯梅尔遇到的困难要大许多呢？因为3维或4维流形会产生自相交现象，斯梅尔的方法绕不过去。

起初人们认为4维问题最难。但在1982年，美国数学家弗里德曼在英国数学家唐纳森工作的基础上完成了4维庞加莱猜想的证明。弗里德曼的方法叫做"柔柄"。弗里德曼1973年在普林斯顿大学获得博士学位，在几所大学周转之后，1982年到了加州大学圣迭戈分校任教授。现在，弗里德曼在微软公司下属的微软研究院工作，他对量子计算发生了兴趣。

斯梅尔Ⓢ

这样一来，就只剩下3维也就是原先的庞加莱猜想了。

2000年5月24日，美国克雷数学研究

弗里德曼©

所宣布：对7个“千僖年数学问题”每个悬赏100万美元征解，其中就包括庞加莱猜想。

现在看来，单纯的拓扑方法比较“粗糙”。要处理3维庞加莱猜想，需要几何与分析的工具来深入计算。1970年代末，美国数学家汉密尔顿已在这个方向上取得了重要结果。但是，奇点的存在让汉密尔顿等人一筹莫展，研究一度陷入了停滞。谁也没想到，就在2002年11月和2003年3月，网上相继出现两篇文章，作者是俄罗斯数学天才佩雷尔曼。他证明，用他改进过的汉密尔顿几何手术，就可以证明庞加莱猜想。

佩雷尔曼出生于列宁格勒（今圣彼得堡），在列宁格勒大学就学，他的专业是高等数学和物理程序。1982年他参加国际数学奥林匹克竞赛获取满分，得到金牌。

佩雷尔曼©

2006年8月，第25届国际数学家大会在马德里隆重召开，菲尔兹奖毫无悬念地授予40岁的佩雷尔曼。但这位世外高人又做了一个惊人之举——拒绝领奖。这是菲尔兹奖历史上第一次有获奖者拒绝领奖。国际数学联合会主席约翰·波尔爵士于2006年6月亲自抵达圣彼得堡，试图说服他接受菲尔兹奖，在经过两天内10小时的尝试后，波尔被迫放弃。佩雷尔曼并非故意为之，他是个真正淡泊名利的“数学隐士”，以前也老拒绝一些不太有名的奖项，只不过此次拒绝菲尔兹奖，客观上使他更加出名了。

1994年 怀尔斯证明费马大定理

1993年6月，剑桥大学牛顿研究所举行了一次数学讲座。演讲者名叫怀尔斯，一位腼腆的年轻人。他是普林斯顿大学的数学教授，剑桥大学是其母校。

怀尔斯©

23日是演讲的最后一天。两百多名数学家挤满了演讲厅。多数人并不理解黑板上的字母所表达的意思，他们纯粹是为了见证一个具有历史意义的时刻。数天前就已传出风声，这次演讲将人们引向数学史上的高潮，一个最著名、也是最具传奇色彩的猜想将被宣布得到证明。这个猜想已困扰了人类最智慧的头脑达350多年之久，它就是——费马大定理。

丢番图的《算术》1670年版包括了费马大定理Ⓦ

大约在1637年，法国大数学家费马在研究勾股方程时，在丢番图的《算术》旁边空白处写道：$x^n+y^n=z^n$，当n大于2时，这个方程没有任何正整数解。这就是数学史上著名的费马大定理或费马最后定理。而后300多年里，特别从19世纪开始，数学家对费马大定理发起了强大冲击，取得很多重大成就，应该说远远超过了费马大定理本身的意义，但是人们毕竟追求完美和卓越，总不希望看到这个猜想仍然是那样地遥不可及。

1955年，日本数学家谷山丰提出一个猜想：有理数域上所有椭圆曲线可以从一类特殊曲线通过某种变换得到。这个猜想后来经韦伊、志村五郎加以完善，成为谷山—志村

普林斯顿大学数学系前的雕塑Ⓦ

猜想。

时间终于到了。1986年,德国数学家弗雷提出:若谷山—志村猜想成立,则可以推出费马大定理。弗雷的猜想随即被美国数学家里贝证实。1986年夏末的一个傍晚,怀尔斯从朋友那里听说里贝的工作后,受到极大震动。他隐隐约约感觉到有史以来这个猜想第一次开始松动了,他知道必须做的一切就是证明谷山—志村猜想。怀尔斯作了个重大决定:完全独立和保密地进行研究。他放弃所有与证明费马大定理无直接关系的工作,任何时候只要有可能他就回到家里,在顶楼书房里开始了通过谷山—志村猜想来证明费马大定理的战斗。

经过7年艰苦卓绝的努力,怀尔斯完成了谷山—志村猜想重要情形的证明,这足以推出费马大定理。现在,是向世界公布的时候了,于是便出现了开头的一幕。怀尔斯回忆起最后时刻的情景:“当我宣读证明时,会场上保持着特别庄重的寂静,当我写完费马大定理的证明时,我说,‘我想我就在这里结束’,会场上爆发出一阵持久的鼓掌声。”

纪念怀尔斯证明费马大定理的邮票Ⓞ

当怀尔斯成为媒体报道的中心时,认真的核对工作也在进行。由于怀尔斯的论文涉及到大量数学,编辑马祖尔决定不像通常那样指定2至3个审稿人,而是6个审稿人。200页的证明被分成6章,每位审稿人负责其中一章。怀尔斯在此期间中断自己的工作,以便处理审稿人提出的问题,不少小问题被逐一解决。卡茨负责审查第3章。1993年8月23日,他发现了证明中的一个缺陷。怀尔斯以为这又是一个小问题,可6个多月过去了,错误仍未改正,怀尔斯面临绝境,他决定邀请剑桥大学讲师、他以前的学生泰勒到普林斯顿和他一起工作。泰勒于1994年1月到达普林斯顿,可两人干到9月依然没有结果,他们准备放弃。后泰

怀尔斯的学生泰勒Ⓞ

勒决定再坚持一个月。怀尔斯作了最后一次检查。9月19日早晨，怀尔斯终于发现了问题的答案，顿时他激动万分。这是少年时代的梦想和8年潜心努力的终极。这一次世界不再怀疑了。两篇论文总共有130页，是历史上核查得最彻底的数学稿件，它们发表在1995年5月的《数学年刊》上。

声望和荣誉纷至沓来，其中特别值得一提的是，1996年，怀尔斯获得沃尔夫数学奖，同年当选为美国国家科学院外籍院士。1997年获得1908年沃尔夫斯凯尔为解决费马大定理而设置的10万马克奖金。1998年，国际数学家大会颁给他特别贡献奖（因为当时他已超过40岁，而菲尔兹奖只颁给不超过40岁的数学家），迄今还没有第二个数学家获此殊荣。

ANNALS OF MATHEMATICS

EDITED BY

Charles Fefferman	David Gabai
Nicholas M. Katz	Sergiu Klainerman
Richard Taylor	Gang Tian

WITH THE COOPERATION OF

Princeton University and the Institute for Advanced Study

AND

É. GHYS	R. GURALNICK	E. LINDENSTRAUSS
M. GORESKY	C. HACON	H.-T. YAU

《数学年刊》封面Ⓟ

怀尔斯在费马像前Ⓞ

图片来源

本书所使用的图片均标注有与版权所有者或提供者对应的标记。全书图片来源标记如下：

Ⓖ华盖创意（天津）视讯科技有限公司（Getty Images）

Ⓨ北京图为媒网络科技有限公司（www.1tu.com）

Ⓦ维基百科网站（Wikipedia.org）

Ⓟ已进入公版领域

Ⓢ上海科技教育出版社

Ⓞ其他图片来源：

P18下，Tischbeinahe；P19下，Carole Raddato；P25左上，The Walters Museum；P26右下，Apollonius of Perga；P28下、P71右下，猫猫的日记本；P34右下、P49右下、P57右上、P60左上、P96右上、P114左上、P116右下、P122左下、P136左上、P244右中，Robin J.Wilson；P40左下，Gisling；P47下，Ljuba brank；P48左上、P78上、P222右下、P225右下，P238右下，李凌；P52中，http://wellcomeimages.org/indexplus/image/L0031249.html；P54左上，Taty2007；P64下，Gaspa；P67右下，Fb78；P69左下，Jean de Parthenay；P73右上、P74下、P240左上、P240右下，汤世梁；P74右上，Wwbread；P76左下，Ad Meskens；P77右上，G.dallorto；P81右上、P82下，PHGCOM；P83左下，Gu é rin Nicolas；P89下，Claire Ward；P90上、P91左下，Andrew Dunn；P96左下，Wladyslaw Sojka；P97下，Patrick Theiner；P102下，Herbert Glarner；P108左下，Ramblersen；P110右下，Rama；P112右下、P113下、P115左下，Brunswyk；P117左下，Guillaume Piolle；P119左下，Tretinville；P122上，Magnus the Great；P123右上，NonOmnisMoriar；P126上，Daniel Schwen；P129下，TY-214；P130左下，Анатолий Терентьев；P135左下，JP；P155下，Varus111；P161左下，Marek BLAHUŠ；P169右下，Axel Mauruszat；P177右下，Jean Berko Gleason；P179右上，Светлана Третьякова；P179左下、P207右上、P237右上，Konrad Jacobs, Erlangen；P181右上，Cliff Moore；P182左下，Wlongqi；P184右下，steve；P186右下，A.Savin；P187右上，Robert Wielg ó rski；P189左下，Kassandro；P191左下，Schutz；P193右上，Masteraah；P194下，Gryffindor；P195右上，Stanisław Kosiedowski；P195左下，Pawel Swiegoda；P198右下，Igorzurbenko；P199右下，SerSem；P200上，Terrence L. Fine；P203右上，Konrad Jacobs, MFO；P203下，Courtesy of the John D. and Catherine T. MacArthur Foundation；P204右下，Encolpe；P206上，Андрей Богданов；P209左下，Yaohua2k7；P211左下，J ó zsef Rozsnyai；P212右下，Markus Prantl；P216下，Evarin；P218下，John Phelan；P219右上，thierry ehrmann；P220左下，Peter Badge / Typos1；P224右下、P242右下，P245右上，George M. Bergman；P227上，brainchildvn；P229左下，Adam Cunningham and John Ringland；P230左上，Jirí Janícek；P231下，GabrielF；P233左下，Steve Jurvetson；P237左下，Lunch；P239右中、P239左上，Jacobs, Konrad；P242左上，Søren Fuglede Jørgensen；P243右上，C. J. Mozzochi, Princeton N.J；P244右中，Klaus Barner；P245右下，Klaus Barner。

特别说明：若对本书中图片来源存疑，请与上海科技教育出版社联系。